物理学之"道"
WULI XUE ZHI DAO

近代物理学与东方神秘主义
JINDAI WULI XUE YU DONGFANG SHENMI ZHUYI

（美）卡普拉 著

朱润生 译

中央编译出版社
Central Compilation & Translation Press

图书在版编目 (CIP) 数据

物理学之"道"：近代物理学与东方神秘主义 /
（美）卡普拉著；朱润生译 . -- 北京：中央编译出版社，
2022.08

ISBN 978-7-5117-4033-5

Ⅰ . ①物… Ⅱ . ①卡… ②朱… Ⅲ . ①物理学—关系
—东方哲学 Ⅳ . ① O4-05

中国版本图书馆 CIP 数据核字 (2021) 第 209169 号

物理学之"道"：近代物理学与东方神秘主义

责任编辑	张　科	
特约编辑	刘玉坤	
责任印制	刘　慧	
出版发行	中央编译出版社	
地　　址	北京市海淀区北四环西路 69 号（100080）	
电　　话	（010）55627391（总编室）　　（010）55627362（编辑室）	
	（010）55627320（发行部）　　（010）55627377（新技术部）	
经　　销	全国新华书店	
印　　刷	北京文昌阁彩色印刷有限责任公司	
开　　本	710 毫米 × 1000 毫米　1/16	
字　　数	320 千字	
印　　张	27	
版　　次	2022 年 8 月第 1 版	
印　　次	2022 年 8 月第 1 次印刷	
定　　价	128.00 元	

新浪微博： @ 中央编译出版社　　　**微　信：** 中央编译出版社（ID：cctphome）
淘宝店铺： 中央编译出版社直销店（http://shop108367160.taobao.com）（010）55627331

本社常年法律顾问： 北京市吴栾赵阎律师事务所律师　　闫军　梁勤

凡有印装质量问题，本社负责调换，电话：（010）55626985

目　录

译者序

《物理学之"道":近代物理学与东方神秘主义》[①]是一部国际畅销书,从 1976 年初版到 1988 年,已销售 50 万册以上,并被译成 12 种语言。

这本书引起了强烈的社会反响,一些有影响的报刊称誉它是"一位非凡的作者"的"有实在价值的开创性著作"(《华盛顿邮报》)。"这本书备受欢迎,发人深思,论述精辟……它将受到读者们多年的钟爱"(《时代杂志教育增刊》)。"一部才华横溢的畅销书……明晰地探讨了印度教、佛教和道教的哲理,说明它们与加速器领域上最近的发现惊人相似"(《纽约杂志》)。"一部开创性的书……我极力向一般读者和科学家们推荐它"(《今日物理学》)。

本书的作者卡普拉是理论物理学家、系统论专家和作家。他在维也纳大学获得博士学位,是美国加利福尼亚州伯克利艾尔蒙伍德研究所(Elmwood Institute)的创办人和主持人。这一国际机构研究新的生态学观念,并且用来解决当前的社会经济和环境问题。

除本书外,卡普拉还著有另一部畅销书《转折点:科学、社会和复苏的文化》,并与斯普莱特纳克(C. Spretnak)合著《绿色的政治》。

编写本书的目的,在于探索近代物理学的概念与东方哲学和宗教传

---

① 后文本书书名简写作《物理学之"道"》。——编者注

1

统中的基本思想之间的联系。

近代物理学的研究成果对人类社会的影响不仅限于科学和技术方面，它已扩展到思想和文化的领域，引起人们宇宙观的根本修正。例如，亚原子物理学关于物质、空间、时间以及因果关系等的基本概念，就与经典物理学的传统认识截然不同，而这些概念在我们观察世界时具有根本性的意义，它们的彻底变革必然使我们的宇宙观发生变化。近几十年来，这些变化引起许多物理学家和哲学家的广泛讨论。本书作者指出，它们都说明近代物理学的新概念与东方宗教哲学思想惊人相似，正如著名物理学家海森伯所说："在人类思想发展史中，最有成效的发展几乎总是发生在两种不同思想的交会点上，它们可能发源于人类文化中十分不同的部分、时期、文化环境或宗教传统。因此，如果它们真正地汇合，也就是说，如果它们之间至少以这种程度相关联，以至于发生真正的相互作用，那么我们就可以预期，接下来会有新颖、有趣的发展。"这本书所探讨的课题，正是古代东方哲学与近代物理学这两种来源完全不同的思想的交汇，这无疑具有重大意义。

本书的读者对象，既包括那些对东方神秘主义感兴趣，但不一定懂得物理学的一般读者，也包括那些从未接触过东方宗教哲学的物理学家。作者在介绍时间－空间、场、夸克和宇宙对称性等近代物理学艰深的概念和理论时，避免用任何数学公式和专业名词，同时对东方宗教哲学进行了清新明晰的讨论。

东方宇宙观的两个基本要素是宇宙的对立统一性及其固有的动态性质。在认识论上强调直觉的体验，并且认为人们不可能绝对客观地认识世界。各种门派的东方哲学的共同特点就是认为天地万物都是宇宙整体中相互依赖、不可分割的部分，是同一终极实在 [①] 的不同表现。这就是印度教的"梵"，佛教的"法身"，道教的"道"。印度教认为，所有形式的存在都是相对的，流动的，永远变化的"幻"，其动力是"业"，佛教的"四谛"说明了我们周围的一切都是瞬息即逝、不断产生和消亡的；死守以错误观点为基础的生活是无益的，即"无明"；企图将瞬变的事物看成是永恒的，就会陷入一种恶性循环，即"轮回"；摆脱"轮回"，达到"涅槃"，就是获得佛性。中国古代思想家认为万物统一在"道"中，"道"的主要特点就是无休止的自发运动和变化的循环性；"阴"和"阳"是变化圈的两极，"道"的所有表现形式都是这两种对立面相互作用的结果。

宇宙的基本统一性也是近代物理学最重要的发现之一。在亚原子的层次上，粒子既可分割，又不可分割；物质既是连续的，又是分立的；能量和物质不过是同一实在的不同表现；空间和时间这两个似乎截然不同的概念，在相对论中得到了统一；海森伯测不准原理指出，无法同时精确测定粒子的位置和动量，说明在观察微观世界时，我们无法作为完全客观的观察者，不介入和影响被观察的事物。

对立统一的最好例子是微观世界的波－粒二重性，光以光子的形式发射或被吸收，以电磁波的形式在空间中传播，它既是粒子又是波。量子理论阐明了物质的亚原子单元也具有波－粒二重性，它们在时间和空间中的存在都不是完全确定的，不能借因果关系做预测，只能用概率来表示。

量子理论和相对论是近代物理学的两大支柱，相对论认为，时间并

---

① 实在（reality）系哲学名词，意指客观的真实存在。——译者注

不独立于空间, 二者密切联系, 构成四维的"时-空连续体"。广义相对论认为, 引力具有使时间和空间弯曲的效应, 时-空的整体结构依赖于物质在宇宙中的分布, 我们从而彻底地抛弃了经典力学关于绝对时间和空间的概念。由于时间和空间的概念是描述自然现象的基础, 它们的变革必然引起我们对自然的认识的根本改变。其重要结果之一, 就是认识到质量不过是能量存在的一种形式。

物质与空间曾是两个根本不同的概念, 法拉第和麦克斯韦引进了场的概念。经典场论认为, 场是物理实体, 对它们进行研究可以不涉及有形的物体。相对论将电场和磁场统一起来, 提出了电磁场的概念。广义相对论进一步指出, 引力场等价于空间的结构, 物质无法与它的引力场相分离, 引力场也无法与弯曲的空间相分离。于是, 物质与空间就被看成是不可分割、相互依存的整体。

古代东方哲学认为"空""无"或"道"是产生一切有形实体的基础。中国哲学中的"气"所表达的思想, 与近代物理学中的场极其相似。量子场论认为, 场是连续的, 在空间中无处不在, 同时它又是不连续和具有粒子性的。物质的这两方面永远不停地相互转化, 在运动过程中体现着它们的统一。古代东方哲学也强调二者之间动态的统一。"色不异空, 空不异色。色即是空, 空即是色。"所谓"色", 指的就是有形的物质。

在高能物理实验中, 粒子可以互相转化, 能够从能量中产生又复归于能量, 粒子的性质只能通过它们与环境的相互作用来了解。量子场论认为, 粒子只不过是场在局部区域里的凝聚, 有形的物质和现象只不过是基本实体的暂时表现。这种思想不仅是量子场论的基本要素, 也是古代东方宇宙观的基本要素。

按照量子理论，当一个亚原子粒子被限制在很小的空间里，它的反应将是运动，所限制的区域越小，运动越快，这就是典型的量子效应。束缚在分子、原子和核结构里的粒子具有内禀的运动倾向。

宇宙的动态本质不仅表现在微观世界里，而且表现在宇宙空间中。近代天文学最重大的进展之一是发现星系在逃逸，宇宙在膨胀，旋转的氢气云收缩成星体，并在此过程中逐渐升温，成为天空中的火球；当大部分氢燃料耗尽，星体开始膨胀，最后在重力坍缩中再次收缩，有可能导致巨大的爆炸，甚至成为黑洞。对宇宙这种周期性膨胀和收缩的看法也出现在古代印度的神话中。印度教徒把宇宙描写为周期性膨胀和收缩的，并把每一周期的开始与终了之间的期间称为"劫"。

在讨论了近代物理学关于时间与空间，物质与真空，以及因果关系等重要的基本概念与东方哲学的相似性以后，作者进一步深入浅出地介绍了已经发现的三百多种亚原子粒子和它们的共振态的基本性质，18种夸克和它们的对称性，强相互作用力和弱相互作用力，费曼图，幺正性原理，S矩阵理论和靴袢理论等高能物理学的研究成果，揭示了各种最新的物理学概念与古代东方哲学思想惊人地相似。

作者指出，承认近代物理学家与东方神秘主义者宇宙观的相似性，并不意味着科学家们应当放弃科学的研究方法，像古代哲学家一样去静坐沉思，凭直觉去感知宇宙的奥秘。我们只能认为，它们是人类精神的两个方面，一种是理性的能力，一种是直觉的能力，它们是不同的，又是互补的，不能通过一个来理解另一个，也无法从一个推出另一个，两者都是需要的，并且只有相互补充，才能更全面地认识世界。

这本书远非资料的汇编，作者精辟的论述极富启发性，它能激发一般读者探索宇宙奥秘的强烈愿望，并引起物理学家们对他们的研究成果进行更深刻的思考。

已故的陆祖荫教授生前对本书的翻译出版极为关注。这一译本的出版，寄托着译者对他永久的纪念。

第四版序言

这本书在 25 年前初版，它来源于我在第一版序言中描述的一种感受，那一感受距今已有 30 年了。因此，我似乎应当对新版的读者们谈一谈这些年来发生的许多事，谈一谈关于本书，关于物理学和关于我自己的一些事情。

早有迹象表明，物理学家与神秘主义者的宇宙观之间存在着相似性，但从未被深究过。发现这一相似性时，我强烈地感到我只是揭示了一些本就相当明显，今后将成为常识的事情。在写作《物理学之"道"》这本书时，有时我甚至觉得它只是通过我，而不是由我写出来的，后来发生的一些事情进一步肯定了这种感觉。这本书在英国和美国受到热烈的欢迎。虽然只做了很少的宣传和广告，它还是迅速地口头传播开来。目前在全世界已经发行二十多种版本。

可以想见，科学界的反应一直是比较谨慎的；但是即使在科学界，对于 20 世纪物理学更广泛内涵的兴趣也在增长。现代的科学家们难以承认他们与神秘主义者在概念上的相似性，这不足为奇，因为神秘主义一贯被十分错误地与那些模糊、神秘和极不科学的事物相联系，至少在西方是如此。所幸现在这种态度正在改变，东方的思想已经开始使相当多的人感兴趣，静坐沉思不再遭到嘲笑或怀疑，即使在科学界，神秘主义也正在受到认真对待。

《物理学之"道"》一书的成功，使我的生活受到了强烈的冲击。我的事业从物理学家（从事粒子物理的理论研究）扩展到系统理论、科学哲学和写作。在过去 25 年里，我曾经到处旅行，为有专业知识的和一般的听众做报告，探讨当代科学的哲学和社会意义。同时，我一直在探索同一主题：世纪末在科学和社会领域世界观的根本性变革——那是一种关于现实的新见解所展现的变革——这一文化转变对于下一世纪的社会意义。

我已经出版了自己的研究成果，其中一些书是与同事和朋友们合作出版的。在《转折点》（*The Turning Point*，1982）一书中，我从物理学拓展到其他科学领域，说明现代物理学革命如何预示了生物学、医药、心理学、经济学领域即将到来的革命以及我们世界观和价值观的转变。两年后，斯普莱特纳克和我出版了《绿色政治》（*Green Politics*，1984）一书，分析了德国绿党的起源和发展。

《非凡的智慧》（*In Uncommon Wisdom*，1988）一书描述了我同形成《转折点》一书观点的一些主要思想家的接触和对话；《属于宇宙》（*Belonging to the Universe*，1991）是同 David Steindl-Rast 合著的，探索了科学新思想与基督教之间的相似性。

《生态管理》（*Ecomanagement*，1993）同 Ernest Callenbach 和其他同事合著，宣传生态意识管理和可持续商业。《将商业导向可持续性》（*Steering Business toward Sustainability*，1995）是我和 Gunter Pauli 共同编辑的，那是商界人士、经济学家和生态学家的作品集，它勾勒出了在商业和社会中，包括在媒体和教育领域中，走向生态可持续性的实践步骤。

在我最新的著作《生命之网》（*The Web of Life*，1996）中，我重新回归了自然科学。从我在《转折点》一书中提出的概念架构开始，该书是对生命科学前沿领域最新发现的综述，包括混沌和复杂理论。我希望这一综合将变成有关生命系统"自恰"的新理论，并作为现实生态观的概念基础。

25 年来，我常常被问及对系统科学的研究如何影响了我对物理学和神秘主义的看法，未来工作的最大潜力在何处。我已经在为本版专作的后记"新物理学的未来"中尽量回答这些问题。另外，这里我愿意就科学与精神间关系的广泛内容说几句。

当我写《物理学之"道"》时，我相信新物理学将成为其他科学及社会的普遍范式，就如同旧的牛顿物理学一样，几个世纪以来就是其他科学和社会组织的范式。然而在 20 世纪 80 年代，我对这一问题的看法完全改变了，我意识到我们在环境中遇到的大多是活生生的事物。当涉及我们的同类、我们周围的自然界、人类组织和经济的时候，我们总是在应对活的系统，物理学对这些系统罕能言及。它能提供有关物质结构、能量和熵等知识，但生命的根本性质却在物理学之外。

这样，我开始相信生态学正是新兴现实新见解的总框架。生态学有多种表现形式，从生态系统科学一直到生态的生活方式、价值体系、商业战略、政治，最后是哲学。

后者是一个特殊的哲学学派，就是通常所说的深生态学（deep ecology），它在 20 世纪 70 年代早期由挪威哲学家阿恩·纳斯（Arne Naess）创立。深生态学不是把这个世界看作独立物体的集合，而是从根本上相互联系、相互依存的现象网络。它承认所有生命的内在价值，仅把人类（用西雅图酋长[①]著名的话说）视为生命网络的特殊一环，这

---

① 西雅图酋长（Chief Seattle，1786—1866 年），美国华盛顿州境内的印第安人部落领袖，信奉天主教，乐于与白人移民共处。在被迫离开自己的土地，搬到保留区前，他向"华盛顿的大首领"提出了那个著名的要求："我们真正想要的，我们唯一要求的，就是白人能像我们一样对待这块土地上的动物，待它们如同亲兄弟一般，把它们当作一家人。"——译者注

一哲学引发了深深的关联、友谊和归属感。在这个深层次上，生态学与精神同现，因为同大自然的一切相联系的经验和属于宇宙的经验是灵性的精髓。在另一端，生态学在科学上植根于生命系统的理论。于是问题来了，对于灵性，正在兴起的有关生命系统的科学理论能告诉我们什么？

是的，系统科学对灵性鲜有提及。有趣的是，它能对人类精神的本质献言。生命系统新理论的一部分是对意识和思想本质上的新理解，我在《生命之网》中做了深入讨论。简单说，新理论主张认知（知道的过程）是与生命系统所有层次的生命进程同一的。按照这一理论（即认知的圣地亚哥理论，Santiago theory），思想不是一种东西，而是一个过程，是认知的过程，也是生命的过程，意识是这一过程的升华。

在我看来，圣地亚哥理论提出了彻底克服笛卡尔哲学思想与物质分裂的第一个完整科学架构，思想和物质不再显现为两个分立的范畴，而是被看作代表生命现象互补的方面：过程方面与结构方面。思想是生命的过程，认知的过程。大脑（实际上是整个身体）是过程得以显现自我的结构。

这是一个深刻的新见解，有趣的是，它也是十分古老的认识。当我们谈到东西方古老文化及其哲学精神传统时，我们看到，传统的区分不在身体与思想之间，而是在身体和灵魂（或精神）之间。

当我们考察"灵魂"和"精神"的古老语汇时，梵文 atman，拉丁语 animat 和 spiritus，希腊语 psyche 和 pneuma，希伯来语 ruach——我们看到它们有相同意思，都意为"呼吸"。生命古老的本能意识到精神是生命的呼吸。

这令我着迷。在科学新体系将思想的认知视为生命过程的时候，古代传统视精神为生命的呼吸，一个用科学术语，一个用精神的诗性和隐喻的语言，它们的确表达了同一认知。精神是生命的呼吸，我们的精神之境即我们感到最活跃的时刻。这时我们也完整地意识到自己的环境，我们感到自己与属于整体的深邃感觉同在。

本书的这一版已将亚原子物理学的最新研究成果包括在内。为此，我对某些章节稍做改动，使它们与新的研究结果更一致，并在书末增补一章，题目是"再谈新物理学"，较详细地描述了亚原子物理学一些最重要的新发展。令我感到高兴的是，所有最近的发展都不与我在 25 年前写下的任何论点相悖。实际上，在初版中就已经预见到了其中的大部分。这就更加坚定了我写这本书的强烈信念——我借以对物理学和神秘主义进行比较的基本论点非但不会被未来的研究成果所否定，而且将进一步被肯定。

另外，如我在本版后记中所述，我现在感到，我的论题建立在了更加坚实的基础之上，因为与东方神秘主义的相似性不仅显现在物理学领域，也显现于生物学、心理学和其他科学之中。越发清楚的是，神秘主义，有时被称为"长青哲学"（perennial philosophy），为我们时代的科学理论提供了协调的哲学背景。

卡普拉于伯克利

1999 年 5 月

第一版序言

五年前我曾经有过一次美妙的感受，它促使我写这本书。在夏末的一个午后，当我坐在海边时，看着海浪涌来，感知着自己呼吸的节律，我忽然觉得整个环境都在参加着一场巨大的宇宙舞会。作为物理学家，我知道周围的沙粒、水和空气是由振动的分子和原子组成的，而分子和原子又由粒子组成，这些粒子通过不断地产生和消灭其他粒子而相互作用。我还知道，地球的大气层不断受到宇宙线簇射的轰击，这些高能粒子穿过大气时，发生着多次碰撞。对于这一切，我在高能物理学的研究工作中已经熟悉，但是直到那一刻以前，我只是通过曲线、图表和数学理论来体验的。当我坐在海滩上，我以前的体验变得栩栩如生，我"看见"能量的级联从外层空间降落，在其中以有节律的脉冲产生和消灭着粒子；我"看见"元素的原子和我身体中的原子参加到这种能量的宇宙之舞中去；我"感觉"到了它的节律，并且"听见"了它的声音，就在那一刻，我认识到这便是印度教徒们所崇拜的舞蹈之神——湿婆之舞。

我曾经接受过理论物理学方面的长期训练，并曾做过若干年研究工作。与此同时，我对东方神秘主义产生了很大的兴趣，并且开始研究它与近代物理学的相似性。我对禅宗中一些难以理解的观点特别感兴趣，它使我联想到量子论中的难题。开始的时候，要把二者联系起来，全然是一种智力锻炼。对我来说，要跨越理性分析的思维与来自直觉真理的沉思体验之间的鸿沟，一直是很困难的。

1

最初，我得助于自己的"动力装置"①。它们向我展示思想如何能自由地流溢，心灵的顿悟如何自行发生，它从意识的深处浮现，而无须做任何努力。我记得，第一次这种体验的确是来自多年周详的分析思考，它是那样地势不可挡，以致我突然哭了起来，同时我像卡斯特奈达②一样，将自己的印象倾诉在一张纸上。

后来出现了湿婆之舞的体验，我试图用本书第十五章前的集成照片来捕捉它。其后相继的许多类似体验使我逐渐认识到近代物理学与古代的东方智慧和谐一致，天地万物始终如一的观点开始从其中浮现出来。在那几年里，我做了很多笔记，并且写了几篇有关我所发现的相似性的文章，最后才将自己的体会概括在这本书里。

这本书是为那些对东方神秘主义感兴趣，但不一定懂得物理学的一般读者写的。我试图不用任何数学公式和专业词汇来表达近代物理学的主要概念和理论；然而，其中某些段落对于那些第一次读这本书的外行读者来说，可能仍显艰深。必须采用的一些专业名词，在它们首次出现时，我都加以解释，并且列入书末的索引。

我还希望我的读者中那些从未接触过东方宗教哲学的物理学家们，能够对物理学的哲学观点感兴趣。他们将发现，东方神秘主义提供了一个协调一致、尽善尽美的哲学框架，它能容纳物理学领域最先进的

---

① 喻指作者在接受理论物理方面的长期训练的同时，对东方神秘主义产生的浓厚兴趣和所做的研究。——译者注

② 卡斯特奈达（C. Castaneda），美国人类学者。20世纪60年代毕业于加州大学洛杉矶分校。曾至南美研究印第安人药用植物，结识了印第安巫医胡安（D. Juan），从而引起他对印第安神秘主义的兴趣。著有《胡安的教诲》及《一个独立的现实》，均为畅销书［参见本书"名词注释"第一章（注11）］。——译者注

理论。

至于本书的内容，读者可能会感到，对科学与来自直觉的思想的论述不够均衡。通读本书，读者对物理学的理解应能逐步加深，但对东方神秘主义的理解或许加深不了多少。这一点看来是不可避免的，因为神秘主义首先就是一种不可言传的体验。任何神秘的传统思想，只有在你决定积极参与时，才能较深刻地感知。我所希望做的只是使读者感到，这种参与将会获得很高的报偿。

在写这本书时，我自己对东方思想的理解也大为加深。为此，我应感谢来自东方的两位先生。梅塔（P. Mehta）使我认识了印度神秘主义的许多方面，我的太极拳教师刘笑痴①向我介绍了道家的学说，对此我深表谢忱。

我不可能一一提及那些科学家、艺术家、学生和朋友们，他们通过有启发性的讨论，帮助我明确而有系统地阐述自己的思想。然而我感到应当特别向亚历山大（G. Alexander），阿希摩尔（J. Ashmore），卡尔德考特（S. Caldecott），甘伯斯（L. Gambres），纽比（S. Newby），瑞文斯（R. Rivers），史尔克（J. Scherk），舍达山（G. Sudarshan），还要向托马斯（R. Thomas）表示感谢。

最后，我感谢维也纳的鲍尔－尹霍夫（P. Bauer-Ynnhof）女士，在我急需时，她给予了慷慨的资助。

卡普拉于伦敦

1974 年 12 月

---

① 刘笑痴，Liu Xiaochi 音译。——译者注

3

第一篇　物理学的道路

第一章　近代物理学——一条具有情感的道路？

近代物理学几乎对人类社会所有方面都有深刻的影响，它已成为自然科学的基础，而自然科学与技术科学的结合已经从根本上改变了我们地球上的生活条件（既在有益的方面，也在有害的方面）。现在几乎没有一种工业不利用原子物理学的成果，当这些成果应用在原子武器上，对世界的政治结构产生的影响众所周知。然而，近代物理学的影响所及远不止于技术，它扩展到思想和文化领域，深刻修正了我们的宇宙观和我们与宇宙的关系。20 世纪人类对原子和亚原子世界的探索，揭示出经典的概念具有未觉察到的局限性，因而有必要对我们的许多基本概念做根本的修正。例如，亚原子物理学关于物质的概念就与经典物理学中有形实体的传统概念完全不同。像空间、时间，或者原因和结果这类概念也是这样。而这些概念在我们观察周围的世界时带有根本性的意义，它们的彻底变革已使我们整个的宇宙观开始变化。

在过去几十年里，物理学家和哲学家广泛地讨论了近代物理学所引起的这些变化，但是很少有人认识到它们似乎都引向同一方向，朝着与东方神秘主义 [1](1) 者所持的宇宙观非常类似的观念变化。近代物理学的概念往往显得与远东宗教哲学中表达的概念惊人地相似。虽然尚未对这

---

① 译者在书后编写了详尽的"名词注释"，此处请参见"名词注释"第一章注。——编者注

些相似性进行过广泛的讨论，但是 20 世纪一些伟大的物理学家到印度、中国和日本游历讲学，接触到远东的文化时，已经注意到了这一点。下面三段话可以引为例证：

"原子物理学中的发现所表明的……有关人类认识的一般概念，就其本质来说，并非全然陌生，闻所未闻，或者是全新的。即使在我们自己的文化中，它们也有其渊源，而在佛教和印度教思想中，则具有更为重要的中心地位。我们将要发现的是古代智慧的一个例证，一份激励和一种精炼。"①

——奥本海默（J. R. Oppenheimer）[2]

"作为原子理论课程的类比……在试图协调我们在实际存在这出壮观的戏剧中既是观众又是演员的身份时，（我们必须转向）释迦和老子这样一些思想家已经遇到过的那些认识论上的问题。"②

——玻尔（N. Bohr）[3]

"第一次世界大战以来，理论物理学中最伟大的科学贡献来自日本，这可能表明远东传统中的哲学思想与量子理论的哲学实质之间有着某种联系。"③

——海森伯（W. Heisenberg）[4]

---

① J. R. Oppenheimer, *Science and the Common Understanding*, pp.8-9.
② N. Bohr, *Atomic Physics and Human Knowledge*, p.20.
③ W. Heisenberg, *Physics and Philosophy*, p.202.

本书的目的是要探索近代物理学概念与远东哲学和宗教传统中的基本观念之间的这种联系。我们将会看到, 20 世纪物理学的两个基础——量子理论和相对论——如何迫使我们差不多用印度教徒、佛教徒或道教徒的眼光来观察世界。最近所做的努力是要把这两种理论结合起来, 以便描述亚微观世界的现象: 构成所有物质的亚原子粒子的性质和相互作用, 当我们审视这些尝试时, 我们会看到这种相似性是如何更为加强了。在这点上, 近代物理学与东方神秘主义之间的相似性最为显著, 我们将经常遇到一些论述, 几乎难以分辨出它们究竟是由物理学家还是由东方神秘主义者做出的。

我所说的"东方神秘主义"是指印度教、佛教和道教的宗教哲学。虽然这些宗教哲学包含着大量微妙地交织在一起的宗教教规和哲学体系, 但是它们宇宙观的基本特征却是相同的。这种宇宙观并非仅仅出现在东方, 而是在某种程度上出现在所有神秘主义导向的哲学中。因此, 本书的主题可以概括为, 近代物理学把我们引向一种与古往今来各种传统的神秘主义宇宙观相同的观念。所有的宗教中都存在着神秘主义的传统, 西方哲学的许多学派也有神秘主义的因素。与近代物理学之间的相似之处不仅表现在印度教的《吠陀》[5]中, 在《易经》[6]和佛教的典籍中, 而且出现在赫拉克利特(Heraclitus)[7]的断简零篇, 阿拉比(L. Arabi)[8]的泛神论神秘主义派[9], 或亚基(Yaqui)[10]的巫医胡安[11]的教诲中。东方神秘主义与西方神秘主义的差别在于, 神秘主义学派在西方始终只是配角, 而在东方的哲学和宗教思想中却构成主流。因此, 为简单起见, 我将讨论"东方宇宙观", 只偶尔提及神秘主义思想的其他来源。

如果说物理学现在把我们引向一种在本质上是神秘主义的宇宙观,

那么从某种程度上来说，就是返回到 2500 年以前的起点上。沿着西方科学螺旋式的进化道路来追寻它的发展是引人入胜的，它的起点是早期希腊的神秘主义哲学，它的复苏和崛起，则是通过理性思维令人难忘的发展，日益脱离它原初的神秘主义起源，而形成一种与远东宇宙观尖锐对立的观念。在最近这一阶段，西方科学终于开始克服这种观念而返回到早期希腊哲学和东方哲学的宇宙观上来。然而，这一次它已不仅依靠直觉，还依靠高度精确和复杂的实验，以及严格而一致的数学表达方式。

和所有的西方科学一样，物理学发源于公元前 6 世纪希腊哲学的第一阶段。在这种文化中，科学、哲学和宗教尚未分离。伊奥尼亚（Ionia）的米利都（Milesian）学派[12]先哲们并不考虑这种区别。他们的目的是发现事物的本质或真正的要素，并称它们为"Physis"[13]。物理学（Physics）这一名词就是由这个希腊字衍生的，它原来的含义是，为探索一切事物的本质所做的努力。

这当然也是所有神秘主义者的首要目的，而且米利都学派的哲学确实具有强烈的神秘主义色彩。后来的希腊人称米利都派的学者们为物活论者，或万物有生论者，因为他们认为有生命的与无生命的，精神与物质并无区别。事实上，他们甚至没有谈到过物质，因为他们认为一切形式的存在都是"Physis"具有生命和灵性的表现。因此，泰勒斯（Thales）[14]从而宣称一切事物都充满神，阿那克西曼德（Anaximander）[15]则把宇宙看作一种由"普纽玛（Pneuma）"[16]，即宇宙气息供养着的有机体，其方式一如人体由空气所供养。

米利都派学者的一元论和有机论观点很接近古代印度和中国的哲学观点。爱非斯（Ephesus）[17]的赫拉克利特哲学甚至与东方思想更为相似。赫拉克利特相信世界处于不停地变化和无穷尽的"过程"[18]中。他认为，所有静态的"存在"[19]都出于虚幻，万物的本原是火，火就是一切事物连续流动和变化的象征。赫拉克利特指出，世界上一切变化都来源于对立双方之间动态循环的相互作用，并且把任何对立的双方都看作一个统一的整体。他把这种包含并且超越所有对立力量的统一体称为"理念"[20]。

这种统一体的分裂始于埃利亚学派（Eleatic School）[21]，他们假设有一个高于神和人的"神圣的原则"，这种原则最初被认为是与宇宙的统一体同一的，但是后来则被看作智慧的、人格化的上帝，他高踞于世界之上，并且主宰着它。这样就开始出现一种思想倾向，最终导致精神与物质的分离，和作为西方哲学特征的二元论。

埃利亚的巴门尼德（Parmenides）[22]朝这个方向猛跨了一步。他激烈地反对赫拉克利特，并把自己的基本原则称为"存在"，认为它是唯一的和不变的。他认为变化是不可能的，并且把我们在世界上似乎看到的变化仅仅看作幻觉。不可毁灭的物质是变化着的性质的主体，这一概念就是从这种哲学中产生的，后来成为西方思想的基本概念。

在公元前 5 世纪，希腊哲学家们企图克服巴门尼德和赫拉克利特观点的尖锐对立。为了使巴门尼德关于不变的"存在"的概念与赫拉克利特关于无穷尽的"过程"的概念相调和，他们假设"存在"显现在某些不变的物质中，它们的混合和分离造成世界上的变化，这就导致了原子的概念的出现，原子是物质不可分的最小单元。这种概念在留基伯（Leucippus）[23]和德谟克利特（Democritus）[24]的哲学中表达得最为清楚。希腊的原子论者在精神与物质之间划出了明显的界限，设想物质是由若干种"基本结构单元"组成的。这些在虚空中运动着的粒子是完全被动，在本质上没有生气的。先人对于它们运动的原因没有做出解释，但是常常把它与外部的力相联系，并且假设这些力来源于精神，而与物质根本不同。在以后的几个世纪里，这种概念成为西方思想中精神与物质、身体与灵魂二元论的基本要素。

随着精神与物质相分离的观念成为主导思想，哲学家们的注意力就转向了精神世界，人类的灵魂和伦理问题，而不是物质世界。在公元前5世纪和4世纪希腊科学和文化鼎盛时期之后，这些问题要占据西方思想两千多年之久。亚里士多德（Aristotle）[25] 对古代科学知识做了系统化整理，他所创立的体系成为两千年内西方宇宙观的基础。但是亚里士多德自己却认为，有关人类灵魂的问题和对上帝的完美性的沉思要比研究物质世界重要得多。正是由于对物质世界缺乏兴趣，以及势力强大的基督教会在整个中世纪对亚里士多德学说的支持，亚里士多德的宇宙模型才在这样长的时间里一直没有遭到非议。

直到文艺复兴时期，西方科学才有了进一步的发展，这时人们开始摆脱亚里士多德和教会的影响，并表现出对自然界新的兴趣。在15世纪后期开始以真正的科学精神来研究自然，并用实验来检验纯理论的观念。与这种发展同时，人们对数学的兴趣也在增长，最终形成以实验为基础，用数学语言来表达的合适的科学理论。伽利略（Galileo）[26] 是将经验的知识与数学相结合的第一人，因此被尊为现代科学之父。

在现代科学诞生之前和诞生的过程中，哲学思想的发展形成了以极端方式阐述的精神与物质二元论。这种阐述出现在17世纪笛卡尔（R. Descartes）[27] 的哲学中，他的自然观以根本上将自然界划分为两个互相分离的独立领域为基础：精神和物质。"笛卡尔分割"使科学家们可以把物质看作无生气并与他们自己完全隔离的东西，把物质世界看作由许多不同物体组成的一架巨大机器。牛顿（I. Newton）[28]持有这种机械的宇宙观，根据这种宇宙观建立了他的力学，并使它成为经典物理学的基础。从 17 世纪下半叶到 19 世纪末，机械论的牛顿宇宙模型在所有的科学思想中都占据统治地位。与此同时，一个至高无上的上帝形象君临于上，将他的神圣法则强加给世界，来主宰世界。于是，科学家们所探索的自然基本定律就被看作上帝的法则，是万物所遵循的不变化和永恒的法则。

笛卡尔哲学不仅对经典物理学的发展具有重要影响，而且直到今天仍然对一般的西方思维方式都有极其深刻的影响。笛卡尔的名言——“我思故我在”——使西方人把他们自身与思维等同起来，而不是与他们的整个机体相等同。“笛卡尔分割”，是使大部分人认为自己是存在于他们身体“内部”的独立的自我。精神已经与肉体相分离，又被派给控制肉体的无益苦差，这就造成了有意识的意志与不自觉的本能之间明显的冲突。每个人又按照他／她的活动、才能、感情和信仰等，被进一步分为许许多多独立的方面，卷入产生着连续不断的形而上学混乱和挫折的无穷矛盾中。

这种内部的分割反映着我们对“外部”世界的观点，就是把外部世界看成是许多独立物体和事件的集合体，把自然环境看成是由独立的部分组成的，并由兴趣不同的人群去探索。这种分割的观点进一步推广到社会，社会就分割成了不同的国家、种族、宗教和政治集团。这种观点还认为所有在我们自己内部、在我们的环境和我们的社会中的所有这些部分都是真正各自独立的。因此，这种观点可以说是目前一系列社会、生态和文化危机的主要根源。它使我们疏离自然界和我们的人类同类。它导致自然资源极不公正的分配，造成经济和政治上的混乱，自发的和成惯例的暴力浪潮越来越严重，遭受污染的恶劣环境，使我们的生活在生理上和精神上变得不健康。

笛卡尔分割和机械论的宇宙观既有益处，同时也有弊端。它们在发展经典物理学和技术方面极为成功，但是又给我们的文明带来许多恶果。有趣的是，起源于笛卡尔分割和机械论的宇宙观，而且的确只有依靠这些观点才有可能产生的 20 世纪科学，现在却在克服这种分割，并带领我们返回早期希腊和东方哲学中所表达的统一性的概念。

与机械论的西方观念相反，东方的宇宙观是"有机"的。东方神秘主义者认为，可以感知的物体和事件都是相互联系的，只不过是同一终极实在的不同方面或不同表现。把感知的世界分割成单个的独立事物，并且觉得我们自己是这个世界中的独立自我，这种倾向在东方神秘主义者看来是谬想，它来源于我们进行衡量和分类的思想状态。佛教哲学称之为"无明"（29）或无知，并且把它看作受到干扰的精神状态，因而是必须加以克服的：

"当思维受干扰时，就产生了事物的多样性，而当思维平静时，事物的多样性就消失了。"①

虽然东方神秘主义的各个学派在许多细节上有所不同，但是它们都强调宇宙的基本统一，这是它们的教义的主要特点。无论是印度教、佛教还是道教，它们的信徒的最高目标是认知所有事物的统一和相互联系，超越孤立的单个自我的概念，并且使它们自己与终极的实在归于

① A. Shvaghosha, *The Awakening of Faith*, p.78.

统一。这种认知的出现被认为是"悟"[30]，它不仅是一种理智的行为，而且牵涉到整个人的一种体验，其最终本质是宗教的。因此，大部分东方哲学在本质上都是宗教哲学。

于是，用东方的观点看来，把自然界分割成独立的客体不是根本性的，而且任何这样的客体都具有流动和永远变化的特性。因此，东方的宇宙观在本质上是能动的，并把时间和变化作为其基本特征。宇宙被看成是一个不可分割的实在[31]，它永远在运动，是有生命的、有机的，是精神的，同时又是物质的。

按照古典的哲学观点，既然运动和变化是事物的基本性质，那么引起运动的力就不是在事物的外部，而是物质固有的一种属性。与此相应，东方有关神的形象并不是从天上指挥着世界的统治者，而是从内部控制着一切事物的一种原则：

"他寓于一切之内，

然而并非一切，

一切都不知道他，

一切都是他的躯体，

他从内部控制着一切——

他是你的灵魂，内在的统治者，

神祇。"①

以下几章将说明东方宇宙观的基本要素也就是从近代物理学产生

---

① *Brihad-aranyaka Upanishad*, 3.7.15.

的宇宙观的基本要素。它们说明东方思想——大体上说，是神秘主义思想- ——为当代科学理论提供了坚实而恰当的哲学基础，在这种宇宙观之中，科学发现能够与精神上的目标和宗教信仰完全和谐一致。东方宇宙观的两个基本主题是：所有现象都是统一的、相互联系的，宇宙在本质上是能动的。我们越深入亚微观世界，越会认识到近代物理学家是如何地像东方神秘主义者一样，终于把世界看成是一个体系，这个体系不可分割、相互作用、其组成部分永远运动着，而观察者本身也是这一体系必不可少的一部分。

东方哲学有机的、"生态学"⁽³²⁾的宇宙观无疑是它在西方，尤其是在年轻人中广泛流传的主要原因之一。在我们西方的文化中，占统治地位的仍然是机械的、分割的宇宙观。越来越多的人认识到它是我们社会中普遍不满的潜在原因，有许多人已经转向东方式的解放道路。令人感兴趣但或许并不太使人惊讶的是，那些被东方神秘主义吸引的人求教于《易经》，练瑜伽，或者以其他方式静坐沉思，这些人一般都持有显然反科学的态度。他们倾向于把科学，特别是物理学看作一门缺乏想象力、心胸狭隘的学科，它应对现代技术的一切罪恶负责。

本书的目的是要通过说明东方智慧的精髓与西方科学在本质上是协调的，来改善科学的形象；试图指出近代物理学远远超出了技术，物理学的道路，或称为"道"⁽³³⁾，乃是一条具有情感的道路，一条通向精神知识和自我实现的道路。

第二章　知与观 [①]

"把我从虚幻引向真实！从黑暗引向光明！从死亡引向永生！"

——《奥义书》[(1)]

近代物理学是用深奥的现代数学语言表达的精密科学，而东方神秘主义则是主要以沉思默想为基础，并且东方神秘主义者坚持认为他们的见识是不可言传的一些宗教原则。在研究它们之间的相似性以前，我们必须讨论这样一个问题，那就是我们如何能给它们进行比较。

我们所要比较的是科学家和东方神秘主义者对他们有关宇宙万物的知识的论述。为了建立一个适当的框架来进行比较，首先必须自问，我们所讨论的究竟是什么样的知识？来自吴哥窟 [(2)] 或京都 [(3)] 的佛教徒与来自牛津 [(4)] 或伯克利 [(5)] 的物理学家们所说的知识是一回事吗？其次，我们要比较的是什么样的论述？我们一方面要从实验数据、方程式和理论中选择些什么，另一方面又要从宗教经文、古代神话或哲学论文中选择些什么？本章要阐明这样两点：所涉及的知识的性质和表达这种知识所用的语言。

我们知道，在整个历史上，人类思想拥有两类知识，或两种认识方

---

① 原文"seeing"在此宜译为"观"［参见本章（注 34）］。——译者注

式，通常称为理性的和直觉的，一般将它们分别与科学和宗教相联系。在西方往往贬低直觉的宗教型知识，而推崇理性的科学知识；但是一般说来，传统的东方态度正好与之相反。西方和东方的两位伟大的思想家关于知识的下述两句话典型地说明了这两种看法。希腊苏格拉底[6]的名言："自知其无知。"中国的老子说："知不知，尚矣。"[7]在东方对两种知识的评价从给予它们的名称上往往已可看出来。例如，《奥义书》谈到高级和低级的知识，把低级的知识与各门科学相联系，把高级知识与宗教上的认识相联系。佛家则谈到"相对"与"绝对"知识，或"有限真理"与"先验真理"。另一方面，中国的哲学家总是强调直觉与理性的互补性，并且用圆形的一对"阴"和"阳"来表示，这是中国思想的基础。与此相应，在古代中国两种互补的哲学传统，道家和儒家的发展，对应了这两类知识。

理性知识来源于我们从日常环境中的事物所获得的经验，它属于理智的范畴，其功能是进行辨别、区分、比较、测量和分类。通过理性知识，产生了一种具有理性特征的宇宙观，认为对立双方只能相互依存。因此，佛家称这种类型的知识为相对知识。

这种知识的主要特点是抽象，因为要对周围无限多样的形态、结构和现象进行比较和分类，我们不能将它们的全部特征都考虑在内，而必须选择其中少数重要的。于是我们就构想出有关现实的一幅理性的图画，事物在其中被简化为它们大体的轮廓。因此理性知识是抽象概念和符号的体系，其特征是具有线性序列结构，这也是我们思考和交谈的典型情况。在大多数语言中，这种线性结构是用字符来表达的，用一长列文字来交流经验和思想。

另一方面，自然界又是一个具有无限多样性和复杂性的多维世界，其中并不存在什么直线或完全规则的形态，其中的事物并不按顺序出现，而是同时出现；近代物理学告诉我们，在这个世界里，即使空无一物的空间也是弯曲的[8]。显然，我们理性思维的抽象体系永远不能完满地描述或理解这个现实世界。在对这个世界进行思考时，我们面临的问题正如制图员企图用一系列平面图来概括完备的地球表面所遇到的问题一样。用这种方法我们只能指望近似地描绘现实世界，因为所有的理性知识必然是有限的。

理性知识的范畴当然也就是科学的范畴，而科学的研究手段是测定、量化、分类和分析。用这些方法获得的任何知识的局限性在现代科学中已经变得越来越明显了，特别是在近代物理学中。用海森伯的话来说："每一句话或每一个思想，无论它看来是如何明确，也只在有限的范围内适用。"[1]

我们大多数人很难经常意识到理性知识的局限性和相对性。由于去理解对实际存在的事物的描述，要比去理解实际存在的事物本身容易得多，我们倾向于将二者混为一谈，并且把我们的概念和符号看作实际存在的事物本身。东方神秘主义的主要目的之一，就是要使我们摆脱这种混淆。佛家禅宗认为，在指出月亮时需要一根手指，但是一旦认识月亮以后就不必再伸手指了。道家先哲庄子写道：

"荃者所以在鱼，得鱼而忘荃；蹄者所以在兔，得兔而忘蹄；言者所以在意，得意而忘言。……"[9]

---

① W. Heisenberg, *Physics and Philosophy*, p.125.

在西方，语义学家科齐伯斯基（A. Korzybski）[10]以他有力的警句，"地图不是疆土"，论证了完全相同的观点。

东方神秘主义者关心的是对实在的直接体验，它不仅超越理性思维，而且超越感性认识。用《奥义书》的话来说：

"这是无声、无觉、无形、不灭的，

也是无味、永恒、无嗅的，

它无始、无终、高于一切，稳固坚定——

谁要是认识了它，就解脱了死亡。"①

佛家把来自这种体验的知识称为"绝对知识"，因为它不依赖于理智的辨别、抽象和分类。我们知道，这些方法总是相对和近似的。佛家告诉我们，这就是对于不做辨别、不加区分、无定限的"真如"[11]的直接体验。完整地领悟这种"真如"，不仅是东方神秘主义的精髓，也是所有神秘主义经验的主要特点。

东方神秘主义一再坚称，终极的实在永远不会成为推理或可论证的知识的对象。我们永远无法用言词来适当地描述它，因为它超出了感觉和理智的范畴，而我们的言词和概念都是从感觉和理智得来的。关于这一点，《奥义书》中说：

"这里看不到，

讲不清，也想不明。

---

① *Katha Upanishad*, 3.15.

我们既不知道，也不理解，

又如何能将它教给别人。"①

老子把这个实在称为"道"，并在《道德经》的第一句话中陈述了同样的意思："道可道，非常道。"[12] 虽然人类的知识有了莫大的增长，但是两千年来人类并没有变聪明多少，这是从报纸上一读便知的事实，充分地证明了绝对知识是不可能用言语来交流的。庄子说："使道而可以告人，则人莫不告其兄弟。[13]

因此，绝对知识完全是对实在的非理性体验，这种体验是在异常的意识状态下产生的。这种状态称为"沉思"[14]，或神秘主义的状态。这样一种状态的存在不仅为东方和西方许多神秘主义者所证实，而且在心理学研究中也获得了证据。詹姆斯（W. James）说：[15]

"我们正常而清醒的意识称为理性意识，它只不过是一种特殊类型的意识，至于说到全部意识，则还有一些与理性意识隔着一层薄薄的帷幕的全然不同的潜在类型的意识。"②

虽然物理学家主要关心理性知识，而神秘主义者主要关心直觉知识，但是在物理学和神秘主义的领域中都存在着这两种知识。当我们在这两个领域中考察知识是如何获得，又如何表达的时候，这一点就变得很明显了。

---

①　*Kena Upanishad*, 3.

②　W. James, *The Varieties of Religious Experience*, p.388.

在物理学中，知识是通过科学研究获得的，科学研究可以分为三个阶段：第一个阶段是收集有关待解释现象的实验证据。第二个阶段将实验事实与数学符号相联系，并且设计出一个把这些符号以精确而具有一致性的方式相互联系起来的数学表达式。通常称这种表达式为数学模型，如果它比较容易理解，则称为理论。然后再用这个理论来预测进一步的实验结果，以便检验它的全部含义。在这个阶段上，如果物理学家已经找到一种数学表达式，并且知道如何用它来预测实验，就会感到满意。但是最后他们总会想要把自己的结果告诉那些不是物理学家的人，因此就不得不用平易的语言来表达它们。这就意味着他们必须用普通的语言来陈述一种阐明他们的数学表达式的模型。即使对物理学家自己来说，陈述这样一种用言辞表达的模型，也是判断他们理解程度的依据，这是研究工作的第三阶段。

当然，实际上这三个阶段并非完全分开，也不总是按同样的次序进行的。例如，一位物理学家可能在他所持的哲学信念的指引下，提出一种特定的模型，即使出现相反的实验证据，他也可能仍然继续坚持这种信念。于是他将试图修正自己的模型，以便使它能够解释新的实验，实际上这种情况是屡见不鲜的。但是，如果实验证据继续与这个模型相矛盾，他最终将被迫放弃它。

全部理论都坚实地以实验为依据的方法称为科学方法。我们将会看到，在东方哲学中也有相应的方法。然而，希腊哲学在这方面则是与科学方法截然不同的。虽然希腊哲学家对自然界极为机敏的想象往往与现代的科学模型非常接近，但是二者之间巨大的差别在于现代科学经验主义的态度。在希腊人看来，这种态度是极不适宜的。希腊人是从某些基本公理或原则出发，演绎出他们的模型，而不是从已经观察到的事实出发，归纳出模型。当然，从另一方面来说，希腊人演绎的推理和逻辑的技巧在科学研究的第二阶段，也就是表述形成具有一致性的数学模型的阶段，是十分重要的。因此，它也是科学的一个重要的组成部分。

理性知识和理性的思维活动的确是构成科学研究的主要部分，但并不是它的全部。直觉常给科学家以新的领悟，并使他们富有创造性。实际上，研究工作的理性部分如果得不到直觉的补充，将会是无用的。这种领悟往往突如其来，其特点是，并不是坐在书桌前推导方程式的时候，而是在浴缸里休憩，在树林中或在海边散步，诸如此类的时候，在集中精力的脑力活动之后放松的期间，直觉的思维似乎活跃起来，并且能产生突然变清晰的领悟，它给科学研究带来极大的欢乐和欣喜。

然而，直觉的领悟如果不能用具有一致性的数学形式表达出来，并且用平易的语言做出的解释加以补充，那么它对于物理学家来说仍然是无用的。抽象是这种模式最重要的特点。如上所述，它是由概念和符号的体系组成的，它们构成了有关现实的一幅图画。这幅图画只表达着现实的某些特征；我们并不确切地知道是哪些特征，因为我们从童年起就开始逐步地编绘自己的图画，而未做判断性的分析。我们语言的词汇是如此缺乏明确的定义，以致它们常具有几种含义。在我们听到一个词时，它的许多含义只是模糊地掠过我们的头脑，并且主要留存在我们的潜意识中。

我们语言中的不精确性和含义不明确对于诗人来说是重要的，他们的工作主要是利用语言的潜意识层次和联想。然而，科学的目的是做出明晰的定义和找到确定的联系。因此，它按照逻辑的法则，通过限定词汇的含义，并且使语言的结构标准化，来使语言进一步抽象化。抽象的最后一步是用数学形式来表达，以符号取代言词，而且联系这些符号的运算是严格定义的。科学家能够用这种方法把信息压缩到一个方程式里，也就是说，把原来要写成几页的内容压缩到一行符号里。

认为数学只不过是一种极为抽象和浓缩的语言，这种观点并非没有异议。实际上，有许多数学家相信数学不仅是用来描述自然界的一种语言，而且是自然界本身所固有的。毕达哥拉斯（Pythagoras）[16]是这种信条的创始人，他说过这样一句名言，"万物皆数"，并且发展了一种很特殊的数学神秘主义。毕达哥拉斯哲学就是这样把逻辑推理引入宗教的领域。按照罗素（B. Russell）[17]的看法，这种发展对西方宗教哲学有决定性的意义：

"数学与神学的结合始自毕达哥拉斯，这是希腊、中世纪、直到近代康德（I. Kant）[18]的宗教哲学的特点……。在柏拉图（Plato）[19]、奥古斯丁（A. Augustinus）[20]、阿奎那（T. Aquinas）[21]、笛卡尔、斯宾诺莎（B. Spinoza）[22]和莱布尼茨（G. W. Leibniz）[23]的哲学中，宗教与理性，对道德的渴求与对永恒事物在逻辑上必然的赞赏都密切地糅合在一起。这种结合起源于毕达哥拉斯，并使欧洲理性化的神学有别于亚洲更为坦率的神秘主义。"①

"亚洲更为坦率的神秘主义"当然不接受毕达哥拉斯的数学观点。按照东方的观点，数学具有高度分化和定义明确的结构，应被看作我们概念中的图画的一部分，而不是现实本身的特征。神秘主义者所体验的现实是全然不明确和无显著特性的。

---

① B. Russell, *History of Western Philosophy*, p.37.

科学的抽象方法非常有效和强有力，但是我们必须为之付出代价。当我们更加精确地定义我们的概念体系，使它成为一个整体，并且使那些联系越来越严格时，它们也就变得越来越脱离实际的世界。我们再次引用科齐伯斯基关于地图与疆土的类比，普通的语言可以说是一幅地图，由于它固有的不准确性而具有某种灵活性，它能够在某种程度上描绘出疆土的曲线形状。当我们使它变得更为严密时，这种灵活性也就逐渐消失了。在用数学语言时，我们便处于这样一种情况下，就是它与现实之间的联系是如此薄弱，以致符号与我们感觉的经验之间的关系不再明确。这也就是为什么必须再利用可以直觉地理解，但是不太明确和周密的概念，通过言语的解释，来补充我们的数学模型和理论的原因。

重要的是，需要认识到数学模型与对应的语言解释之间的差别。前者就其内部结构来说，是严密和一致的，但是所用的符号与我们的经验之间并没有直接的联系。另一方面，以语言表达的模型用的是可以直觉地理解，但总是不周密、不明确的概念。在这方面，它们与现实世界的哲学模型没有什么区别，因此二者完全可以相提并论。

如果说科学中有直觉的因素，那么在东方神秘主义中也有理性的因素。各个宗派对推理和逻辑强调的程度差别很大。印度教的吠檀多[24]或佛教的中观宗[25]就是高度理性的宗派，而道教则总是对推理和逻辑深表怀疑。禅宗[26]是佛教的一支，但是受到道教很大的影响，自诩"不立文字，教外别传"[27]。这一派几乎只注重顿悟[28]的经验，却对这种经验的解释只有微薄的兴趣。禅宗的一句名言是，"说似一物即不中"[29]。

虽然东方神秘主义的其他宗派并不这样极端化，但是它们的核心都是直接的神秘经验。即使是那些从事于最深奥微妙的论证的神秘主义者，也从来不把理性看作他们知识的源泉，而只是用它来分析和解释他们自身的神秘经验。所有的知识都严格地以这种经验为基础，从而使东方的传统具有很强的经验主义的特点，这是其支持者所经常强调的。例如，铃木大拙[30]关于佛教写道：

"亲身的经验是佛教哲学的基础。从这种意义上来说，佛教就是彻底的经验主义或实验主义，无论辩证法后来是如何深入探求顿悟经验的含义的。"[①]

李约瑟（J. Needham）[31]在他的著作《中国科学技术史》中一再强调道家的经验主义观念，并且认为这种观念使道家哲学成为中国科学和技术的基础。用李约瑟的话来说，早期的道教哲学家们"退归荒野、森林和山岳，在那里静思大自然的常则，观察其无数的表现"。[②]在禅宗的经典中也反映着同样的要旨：

"顿悟佛性真谛者，

须待时机与因缘。"[③]

东方神秘主义的知识严格地以经验为基础，与之相对应，科学知识严格地以实验为基础。神秘主义经验的本质进一步增强了这种对应性。在东方的传统中把它描绘成一种直接的洞察，它超出了理智的范畴，并

---

① D. T. Suzuki, *On Indian Mahayana Buddhism*, p.237.

② J. Needham, *Science and Civilization in China*, vol.11, p.33.

③ From the Zenrin Kushu, in I. Muira & R. Fuller Sasaki, *The Zen Koan*, p.103.

且只能通过观察，通过内观自身，而不是通过思考来获得。

在道教中，观察的意向体现在道教庙宇的名称上，"观"的原意就是"观看"。道家由此把他们的庙宇看作进行观察的处所。中国禅宗佛家的顿悟常指"见道"[32]。佛教所有的宗派都把观察看作知识的基础。在佛教自识的信条八识[33]中占首位的是眼识，然后才得真知。铃木大拙在论述这一点时写道：

"'观'[34]在佛教的认识论中占据最重要的位置，因为'观'是'知'的基础。没有'观'就不可能有'知'；所有的知识都来源于'观'。在佛教的教义中，'知'和'观'总是这样联系在一起。因此，佛教哲学的终极目的是按照实在的原貌去认识它，'观'就是经历顿悟。"[1]

这一段话使人联想起亚基的神秘主义者胡安。他说："我的偏好就是观察，因为人只有通过观察才能获得知识。"[2]

在此必须指出的是，不要过于从字面上去理解神秘主义传统对"观"的强调，而应该从隐喻的意义上去理解，因为关于现实的神秘主义经验，就其本质来说，是一种非感知的经验。当东方神秘主义者谈到"观"时，他们所指的是一种知觉的方式，它可以包括视觉，但在本质上总是超出视觉而成为一种对现实的非感知的经验。然而，在他们谈到观、看或观察时，实际上强调的是他们知识的经验特性。东方哲学这种

---

① D. T. Suzuki, *Outlines of Mahayana*, p.235.
② In Carlos Castaneda, *A Separate Reality*, p.20.

以经验为依据的态度，强烈地使人联想到科学对观察的强调，因此可以作为我们做比较所用的框架。科学中的实验阶段似乎对应东方神秘主义的直接见识，而科学模型和理论则对应对这种见识的各种解释方法。

从这两种观察行为的不同本质看来，科学实验与神秘主义经验之间的相似性似乎是令人惊讶的。物理学家们进行实验必须潜心于通力合作和极为复杂的技术，而神秘主义者则完全通过内省，不需要任何设备，在独自的沉思中获得他们的知识。此外，科学实验似乎可以在任何时候，由任何人来重复，而神秘主义的经验似乎仅限于少数人在特定的场合下才能获得。然而，进一步的探究表明，这两种观察的差别仅在于它们的方式，而不在于它们的可靠性或复杂性。

任何人要想重复一个亚原子物理实验都必须经过多年的训练，只有这样才能通过实验向大自然提出一个特定的问题，并且理解它的答案。与之类似，深刻的神秘主义经验一般也要求在有经验的宗师指导下进行多年的训练，而且就像在科学训练中一样，只靠投入时间并不能保证成功。然而，如果一个学生是成功的，他将能够"重复那种经验"。实际上，那种经验的可重复性对于每一种神秘主义的训练来说，都是至关重要的，而且正是神秘主义者修行的目的。

因此，神秘主义的经验并不比近代物理实验更稀罕。另一方面，虽然它所具有的完全是另一种复杂性，但其复杂程度并不比物理实验低。深度沉思中的神秘主义者的知觉，无论是在身体上还是精神上的复杂性和效能，如果不是超过物理学家的技术装置的话，至少可以与它们相比。科学家和神秘主义者从而发展了观察自然的极为复杂的方法，这些方法是外行难以掌握的。对于毫无所知的人来说，现代实验物理学杂志的一页文献就像西藏的曼荼罗（mandala）[35]一样神秘。它们都是探求宇宙本质的记录。

虽然一般说来，不经过长期的准备不会获得深刻的神秘主义经验，但是所有的人在日常生活中都会体验到直接的直觉顿悟。我们都熟悉这样的情景，当我们忘记了某个人名、地名，或者某些字词时，不管怎样思索都无济于事，却在我们放弃努力，并且把注意力转向其他方面去以后，突然一闪念，想起那个忘了的名称，并且"就在嘴边"。在这个过程中，我们并没有进行思考。这是一种突然的，即时的醒悟。突然记起某一事物的这个例子与佛教特别有关，佛教认为我们的本性就是领悟到的佛的本性，我们只不过是忘却了它。佛教禅宗要求弟子们去发现自己的"本面目"，他们的顿悟就是突然记起这个面目。

自发的直觉顿悟的另一个为人熟知的例子是笑话。在你理解了一个笑话的那一刹那，就是你体验到顿悟的时刻。我们都知道，这个时刻是自发地来到的，只有当我们突然直觉地领悟到笑话的本意时，我们才能体会到那个笑话所要引起的纵声大笑。已经醒悟的人们应当完全能够理解精神上的领悟与理解一个笑话的类似性，因为他们几乎总是极富幽默感的，禅宗中有趣的故事和逸闻特别丰富；《道德经》中写道："不笑不足以为道。"[36]

在我们的日常生活中，对事物本性的直接直觉顿悟一般仅限于极为短暂的一瞬间。但是东方神秘主义则与此不同，这种领悟能延续很长的时间，最终成为一种恒有的知觉。为这种关乎实在直接而非理性的知觉作精神上的准备，就是东方神秘主义所有学派的主要的目的，也是东方生活方式许多方面的主要目的。在印度、中国和日本久远的文化史中，人们发展出大量的各种方法、仪式和艺术形式来达到这一目的。从最广泛的意义上来说，它们都可以称为沉思。

　　这些方法的基本目的似乎都是使思想平静下来，并且把意识从理性方式转换为直觉方式。在很多种沉思的形式中，为了使理性的思维平静下来，是将自己的注意力集中在单个事物上，例如，自己的呼吸，曼陀罗（mantra）[37]的声音，或者是曼荼罗的视觉形象。另外一些宗派则将注意力集中到身体的动作上，这些动作必须是在不受任何思想干扰的情况下自发地进行的。这就是印度的瑜伽术和道家的太极拳的方式。这些宗派的有节奏的运动能造成一种平静和安宁的感觉，与比较安静的沉思方式所特有的感觉一样。某些体育运动偶然也能引起这种感觉，例如，在我的经验中，滑雪就是很有效的一种沉思方式。

　　东方的艺术形式也是沉思的方式。与其说它们是艺术家们表达思想的方法，不如说是通过发展直觉的意识状态来充分发挥自己的才能的一种方法。学习音乐并不是靠读乐谱，而是靠聆听老师演奏，从而开发一种对音乐的感觉，正像学习太极拳并不是靠口令，而是靠跟随老师一遍又一遍地练；日本的茶道充满着缓慢的仪式性动作；中国的书法要求手的动作自然而不停顿。在东方，所有这些技巧都被用来开发意识的沉思方式。

　　对于大多数人，特别是对知识分子来说，这种意识方式完全是一种新的体验。科学家在他们的研究工作中对直接的直觉洞察是熟悉的，因为每一项新的发现都来自这种非口头形式的突然闪念。但是，当头脑中充满了信息、概念和思维模式时，闪念的出现是极为短暂的。而在沉思中，头脑里除尽了所有的思虑和概念，这就为长时间地通过它的直觉方式起作用做好了准备。老子说："为学日益，为道日损。损之又损，以至于无为。"[38]——这指的就是研究工作与沉思之间这种显著的不同。

　　当理性的思维沉寂时，直觉的思维方式就会产生一种特别的知觉，以一种直接的方式去体验环境,而不经过概念性思维的清理。庄子说:"圣人之心静乎!天地之鉴也,万物之镜也。"(39)与周围环境浑然一体的体验,是沉思状态的主要特点。在这种意识状态下,一切形式的割裂都停止了,消退为无差别的统一体。

在深度的沉思中,头脑是完全警觉的。除了对实在的非感觉的理解之外,它还接受周围环境中所有的声音、情景和其他印象,但是不对这些感知的印象加以分析或解释,不允许它们来分散注意力。这种意识状态就像一名武士的精神状态,他在极度警觉下提防着攻击;他感受着自己周围的任何动静,却不在任何一瞬间为之分散注意力。禅宗大师白云禅师(40)用这种形象来描述结跏趺坐(41),即禅宗的禅定(42):

"结跏趺坐是集中意识的加深状态。在这种状态下,你既不紧张,又不匆忙,而且的确绝不迟钝。这是某些面临死亡的人的心境。让我们设想,你参加一场古代日本经常举行的那种二人剑术比试。当你面对着自己的对手时,你一刻也不放松戒备,小心提防,摆开架式准备着。哪怕你有一瞬间放松自己的警戒,立即就会被砍倒。有一群人围观斗剑,你能从自己的眼角看见他们,因为你并不瞎,你也能听见他们,因为你并不聋。但是你的思想一刻也不被这些感官上的印象所占据。"①

由于沉思状态与武士的精神状态相似,在东方的精神和文化生活中,武士的形象起着重要作用。印度最受人们喜爱的宗教经卷《薄伽梵歌》(43)中展现的是一个战场;在中国和日本的传统文化中,军事谋略

---

① In P. Kapleau, *Three Pillars of Zen*, pp.53-54.

是一个重要的组成部分。在日本，禅宗对于武士传统的强烈影响产生了所谓武士道⁽⁴⁴⁾，即"武士的方式"，是武士们达到心灵顿悟的最高境界的一种剑术技巧。在中国，道家的"太极拳"被认为是最高级的武术，它以一种独特的方式将缓慢而有节奏的瑜伽式动作与武士的高度警觉结合在一起。

东方神秘主义所依据的是对实在本性的直接洞察，而物理学依据的则是在科学实验中对自然现象的观察。在这两种领域中随后都要对观察结果进行解释，并且通常是用言辞来交流所做的解释。因为言辞总是关于实在的一幅抽象而近似的图画，所以用言辞来解释科学实验或神秘主义的洞察必然是不精确和不全面的。近代物理学家和东方神秘主义者都同样地深知这一事实。

在物理学中，对实验的解释称为模型或理论。认识到所有的模型和理论都是近似的，这一点对于现代的科学研究工作者来说是基本的。因此，爱因斯坦的格言是："凡是涉及实在的数学定律都是不确定的，凡是确定的定律都不涉及实在。"物理学家们知道他们进行分析和逻辑推理的方法绝不能立即解释自然现象的所有范畴，因此他们选择出某一组现象，并试着建立一个模型来描述它们。在这样做时，他们忽略了其他现象，因此所建立的模型也就不能完美地描述实在的情况。未考虑在内的那些现象的影响可能很小，以至于如果把它们包括在内也不会使理论发生重大的改变；或者只是由于在建立理论时还不知道这些现象，才没有把它们包括进去。

为了说明这些论点，让我们来看看物理学中最著名的模型之一——牛顿的"经典力学"。例如，在这个模型中，一般不考虑空气阻力或摩擦力的影响，因为它们通常很小。但是除了这种省略以外，在很长的时间里，牛顿力学一直被看作描写所有自然现象的最终理论，直到发现了电和磁的现象，它们无法被包括在牛顿理论中。这些现象的发现说明牛顿模型是不完善的，它只能用在有限的一类现象上——主要是用在固体的运动上。

　　研究有限的一组现象，可能还意味着只在有限的范围内研究它们的性质，这就可能成为理论具有近似性的另一个原因。近似的这一方面是相当微妙的，因为我们事先绝不会知道一个理论的限度何在。只有凭经验才能获知。因此，在 20 世纪的物理学揭示出经典力学本质上的局限性以后，经典力学的形象就进一步受到了损害。现在我们知道，牛顿模型只适用于大量原子组成的物体，而且仅限于比光速小得多的速度。如果不满足第一个条件，就必须用量子理论来代替经典力学，如果不满足第二个条件，就必须采用相对论。这并不意味着牛顿模型是"错"的，或者量子理论和相对论是"对"的。所有这些模型都是近似的，只适用于一定范围内的现象。超出这一范围，它们就不再能对自然做出令人满意的描述，而必须寻找新模型来取代旧的；或者更好的做法是，通过改进所做的近似来扩展原有模型的适用范围。

　　要确定某个模型的适用范围常常是一件最困难的事，同时也是在建立模型时最为重要的难题。丘（G. Chew）[45] 提出了靴袢理论[46]，在下面我们将较详细地予以讨论。他指出，一旦认定某个模型或理论能成立，我们就应当经常提出这样一些问题！它为什么能成立？这个模型的局限性何在？确切地说，做了什么样的近似？丘认为，这些问题是研究工作向前推进的第一步。

　　东方神秘主义者也充分地认识到，用语言对实在做出的任何描述都是不精确、不完美的。对实在的直接体验超越了思维和语言的范畴，因为所有的神秘主义都依据这样一种体验，关于这种体验的任何论述都只能是部分正确的。在物理学中，常用数量来表示所有描述的近似性，其进展是靠多次逐步地改进近似来取得的。那么，东方的传统是怎样对待用语言来进行交流这个问题的呢？

首先，神秘主义者感兴趣的主要是对实在的体验，而不是对这种体验的描述。所以他们对于分析这种描述一般都不感兴趣。因而，东方思想中从来都没有出现过有关明确定义的近似的概念。另一方面，如果东方神秘主义者想要交流自己的体验，他们就将遇到语言的限制。在东方神秘主义者们发掘了几种不同的方法来处理这个问题。

印度的神秘主义者，尤其是印度教徒，所用的是以隐喻和象征表达神话、诗歌里的比喻、直喻和寓言等形式。神话式的语言受到逻辑和常识的限制要少得多。它充满着不可思议和荒谬的情景，富有启发性的比喻，却并不精确，从而能够比确实的语言更好地传达神秘主义者体验实在的方法。库玛拉斯瓦米（A. K. Coomaraswamy）[47]说："神话最为接近地体现了能够用语言表达的绝对真理。"[1]

印度人丰富的想象力创造了众多的神和女神，他们的下凡和功德是奇异的神话的主题，这些神话被收纳在浩瀚的叙事诗中。印度人深深地知道，所有这些神都是精神的创造，神话中的形象反映着实在的许多侧面。同时他们也知道，创造这些神并不仅仅是为了使故事更具魅力，而是作为传达一种基于神秘主义经验的哲学教诲的基本手段。

中国和日本的神秘主义者用另外的方法来处理语言问题。他们不是通过神话中的象征和形象来使实在的自相矛盾的本性易于被接受，却通

---

① A. K. Coomaraswamy, *Hinduism and Buddhism*, p.33.

常是宁愿用切实的语言来强调它。于是，道家常用似非而是的隽语来揭示语言交流中出现的不一致性，并披露它的局限性。他们把这种手法传给了中国和日本的佛教徒们，这些佛教徒又进一步发展了这种手法，而使它在禅宗佛教中达到了顶峰。许多禅宗大师用公案[48]来传授教诲。所谓公案则是一些荒谬的谜语。这些公案证实着东方神秘主义与近代物理学之间的相似之处，在下章里我们将予以讨论。

应当提到的是，在日本还有另外一种表达哲学观点的方法。这是一种特殊格式的、极为简洁的诗句，禅宗大师常用这种诗句来直接说明实在的"真如"[49]。一个僧侣问风穴和尚："当话语和沉默都无法接受时，我们怎样才能正确地表达呢？"大师回答道：

"长忆江南三月里，

鹧鸪啼处百花香。"①[50]

这种格式的宗教诗在俳句[51]中达到了完美的境地。俳句是一种只有17个音节的日本古典诗体，它受到禅宗很深的影响。即使经过英文翻译，也能让我们体会到这些俳句对人生本性的洞察：

"树叶飘落着

一片盖着一片

雨点打着雨点。"②

---

① W. Watts, *The Way of Zen*, p.183.

② A. W. Watts, *The Way of Zen*, p.187.

　　每当东方神秘主义者以言辞来表达自己的知识，无论是借助于神话、象征、诗中的形象，或者似非而是的论述，他们都清楚地意识到语言和"线性的"思考所带来的局限性。近代物理学对于用语言表达的模型和理论所采取的正是同样的态度，也认为它们只是近似的，从而必然是不准确的。这些模型和理论对应东方的神话、象征和诗中的形象，在这种意义上，我们可以认为二者是相似的。例如，印度教徒是用湿婆[52]之舞，而物理学家则是用量子场论的某些观点来表达关于物质的同样的概念。舞神和物理学理论都是思维的创造，都是它们的缔造者们用来描述自己对实在的直觉感受的模型。

第三章　超越语言

"一般的思维方式对于这种矛盾感到困惑，是因为我们必须用语言来交流自己内在的经验，而这种经验就其本质来说是超越语言的。"

—— 铃木大拙

"关于语言的问题在此确实很重要。我们想以某种方式讨论原子结构……但是却不能用平常的语言来谈论它。"

—— 海森伯

在 20 世纪初，科学家们就已经普遍地接受了这样一种观念，就是当一种新的，令人意想不到的科学发展出现时，所有的科学模型和理论都是近似的，并且用言辞对它们做出的解释总是受到我们语言的不准确性的限制。对原子世界的研究迫使物理学家们认识到，我们日常的语言非但不准确，而且完全不适于用来描述原子和亚原子的实在。量子论和相对论是近代物理学的两个支柱，它们说明了这种实在超越了经典的逻辑，而且我们不能用普通的语言来对它进行讨论。因此海森伯写道：

"在量子论中出现的最大困难……是有关语言运用问题。首先，我们在使数学符号与用普通语言表达的概念相联系方面无例可循；我们从一开始就知道的只是不能把日常的概念用到原子结构上去。"[1]

从哲学的观点看来，这的确是近代物理学最引人入胜的发展，而且是近代物理学与东方哲学相关联的根源之一。在西方哲学的流派中，逻辑和推理一直是阐述哲学概念的主要手段。罗素认为，即使对宗教哲学来说也是如此。然而，东方神秘主义则常常认为实在超越了普通的语言，因此东方的贤哲们无畏于超越逻辑和通常的概念。我认为，这就是为什么对于构成近代物理学的哲学背景来说，东方哲学关于实在的模型，要比西方哲学的模型更为适当的主要原因。

东方神秘主义遇到的语言问题与近代物理学面临的问题完全一样。在本章一开头摘引的两段话中，铃木大拙说的是佛教[2]，海森伯说的是原子物理[3]，而这两段话几乎完全相同。物理学家和神秘主义者都想要交流自己的知识，而在他们用言辞进行交流时，他们的论述似非而是，并且充满了逻辑上的矛盾。这些似非而是的隽语，是从赫拉克利特到胡安，所有神秘主义的特点，而且从 20 世纪初开始，也成为物理学的特点。

在原子物理学中，许多互相矛盾的情况与光的二象性[1]有关，或者更一般地说，与电磁辐射[2]的二象性有关。一方面，这种辐射显然是由波组成的，因为它产生熟知的干涉现象[3]，而干涉现象是与波相联系的：在有两个光源的情况下，在某个别处测得的光强不一定正好是来自两个光源的光强之和，而可能较强或较弱。这一点很容易用两个光

---

① W. Heisenberg, *Physics and Philosophy*, p.177.

② D. T. Suzuki, *On Indian Mahayana Buddhism*, p.239.

③ W. Heisenderg, op. cit., pp.178-179.

源发射的光波之间的干涉现象来解释：在两个波峰相重叠的地方，测得的光强将大于二者之和；而在波峰和波谷相重叠的地方，测得的光强将小于二者之和。干涉作用的强度很容易精确地计算出来。在我们研究电磁辐射时才会观察到这种干涉现象，迫使我们做出结论：这种辐射是由波组成的。

另一方面，电磁辐射还会产生所谓光电效应[4]：当紫外光照射到某些金属的表面上，紫外光能从金属表面"击出"电子，因此它必定是由运动着的粒子组成的。在 X 射线散射[5]实验中也有类似的情况。只有把它们描述为"光粒子"与电子的碰撞，才能对这些实验做出正确的解释。此外，它们还显示出作为波的特征的干涉图样[6]。在原子理论的初期曾使物理学家们那样地迷惑不解的问题是，电磁辐射如何能够同时既是由粒子组成的，又是由波组成的。粒子是限制在很小体积中的物体，而波则扩展在大范围的空间中。无论是用语言还是用想象，都难以

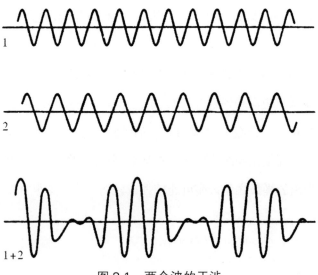

图 3.1　两个波的干涉

很好地解释这类实在。

东方神秘主义发展了几种不同的方法来处理实在的自相矛盾的几方面。在印度教中，用带有神秘意味的语言来避开它们，佛教和道教则倾向于强调这些矛盾，而不是去消除它们。道教的主要经典，老子《道德经》⁽⁷⁾，就是用一种极为令人费解，从表面上看来不合逻辑的手法写的。它充满着令人迷惑的矛盾，它的简练、有力和极富诗意的语言旨在慑服读者的心智，并使他们摆脱逻辑推理的常轨。

中国和日本的佛教徒们采用了道家的这种手法，通过直接披露神秘主义经验似非而是的特点来进行交流。禅宗大师大鉴⁽⁸⁾看见禅宗弟子后醍醐天皇⁽⁹⁾时说：

"我们分手在几千劫⁽¹⁰⁾以前，然而我们一刻也未曾别离。我们终日相对，然而我们从未相遇。"①

禅宗有一种特别的妙法来利用语言交流中产生的矛盾，他们利用一整套公案，发展出了一种完全不用语言来传授自己的学说的独特方法。公案是一些刻意构思的荒谬的谜语，它们旨在使禅宗弟子以最为生动的方式来认识逻辑和推理的局限性。这些谜语中荒诞不经的言辞和似非而是的内容，使我们不能靠思维来解释它们。它们被精心地设计成使思维停止，从而使佛门弟子为认识对实在不可言传的体验做好准备。当代禅宗大师白云禅师用下面一段话向一个西方弟子介绍了一则最著名的公案：

---

① In D. T. Suzuki, *The Essence of Buddhism*, p.26.

"最好的公案之一是'无'，因为它最简单。这段公案的背景是：赵州[11]是几百年前中国的一位有声望的禅宗大师，一位僧侣去见他，问道，'狗有没有佛性？'从谂驳道：'无！'它的字面意义是'没有'或'非'，但是赵州回答的意义不在于此。'无'表示那种充满生气，有机能和能动的佛性。你应当作的是去发现这个'无'的精神实质，不是通过理智的分析，而是在你最深的禀性中去探寻。因此，你必须不依靠概念、理论或抽象的解释，在我面前具体而生动地证明自己理解了'无'乃是生动的真理。应当记住，你不能以惯常的认识来理解'无'，而必须用你的整个身心去直接地把握它。"①(12)

禅宗大师对于初入门的弟子通常提出这个"无"的公案，或者下述两个公案中的一个：

"双亲生汝前，汝本来面目如何？"
"双手相叩出声音，只手音声如何闻？"

所有这些公案都具有几乎是唯一的答案，有功德的大师一眼就能看出来。

一旦找到答案，这则公案也就不再是似非而是的，而成为一种寓意深刻的陈述，这种陈述是在这则公案所唤醒的觉悟下做出的。

临济宗[13]的弟子必须解答一大系列的公案，其中每一个都涉及禅

---

① P. Kapleau, *Three Pillars of Zen*, p.135.

宗的一个特定的方面。这是这个宗派传授其教义的唯一方法。它不做任何正面的论述，而是完全留待弟子通过公案去把握真谛。

我们发现，物理学家们在原子物理学初期面临的自相矛盾的境遇与之惊人地相似，与禅宗的情况一样，真谛隐藏在悖论之中，这些悖论不能用逻辑推理来解决，而只能靠一种新的认识来理解，也就是依靠对原子实在的认识。当然，这时我们的老师是大自然，它像禅宗大师一样，不做任何论述，只提出这些谜。

要解答一则公案，佛家弟子必须全神贯注。在有关禅宗的著作里我们看到公案紧紧地占据着弟子的整个身心，使他的精神濒于绝境，这是一种持续的紧张状态，在这种状态下，整个世界变成了庞大的一堆疑案和问题。量子理论的奠基者海森伯体验到的正是同样的处境。关于这一点，他极为生动地描写道：

"我记得与玻尔讨论了好几小时，直到深夜，并且几乎以绝望而告终；讨论结束后，我独自到附近的公园里散步，我反复自问：难道大自然有可能像我们在这些实验中看到的那样荒唐吗？"[1]

每当用理智去分析事物的基本性质的时候，事物的基本性质看起来总像是荒诞无稽或者自相矛盾的，神秘主义者早已经常看到了这一点，但是直到最近才成为科学上的一个问题。若干世纪以来，科学家们一直在寻求种类繁多的自然现象所遵从的"自然界的基本规律"。那些现象发生在科学家们的宏观环境中，从而也就处在他们感觉经验所能及的范

---

① 　W. Heisenberg, op. cit. p.42.

围之内。由于他们语言中的形象和理性概念都是从这种经验抽象出来的，它们完全适用于描述自然现象。

在经典物理学中，牛顿力学的宇宙模型回答有关事物基本性质的问题的方式，与古希腊德谟克利特模型非常相似，都是把所有的现象归结为坚硬、不可摧毁的原子运动和相互作用，这些原子的性质是从球体运动宏观概念中抽象出来的，从而是来自感觉经验的。对于这种概念实际上是否适用于原子世界，却未产生过怀疑，事实上那时还无法对原子世界进行实验研究。

然而，在20世纪，物理学家们已能用实验来研究有关物质终极本质的问题。他们借助于最复杂的技术，能够越来越深入地探索自然，在寻求它的终极"结构单元"的过程中，揭示了物质结构一个又一个的层次，先是证实了原子的存在，然后发现了它们的成分——原子核和电子，最后发现了原子核的成分——质子和中子，以及许多其他的亚原子粒子[14]。

现代实验物理学精巧而复杂的仪器可以深入到亚微观世界，深入到远离我们宏观世界的自然领域中去，并使这个世界能够为我们所感觉。然而，这些仪器只有通过一系列的过程才能够做到这一点，例如最后用盖革计数管[15]啪啪作响地计数，或者是在感光片上记录下一个黑斑点。我们看见或者听到的绝不是所研究的现象本身，而常是它们所产生的影响。原子和亚原子世界本身不是我们感官的知觉所能及的。

于是，借助现代的仪器，我们能够间接地"观察"原子的性质和它们的组成，从而能够在某种程度上"体验"亚原子世界。但是，这种体验不是那种与我们在日常环境中的经验相似的一般经验。有关物质这一层次上的知识不再来自直接的感官知觉，而我们通常的语言是从感知的世界中获得概念的,因此这种语言也就不再适于描述所观察到的现象。随着我们越来越深入地研究自然界,我们不得不越来越抛弃日常语言的形象和概念。

从哲学的观点看来,在走向无限微小世界的历程中,最重要的一步是第一步,就是进入原子世界的这一步。科学超越了我们知觉想象力的极限,在原子内部进行探索,并且研究它的结构。从此不再能绝对信赖逻辑和常识。原子物理学使科学家们得以初窥事物的本质。现在的物理学家们和神秘主义者一样,涉及对实在的非感知的经验,他们不得不面对这种经验自相矛盾的方面。因此从那时起,近代物理学的模型和概念开始变得与东方哲学的模型和概念相似。

第四章　新物理学

　　按照东方神秘主义的观点，对实在直接的神秘主义体验是一个重大的事件，它使一个人的宇宙观从根本上发生动摇。铃木大拙称之为"在人类思想意识范畴内所能发生的最惊人的事件……打破了任何形式的常规经验"。[①] 他用一位禅宗大师的话来描述这种经验令人震惊的特点，说它像是"捅破了一只桶的底"。

　　在 20 世纪初，当有关原子实情的新经验动摇了物理学家们宇宙观的基础时，他们也曾有过同样的感觉。他们对这种经验的描写往往与铃木大拙提到的禅宗大师十分相似，海森伯写道：

　　"只有当一个人认识到此时物理学的基础开始动摇时，才能理解近代物理学最新发展的强烈影响；这个变动所引起的感觉是，科学失去了依据。"[②]

　　爱因斯坦（A. Einstein）[(1)] 开始接触原子物理学新的实情时也感到同样地震惊。他在自传中写道：

---

① 　D. T. Suzuki, *The Essence of Buddhism*, p.7.

② 　W. Heisenberg, *Physics and Philosophy*, p.167.

"我为了使物理学的理论基础与这种（新型）知识相适应而做的一切努力都彻底失败了。就像是从一个人的脚下抽走了地基，他在任何地方也找不到可以立论的坚实基础了。"①

近代物理学上的发现迫使空间、时间、物质、客体、因果等这样一些概念发生深刻的变化；由于这些概念对于我们体验世界的方式来说是那样地根本，使被迫改变这些概念的物理学家们感到几分震惊是不足为奇的。从这些变化中出现了一种根本不同的新宇宙观。在现今的科学研究中，这种宇宙观的形成过程仍然在继续着。

由此看来，东方神秘主义者与西方物理学家具有经历了类似的变革的经验，这些经验引导他们以全新的方式去观察世界。欧洲物理学家玻尔和印度神秘主义者奥罗宾多（G. Aurobindo）⑵说过的下述两段话都表达了这种经验的深刻性和根本性。

"近年来我们经验的显著扩展，暴露了我们简单的机械论概念的不足之处，其结果是动摇了对观察结果的惯常解释所依据的基础。"②

——玻尔

"事实上所有的事物都开始改变它们的性质和外貌；你关于世界的整个经验都根本不同了……用一种博大而深刻的新方式去体验、观察、

① In P. A. Schilpp (ed), *Albert Einstein: Philosopher-Scientist*, p.45.
② N. Bobr, *Atomic Physics and the Description or Nature*, p.2.

认识和接触事物。"①

——奥罗宾多

　　本章将以经典物理学为对照背景，勾勒出这种新的宇宙观，说明在 20 世纪初，当近代物理学的两个基本理论——量子理论和相对论，迫使我们接受一种更加微妙、全面和"有机"的自然观时，我们是怎样不得不抛弃经典力学的宇宙观。②

经典物理学

　　近代物理学的发现所变革的宇宙观是以牛顿力学的宇宙模型为基础的。这种模型构成了经典物理学牢固的框架。它的确是一种最为强大的基础，将近三个世纪之久，它像一块磐石一样支持着所有的科学，并为自然哲学提供了坚实的基础。

　　牛顿认识中的宇宙是三维(3)经典欧几里德几何空间(4)，所有的物理现象都发生在这个宇宙里。它是一个始终静止和不变的绝对空间(5)。用牛顿自己的话来说："绝对空间就其本质来说，与外在的任何事物无关，总是保持着原样，静止不动。"③物理世界中所有的变化都用独立的一维，即时间来描述，而时间也是绝对的(6)，它与物质世界无关，并且平稳地从过去，经过现在，朝着将来流逝。牛顿说："绝对而真实的数学上的时间本身，就其本质来说是平稳地流逝着的，而与任何外界事

---

① S. Aurobindo, *On Yoga II*, Tome One, p.327.

② 如果读者感到本章关于近代物理的论述过于简练，难以理解，可不必感到为难，以后几章将详细讨论本章中提到的所有概念。

③ Quoted in M. Capek, *The Philosophical Impact of Contemporary Physics*, p.7.

物无关。"①

　　在这种绝对空间和绝对时间中运动着的牛顿宇宙的要素就是物质粒子。牛顿在数学方程式中把它们当作"质点"来处理，并且将它们看成是微小、致密和不灭的物体，物质就是由它们组成的。这种模型与希腊原子论者的模型十分相似，它们都基于将"充实"与"空虚"②相区别，将物质与空间相区别，并且在这两种模型里，粒子总是保持着同样的质量和形状。因此，物质是永恒的，而且在本质上是被动的。德谟克利特的原子论与牛顿的原子论之间的重要差别，在于后者包括了对作用于物质粒子之间的力的精确描述。这种力是非常简单的，它只取决于粒子的质量和它们相互之间的距离。这就是万有引力[7]。牛顿把这种力看成是与它所作用的物体刚性地联系在一起，并且瞬时地在一个距离上起作用。这虽然是一种奇怪的假设，但是没有人对它做进一步的探讨。粒子和它们之间的力被看作上帝创造的，因而也就无须做进一步的分析。牛顿在所著《光学》一书中清楚地描述了他设想上帝是如何创造物质世界的：

　　"在我看来很可能上帝最初就将物质创造成致密、具有质量、坚实、不可穿透和能运动的粒子，并使它们具有这样的大小和形状，以及这样的一些其他性质，占有这样大的一部分空间，以便最适于实现他创造它们的目的。这些原始的粒子是致密的，比它们所组成的任何多孔物体都要坚实得多，以至于绝不会磨损或破碎，没有一种普通的力量能够将上

---

① Quoted in M. Capek, op. cit. p.36.
② "充实"与"空虚"在此分别指充满物质与空无一物。——译者注

帝在创世时亲手所造之物分割开来。"①

在牛顿力学中,所有的物理事件都被还原为质点在空间中的运动,这种运动是由它们相互的吸引力,也就是万有引力引起的。为了以精确的数学形式,把这种力作用在一个质点上所造成的效应表达出来,牛顿不得不创造出一种全新的概念和数学技巧,即微积分学。这是一项惊人智慧的成就,爱因斯坦赞誉道:"这或许是一个人有幸取得的最伟大的思想进展。"

牛顿运动方程是经典力学的基础,被看成是质点运动所遵从的一成不变的定律,从而可以用来解释在物理世界中观察到的所有变化。在牛顿看来,上帝最初创造了质点、它们之间的力和基本的运动定律。整个宇宙以这种方式被启动了,并且从那时起直到现在,就像一台机器一样,在不变的定律的支配下继续运转下去。

关于自然界的机械论观点就是这样与一种严格的决定论紧密地联系在一起,把硕大的宇宙机器看作完全服从因果律和有定数的,发生的所有事件都有明确的原因,并且产生一定的效果,而且如果在任一时刻一个体系状态的详情为已知,原则上就能够绝对确定地预测它的任何一部分的未来。法国数学家拉普拉斯(P. S. Laplace)(8)在他的名言中最为清楚地表明了这种信念:

"一位智者在某一时刻得知在自然界作用着的一切力和组成宇宙的所有物体的位置。假设所说的智者广博到能够分析这些数据,他将能把

---

① M. P. Crosland (ed.), *The Science of Matter*, p.76.

宇宙中最庞大的物体和最细微的原子的运动概括在同一个公式里。对这个公式来说，没有什么是不确定的，未来和过去是一样的。"[1]

　　这种严格决定论的哲学基础就是笛卡尔引进的，在自我与宇宙之间的基本分割。这样分割的结果是，人们相信宇宙能够被客观地描述，也就是说，在任何时候都不必提及人类观察者。对自然的这种客观描述成为所有科学的理想。

　　在18世纪和19世纪，人们目睹了牛顿力学惊人的成就。牛顿把自己的理论应用在行星的运动上，从而能够解释太阳系的基本特征。然而，他的行星模型是甚为简化的，例如，忽略了行星相互间引力的影响，从而使他感到有某些无规律性是他所不能解释的。他解决这个问题的办法是，假设上帝总是在宇宙里纠正这些无规律性。

　　伟大的数学家拉普拉斯在一本书里为自己提出了一个雄心勃勃的任务，就是改进和完善牛顿的计算，使它"能为太阳系中出现的极为重大的力学问题提供完备解，并使理论与观察结果十分接近，以致在编制天文数据表时，无须再采用经验方程"。[2] 其结果是他撰写了五卷巨著《天体力学》，拉普拉斯在这部著作中成功地解释了行星、月球和彗星的运动，直至最小的细节，还解释了潮水的涨落及其他与引力有关的现象。他指出，牛顿运动定律保证了太阳系的稳定性，并且把宇宙看成是一台完美地自我调节的机器。传说当拉普拉斯把这部著作的第一版献给拿破仑的时候，拿破仑说："拉普拉斯先生，人们告诉我，你写了这部关于宇宙体系的巨著，却甚至从未提及造物主。"拉普拉斯对此直率

---

① Quoted in M. Capek, op. cit. p.122.

② Quoted in J. Jeans, *The Growth of Physical Science*, p.237.

地回答道："我不需要做那种假设。"

牛顿力学在天文学中的辉煌成功，鼓励着物理学家们将它推广到流体的连续运动和弹性体的振动上去。最后，在认识到热是由分子朝各个方向作复杂的运动所产生的能量以后，连热学理论也可以归结为力学了。例如，水的温度升高，水分子的运动将增强，直到克服了把它们约束在一起的力时，它们就会飞散开，水就是这样变成蒸汽的。另一方面，水冷却时，水分子的热运动将减缓，它们最终将相互连接成一个较为僵硬的新构型，这就是冰。与此相似，许多别的热学现象也都可以从纯力学的观点来理解。

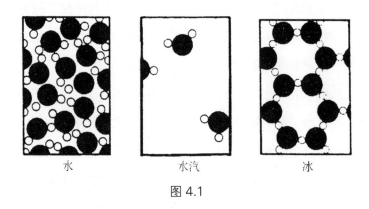

水　　　　　　　水汽　　　　　　　冰

图 4.1

力学模型的巨大成功使 19 世纪初的物理学家们相信，宇宙的确是一个庞大的机械系统，它遵照牛顿运动定律而运转。这些定律被看成是自然界的基本定律，牛顿力学因而被奉为自然现象的终极理论。然而，过了不到一百年，物理学家们就发现了新的物理实在，它揭示了牛顿模型的局限性，并且表明这种模型的任何一个要点都不是绝对成立的。

这种认识并不是突然得到的，而是由从 19 世纪就已开始的发展导致的，科学上的这些发展为当代的科学革命开辟了道路。这些发展中的第一步就是电和磁现象的发现和研究。力学模型不能恰当地描述这些现象，此外它们还牵涉到一种新型的力。法拉第（M. Faraday）[9]和麦克斯韦（J. C. Maxwell）[10]迈出了重要的一步，前者进行了科学史上一项最伟大的实验，后者是一位卓越的理论家。当法拉第在一个铜线圈附近移动一块磁铁，使线圈中产生了电流，从而将移动磁铁的机械功转换为电能时，他是将科学与技术带到了一个转折点。这一极为重要的实验不仅产生了电气工程极为广泛的技术，而且构成了法拉第和麦克斯韦理论推测的基础，最终他们提出了完整的电磁理论。法拉第和麦克斯韦不仅研究了电力和磁力的效应，而且着重地研究了这些力的本身。他们以力场的概念取代了有关力的概念，从而首次超出了牛顿物理学的范围。

法拉第和麦克斯韦不是把正负电荷之间的相互作用简单地解释为两个电荷像牛顿力学中的两个质量一样互相吸引。他们认为更恰当的解释是，每个电荷在其周围的空间中产生一种"扰动"或"状态"，当其他电荷存在，它感受到一种力。空间中的这种状态称为场[11]，它具有产生一种力的潜势。场是由单个电荷产生的，而且无论是否引入别的电荷来感受它的效应，它都存在着。

这是我们关于物理实在的概念中最深刻的变革，按照牛顿力学的观点，力与在其作用下的物体刚性地联结着。现在，力的概念被比它微妙得多的场的概念所取代，场有它自己的实在性，我们可以对它进行研究而完全不涉及物体。这种理论的顶峰称为电动力学[12]，就是认识到光不是别的，而只不过是迅速变换着的电磁场，它以波的形式在空间传播。现在我们知道，无线电波、光波和 X 射线都是电磁波，即振荡着的电场和磁场，它们的差别仅在于振荡的频率有所不同，而可见光仅仅是电磁波谱中很窄的一段。

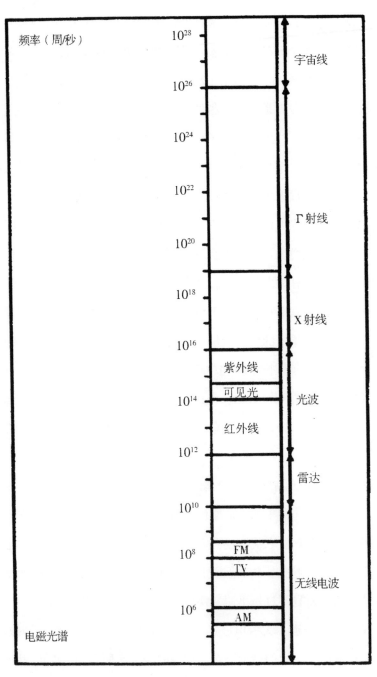

图 4.2

尽管有这些影响深远的变革，牛顿力学起初仍然保持着它作为全部物理学基础的地位。麦克斯韦本人曾试图用力学来解释自己的结果，假设一种叫作以太[13]的很轻的介质充满着空间，把场解释成以太中的应力状态，而电磁波则是这种以太的弹性波。这只是一种很自然的想法，因为在惯常的经验中，波是某种物质的振动，水波是水的振动，声波是空气的振动。麦克斯韦在自己的理论中同时采用了几种力学的解释，却显然没有真正认真地看待其中的任何一种。他虽然未曾明白地说出，但是想必已经直觉地认识到自己理论中的基本实体[14]是场，而不是力学模型。50年后，爱因斯坦清楚地认识了这一事实，他宣称以太不存在，电磁场本身就是物理的实体，它们能够在空的空间中传播，而不能用力学来解释。

这样，在20世纪初，物理学家们拥有了适用于不同现象的两种成功的理论：牛顿力学和麦克斯韦电动力学。牛顿模型从而不再是全部物理学的基础。

近代物理学

20世纪最初的30年根本地改变了物理学的整个局面，相对论和原子物理学各自的发展摧毁了牛顿宇宙观所有最重要的概念：关于绝对空间和绝对时间、基本的致密粒子和物理现象严格的因果性等概念，以及对自然做客观描述的理想。这些概念没有一个可以被推广到当时物理学所探究的新领域中去。

在近代物理学发展的初期，有一个人做出了聪明卓绝的贡献，这就是爱因斯坦，他在1905年发表的两篇论文中开创了两个革命的科学思潮。一个是他的狭义相对论[15]，另一个是认识电磁辐射的新方法，现在已成为量子理论的特征，即有关原子现象的理论。完整的量子理论是在 20 年后，由整整一组物理学家提出来的，然而相对论差不多完全是由爱因斯坦自己以完整的形式建立起来的。爱因斯坦的科学论文作为人类智慧的丰碑，矗立在 20 世纪之初，它们是现代文明的金字塔。

爱因斯坦强烈地相信自然界固有的和谐性，在他整个科学生涯中关心至深的事就是找到物理学的统一基础。为了达到这一目的，他开始为经典物理学中两种独立的理论——电动力学和力学，建立一个共同的框架。这个框架就是狭义相对论。它统一并且完善了经典物理学的结构，但是同时又包含着空间和时间的传统概念上的巨大变革，并且削弱了牛顿宇宙观的一个基础。

按照相对论，空间不是三维的，时间也不是一个独立的实在，它们密切地联系在一起，构成四维的"时-空"连续体[16]。因此，从相对论的观点看来，我们绝不能只讨论时间而不提及空间，反之亦然。此外，牛顿模型中提出的普适的时间流是不存在的。如果不同的观察者相对于被观察诸事件的运动的速度不同，他们会把这些事件排列成不同的时间先后次序。在这样的情况下，在某个观察者看来是同时发生的两个事件，其他观察者可能看成是按不同的时间顺序发生的。所有涉及时间和空间的测量就从而都失去了它们的绝对意义，相对论抛弃了牛顿有关绝对空间是发生物理现象的场所这一概念，以及有关绝对时间的概念。空间和时间二者变成仅仅是特定的观察者用来描述被观察现象的语言要素。

有关空间和时间的概念对于描述自然现象来说是如此基础，以至于这些概念的修正必然导致我们用来描述自然界的整个框架的修正。这种修正最重要的结果就是，人们认识到质量只不过是能量的一种形式。即使是静止的物体，也在其质量中储着能量，著名的方程式 $E=mc^2$（c 是光速）给出了二者之间的关系[17]。

光速 c 这个常数对于相对论来说至关重要。每当描述那些与接近于光速的速度有关的物理现象，我们的描述必须将相对论考虑在内，对电磁现象来说尤其如此，其中光这种现象只是使得爱因斯坦提出他的理论的一个例子。

1915 年爱因斯坦提出了广义相对论[18]，将狭义相对论的框架推广到把万有引力包括在内，万有引力就是一切有质量的物体相互间的吸引力。狭义相对论已为无数的实验所肯定，而广义相对论却至今尚未被最后证实。然而到目前为止，它仍然是最为公认的，自洽而优美的理论，并且在天体物理学和宇宙学中被广泛地用来描写整个宇宙。

按照爱因斯坦的理论，引力具有使空间和时间"弯曲"的效应。这就意味着在这种弯曲的空间里，普通的欧几里德几何学[19]已不再适用，就像不能将三维平面几何用在球面上一样。例如，我们在一个平面上画一个正方形的方法是，先画一根 1 米长的直线，做一个直角，再画另一根 1 米长的直线，然后作另一个直角，又画一根 1 米长的直线，最后做第三个直角，再画一根 1 米长的直线，这样就回到了原点，画完了一个正方形。然而，在一个球面上这样的程序行不通，因为欧几里德几何学的法则在曲面上不适用。同样地，我们也可以定义一个弯曲的三维空间。欧几里德几何学在其中不再适用。爱因斯坦理论认为，三维空间实际上是弯曲的，而且它的曲率是由有质量的物体的引力场造成的。

只要存在着有质量的物体，例如，存在着一个星体或行星，它周围的空间就是弯曲的，弯曲的程度取决于物体的质量。相对论认为，由于空间绝不能与时间相分离，时间也受到物质的存在的影响。因此，在

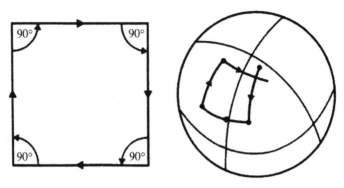

图 4.3　在平面和球面上画正方形

宇宙的不同部分，时间以不同的速率流逝着，爱因斯坦的广义相对论就是这样彻底抛弃了绝对空间和绝对时间的概念。不仅所有涉及空间和时间的测量都是相对的，而且整个时－空结构都取决于物质在宇宙中的分布，这就使"空虚的空间"这一概念失去了意义。

经典物理学的力学宇宙观所依据的概念是，致密的物体在空虚的空间中运动着。这种概念在所谓"中等尺度的范围"，也就是我们日常经验的范围内仍然适用。在这个范围中，经典物理学不失为一种有用的理论。有关空虚的空间和致密的物体的概念都深深地铭刻在我们的思想习惯中，因此我们要想象出一种物理实在，这些概念在其中不再适用，是极为困难的。然而，当我们超出中等尺度的空间时，近代物理学恰恰迫使我们这样去做。在天体物理学和宇宙学，即有关整个宇宙的科学中，"空虚的空间"失去了意义。而原子物理学这门关于无限小的物体的科学，则彻底打破了有关致密的物体的概念。

在 19 世纪与 20 世纪之交，物理学家发现了几种与原子结构有关的现象，它们无法用经典物理学来解释。X 射线的发现，首次显示出原子具有某种结构。这种新发现的射线很快就应用在医疗方面，现在已是众所周知的。然而，X 射线并非原子发射的唯一射线。紧接着物理学家发现了所谓放射性物质的原子发射的别种射线。放射性现象确证，原子是具有结构的，表明放射性物质的原子不但发射各种类型的射线，而且它们本身也蜕变为全然不同的物质的原子。

这些现象除了作为热切研究的对象以外，还被最巧妙地用作一种新的工具，使我们有可能比以往更深入地探索物质内部，例如，劳厄（M. Laue）[20]用 X 射线研究晶体中原子的排列；卢瑟福（E. Rutherford）[21]认识到，从放射性物质发射出来的 α 粒子[22]可以用作亚原子尺度的高速子弹，来探索原子的内部。用它们来射击原子，从它们偏转的情况可以得知原子的结构。

卢瑟福用这些 α 粒子轰击原子核时，得到了令人意想不到的结果，自古以来，原子一直被认为是坚硬和致密的粒子，却原来大部分是空的。在原子里，电子这种极小的粒子，在电力的约束下，围绕着原子核运动。我们不太容易建立起原子尺度上的概念，因为它远离我们的宏观尺度[23]。可以设想一个橘子被吹胀到地球那样大，这时橘子的原子要有樱桃那样大，无数的樱桃紧密堆积成地球那样大的一个球——这就是橘子里原子的放大图像。

虽然原子与宏观物体相比是极小的，但是与在它中心的原子核相比，它却是巨大的。在我们樱桃般大小的原子图画中，原子核是那样地微小，以至于我们看不见它。如果我们把原子吹胀到像一个足球那样大，甚至一间房间那么大，原子核仍然会小到我们不能用肉眼看见。要想看得见原子核，我们必须把屋子吹胀到世界上最宏伟的建筑物，即罗马圣彼得大教堂[24]那样大。在一个那么大的原子里，原子核只不过像一粒盐那样大！一个盐粒在圣彼得大教堂的中心，一些尘埃的微粒在大厦里广阔的空间中绕着它旋转——这就是我们想象中一个原子的原子核和电子。

在提出这种"行星"的原子模型[25]后不久就发现，一种元素的原子里电子的数目决定着这种元素的化学性质。现在我们知道，最轻的原子是氢原子，它只含一个质子和一个电子；逐个往氢原子核里增添质子和中子，并且往它的原子"壳层"上增添相应个数的电子，就能构造出整个元素周期表来。原子之间的相互作用导致各种化学过程出现，所以原则上可以根据原子物理学的定律来理解全部的化学。

然而这些定律是不太容易认识的。它们是在 20 世纪 20 年代，由国际上一批物理学家，其中包括丹麦的玻尔、法国的德布罗意（L. De Broglie）[26]奥地利的薛定谔（E. Schrodinger）[27]和泡利（W. Pauli）[28]，德国的海森伯和英国的狄拉克（P. Dirac）[29]等发现的。他们打破国界，通力合作，造就了现代科学上一个最激动人心的时代。这个时代第一次带领他们去接触亚原子世界那奇妙而令人意象不到的实在。每当物理学家们向自然界提出原子实验中的一个问题，自然界的回答总是一个悖论，他们越是试图澄清情况，这种悖论就变得越突出。经过很长的时间以后他们才接受了这样的现实，就是这些悖论来自原子物理学的固有结构；他们终于认识到，每当人们试图以物理学的传统术语去描述原子事件，就会出现这种悖论。物理学家们一旦领悟到这一点，就开始学会避开矛盾，并以正确的方式提出问题。用海森伯的话来说："我们设法涉足于量子理论的精髓。"最后物理学家们终于发现了阐述这种理论的精确而自洽[30]的数学形式。

即使在完成了量子力学的数学表述以后，它的概念仍然是不容易接受的，这些概念对物理学家们的想象力的影响真正是毁灭性的。卢瑟福实验[31] 表明，原子并非坚硬而破坏不了的，它的组成是一些极小的粒子在广阔的空间中运动。现在量子理论已经阐明，即使是这些粒子也与经典物理学中的致密的物体毫无共同之处，物质的亚原子单元是非常抽象的实体，它们具有二象性，有时像粒子，有时又像波，取决于我们如何去观察他们。光也具有这种二象性，它可以取电磁波的形式，也可以取粒子的形式。

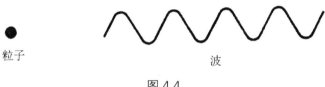

粒子　　　　　　　　　　　　　　　波

图 4.4

物质和光的这种性质是很奇特的。粒子是仅限于一个很小的体积内的物体，而波则是弥散在大范围空间中的。某种东西居然可以同时既是粒子又是波，这似乎是难以接受的。这一矛盾引起了大多数像公案那样的悖论，最后终于导致了量子理论的建立。普朗克（M. Plank）[32] 发现热辐射的能量不是连续地发射，而是以"能包"（energy packets）的形式发射的，这一发现肇始了量子理论的整个发展过程。爱因斯坦称这些能包为"量子"[33] 并且认为它们是自然界的一个基本方面。他足够勇敢地假设光和其他任何形式的电磁辐射都不仅能以电磁波的形式，而且能以这种量子的形式出现。从那时起，光量子就被看作真正的粒子，现在称之为光子。这就是量子理论名称的由来；然而，光子是一种特殊的粒子，它没有质量，并且总是以光速传播。

粒子与波的图像之间明显的矛盾是以一种令人意象不到的方式得到解决的，这种解决方式对机械论宇宙观的基础，即关于物质实在的概念提出了疑问。在亚原子层面上，物质并不确定地存在于一定的地方，而是显示出"存在的倾向性"；原子事件也不在确定的时间，以一定的方式发生，而是显示出"发生的倾向性"。在量子理论的表述中，用概率来表示这些倾向性，并且把它们与具有波的形式的数学量相联系，这就是为什么粒子同时又可以是波。它们并不是像声波或水波那样"真正的"三维波，而是"概率波"，这种波是抽象的数学量，但具有波的全部特征性质，它们与在特定的时间，在空间中特定的点上找到粒子的概率有关。原子物理学的所有定律都用这些概率来表达。我们永远也不能确定地预测某一原子事件，我们所能说的只是它有多大的可能性会发生。

量子理论就是这样推翻了有关致密的物体和自然界严格决定论定律的经典概念。在亚原子层面上，经典物理学中致密的物质对象化解为像波一样的概率图像，这些图像最终表示的并不是物质的概率，而是相互关系的概率。对原子物理学的观测过程进行的细致分析表明，亚原子粒子并非孤立的实体，而只能被理解为实验条件与随后的测定之间的相互关系，量子论从而揭示了宇宙的一种基本的整体性。它说明，我们不能把世界分解为独立存在的最小单元。我们深入物质内部时，自然界并不向我们显示出任何孤立的"基本结构单元"，而是表现为由整体的不同部分之间的关系构成的复杂网络。观察者总是必然地也包括在这些关系之内，人类观察者构成观察过程的最后一个环节，任何原子客体的性质只能根据客体与观测者之间的相互作用来了解。这就是说，对自然界做客观的描述，这种古典的理想不再有根据。研究原子问题时，不能在自我与世界之间，观测者与被观测对象之间做笛卡尔分割。在原子物理学中谈论外部自然界的同时，无法不涉及我们自己。

有一些与原子结构有关的难题不能用卢瑟福的行星模型做出解释，

而新的原子理论却能够立即予以解决。首先，卢瑟福的实验表明，构成固体物质的原子，就其内部的质量分布来说，所含的几乎完全是空的空间。但是，如果我们周围的物体和我们自己大部分都是由空的空间组成的，那么我们为什么不能穿过关着的门？换句话说，是什么原因使得物质具有其致密的性状？

第二个难题是，原子具有极高的机械稳定性。例如，在空气中原子虽然每秒钟碰撞几百万次，但是在每次碰撞后仍然恢复它们原来的形状。没有任何遵从经典力学定律的行星系在经历这些碰撞后，能够不发生变化。然而，一个氧原子无论如何频繁地与其他原子相碰撞，它总是保持着自己特有的电子构型。而且，所有同一种原子的构型完全相同。两个铁原子完全一样，因此两块纯铁也就完全一样，无论它们的来源如何，或者曾经被怎样处理过。

量子论表明，原子所有这些令人惊讶的性质都来源于它们的电子的波动性。首先，物质致密的性状就是典型的"量子效应"的结果。这种效应与物质的波粒二象性有关。亚原子世界的这种波粒二象性没有宏观的类似例子。一个粒子被限制在空间的一个小区域中时，它对这种限制的反应是在其中到处运动，约束的区域越小，粒子在其中运动得越快。在原子里有两种互相对抗的力。一方面，电力将电子与原子核约束在一起，这种力试图使它们尽可能地互相靠近。另一方面，电子对这种约束的反应是绕原子核旋转，它们被原子核约束得越紧密，旋转的速度也就越高。事实上，电子被约束在原子里的结果，能使其运动速度高达每秒600英里①左右！这种高速度使原子看起来像一个刚性的球，一个快速

_____

① 　1英里=1609.3443米。——译者注

转动的螺旋桨，看上去像一个圆盘一样。原子很难被进一步压缩，因而它们使物质具有人们熟悉的致密性状。

于是，在原子里，电子排列分布在轨道上的方式使原子核的吸引与电子对约束的抗拒达到最佳平衡。然而，原子轨道与太阳系的行星轨道甚为不同，这种差别来源于电子的波动性。不能把原子想象为一个小的行星系，我们不应设想电子绕着原子核旋转，而必须想象为排列分布在不同轨道上的概率波。每当进行测量，我们会在这些轨道上的某处发现电子，但是我们不能按照经典力学的看法，说电子"绕着原子核运动"。

电子波在轨道上排列分布的方式是"它们的终端闭合"，也就是说，它们形成所谓"驻波"[34]的图样，就像是一根振动着的吉他弦上的波，或者是一支长笛里的空气中的波（见图4.5）。

人们从这些例子熟知，对于驻波只能假设有限种类明确定义的形状。对于原子里的电子来说，这就意味着它们只能存在于某些具有一定大小直径的原子轨道上。例如，氢原子的电子只能存在于某种第一、第二或第三等轨道上，而不能存在于这些轨道之间。在正常情况下，电子总是处于其最低的轨道上，被称为原子的"基态"[35]。如果电子获得必要的能量，它能从最低轨道跃迁到较高的轨道上去，于是我们说原子处于"激发态"[36]；经过一段时间以后，电子以电磁辐射量子或者光子的形式释放出多余的能量，原子返回其基态。对于所有具有同样数目电子的原子来说，它们的态，也就是它们的电子轨道的形状和各轨道间的距离，都是完全相同的。这也就是为什么任何两个氧原子都是完全相同的，它们可能由于与空气中其他原子相碰撞而处于不同的激发态，但是过了一段时间以后，它们必将返回完全相同的基态。电子的波动性就这样解释了原子的同一性和它们高度的机械稳定性。

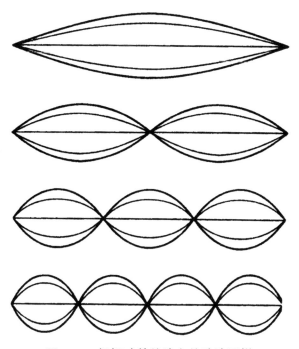

图 4.5 一根振动着的弦上的驻波图样

原子的态还有另一个特点，就是完全可以用一组称为"量子数"[37]的整数来描写。量子数表征着电子轨道的位置和形状。第一个量子数是轨道的编号，决定着处于这个轨道上的电子所必须具有的能量；其他两个量子数表征着轨道上电子波的具体形状，并且与电子转动[①]的速度和取向有关，这些细节都用整数来表示，说明了电子的转动不能连续地变化，而只能从一个数值跃变为另一个数值，正如它们只能从一个轨道跃迁到另一个轨道。此外，较大的数值表征着原子的激发态，基态是所有的电子都处于可能有的最低轨道，进行着可能有的最小量的转动的这样一种状态。

存在的倾向性，粒子以运动对约束做出反应，原子突然从某种"量

---

① 不能从经典的意义上来理解电子在其轨道上的"转动"，它是由电子波的形状，也就是按照电子存在于轨道上某处的概率来决定的。

子态"跃变为另一种"量子态"，以及所有现象在本质上的相互关联——这就是原子世界一些不寻常的特征，但是另一方面，引起所有原子现象的基本的作用力又是为我们所熟悉，而且可以在宏观世界里遇到的，这就是带正电荷的原子核与带负电荷的电子之间的电的引力。这种力与电子波之间的相互作用造成了我们环境中种类繁多的结构和现象。它与所有的化学反应和分子的形成有关，也就是说，与若干个原子由于互相吸引而互相结合成集团有关。因此，电子与原子核之间的相互作用就是所有固体、液体和气体，以及所有富有生命的有机体和与之有关的生物学过程的基础。

在这个无限丰富的原子现象世界里，原子核起着极小的、稳定核心的作用，它们是电力的来源，并且构成多种多样分子结构的骨架。要想了解这些结构和我们周围大部分的自然现象，只需要对原子核的电荷和质量有所了解。然而，要想了解物质的本性，得知物质最基本的组成，我们就必须研究原子核——实际上，物质的全部质量都包含在原子核里。在 20 世纪 30 年代量子论揭示了原子世界以后，物理学家们的主要任务就是去了解原子核的结构，它们的组成，以及把组成部分紧密地结合在一起的力。

对原子核进行了解，重要的一步就是发现中子[38]是原子核的第二种成分。质子[39]是最先被发现的原子核成分，中子的质量与质子相近，大约是电子质量的两千倍，但是中子不带任何电荷，这一发现不仅解释了为什么所有化学元素的原子核都由质子和中子构成，而且揭示了核力[40]，它使这些粒子紧密地结合在原子核里——这是一种全新的现象。核力的来源不可能是电磁的，因为中子是电中性的，物理学家们很快就认识到，他们遇到的是一种新的自然力，它不出现在原子核外面的任何地方。

原子核大约要比整个原子小十万倍，然而它却几乎含有原子的全部质量。这就意味着，与我们惯见的物质形态相比，原子核内的物质必定是极为密集的。事实上，如果把全人类压缩到原子核的密度，那么它所占据的空间不会大于一个大头针的头。然而，如此高的密度还不是核物质所具有的唯一不寻常的性质。"核子"（质子和中子的统称）对它们所受限制的反应是高速运动；由于它们被压缩到比原子小得多的体积里，它们的反应也就强烈得多。它们在原子核里到处运动的速度大约是每秒钟 40,000 英里！因此，原子核是一种完全不同于我们"在我们身边"，也就是在我们宏观环境中所见识过的任何事物。或许我们最好把它想象成极为浓稠的液体微滴，它非常猛烈地冒着泡沫，沸腾着。

使核物质具有不寻常性质的基本的新特征是强大的核力，而使核力显得如此独特的，则是其极短程的特性。只有在核子互相非常靠近，也就是在它们之间的距离仅约为它们直径的二至三倍时，核力才起作用。在这样近的距离上，核力是强引力；但是当距离变得更近时，核力却变成了强斥力，从而使核子之间不可能靠得更近。核力就是这样使原子核虽然处于极度动态，却极为稳定的平衡中。

从研究原子和原子核而获得的关于物质的图像说明，大部分物质集中在极小的点滴中，这些点滴之间隔着非常大的距离。在剧烈沸腾着、沉重的原子核点滴之间广阔的空间中，电子在运动着，它只占原子总质量极小的一部分，但是赋予物质致密的外观，并且为分子结构的形成提供必要的连接。电子还参与化学反应，并且决定着物质的化学性质。另一方面，核反应 [41] 一般不会在这种形态下的物质中自然地发生，因为可供利用的能量不足以破坏原子核的平衡。

然而，物质的这种形态，连同它众多的形状和构成，以及它复杂的分子结构，只有在十分特殊的条件下才能存在，就是温度不太高，所以分子晃动得不太厉害。当热能增高约一百倍时，就像在大部分星体中那样，所有的原子和分子结构都被破坏了。事实上，宇宙中大部分物质存在的状态与我们前面描述过的大为不同，在星体的中心聚集着大量的核物质，主要发生的是核过程，而在地球上这种过程是极少发生的。核过程对于天文学中观察到的种类繁多的恒星现象来说十分重要，其中大部分是由原子核相互结合和万有引力效应造成的。对于我们的行星来说，太阳中心的核过程特别重要，因为它们提供的能量维持着我们地球上的环境。近代物理学的巨大成就之一，就是发现我们与无比宏大的世界之间性命攸关的联系，即来自太阳的恒常能量，乃是核反应的结果，而核反应则是无限微小世界中的现象。

在对亚微观世界[42]进行探索的历史中，于 20 世纪 30 年代曾经达到这样一个阶段，那时科学家们认为自己已经最终发现了物质的"基本结构单元"。当时已经知道所有的物质都是由质子、中子和电子组成的。所谓"基本粒子"[43]被看作物质终极的不可分割的单元，也就是德谟克利特观念中的"原子"。前面已经提到，虽然量子论含有这样一种看法，就是认为我们不能把世界分解为独立存在的最小单元，但是这种看法在当时并未被普遍地接受。经典的思想习惯是如此顽固，以至于大多数物理学家仍然试图从物质的"基本结构单元"来理解物质。实际上即使在今天，这种思想倾向也是相当强的。

然而，近代物理学两项进一步的发展表明，我们必须抛弃那种认为基本粒子是物质的基本单元的观念。其中一项进展是实验上的，另一项是理论上的，它们都起始于 20 世纪 30 年代。在实验方面，物理学家们改进了他们的实验技术，并且发展出用来探测粒子的巧妙的新设备，从而发现了新的粒子。被发现的粒子到 1935 年为止，已从 3 种增加到 6

种，到 1955 年增加到 18 种，而现在我们知道的"基本"粒子已经超过 200 种。下面的两张表引自最近的文献①，表中列出了现在已经知道的大部分粒子。它们令人信服地说明了"基本"这个形容词在这样的情况下已经不太吸引人了。由于这些年来发现了越来越多的粒子，显然不能把它们都称为"基本的"，现在物理学家普遍认为，它们之中没有一种可以享有这个名称。

随着越来越多的粒子被发现，在理论上也取得了进展，这些进展加强了物理学家们的上述信念。在量子理论建立后不久，人们就清楚地认识到，有关核现象的完整理论很可能不仅仅是量子理论，而且必须将相对论包括在内。这是因为，被限制在原子核大小的范围里的粒子常常运动得如此之快，以至于它们的速度接近光速。对于描写它们的行为来说，这一事实是至关重要的，因为在描写与接近光速的速度有关的自然现象时，我们必须将相对论考虑在内。我们说，它必须是一种相对论性的描述。因此，为了充分地了解核世界，我们所需要的是一种把量子理论和相对论都包括在内的理论。这样的理论至今尚未找到，所以我们至今仍不能建立起关于原子核的完整理论。我们虽然对于核结构和核粒子之间的相互作用知道得不少，但却尚未能从根本上了解核力的本性和它复杂的表现形式。原子世界可以用量子理论来描述，相形之下，对于核粒子世界来说，还没有一种完整的理论。我们虽然已有几种"量子相对论"模型可以很好地描述粒子世界的某些方面，但是如何将量子理论与相对论融合为关于粒子世界的完整理论，至今仍然是近代基础物理学的中心问题和巨大挑战。

①　*Tables of Particle Properties*, published by the Particle Data Group in Physics Letters, vol.50B, No.1, 1974.

表 4.1　介子表（1974 年 4 月）

名称 I^G (J^P) C_n	名称 I^G (J^P) C_n	名称 I^G (J^P) C_n	名称 I (J^P)
π (140) 1⁻ (0⁻) +	→ ηN (1080) 0⁺ (N) +	ρ (1600) 1⁺ (1⁻) -	K (494) 1/2 (0-)
η (549) 0⁺ (0⁻) +	A₁ (1100) 1⁻ (1⁺) +	A² (1640) 1⁻ (2⁻) +	K* (892) 1/2 (1-)
ε (600) 0⁺ (0⁺) +	→ M (1150)	ω (1657) 0⁻ (N) -	x 　 1/2 (0+)
ρ (770) 1⁺ (1⁻) -	→ A₁,₅ (1170) 1.	g (1680) 1+ (3⁻) -	Q 　 1/2 (1+)
ω (783) 0⁻ (1⁻) -	B (1235) 1⁺ (1⁺) -	→ X (1690) -	K* (1420) 1/2 (2+)
→ M (940)	→ ρ (1250) 1⁺ (1⁻) -	→ X (1795) 1	→ K_N (1660) 1/2
→ M (953) +	f (1270) 0⁺ (2⁺) +	→ S (1930) 1	→ K_N (1760) 1/2
η' (958) 0⁺ (0⁻) +	D (1285) 0⁺ (A) +	→ A⁴ (1960) 1-	L (1770) 1/2 (A)
δ (970) 1⁻ (0⁺) +	A₂ (1310) 1⁻ (2⁺) +	→ ρ (2100) 1+	→ K_N (1850)
→ H (990) 0⁻ (A) -	E (1420) 0⁺ (A) +	→ T (2200) 1	→ K* (2200)
S* (993) 0⁺ (0⁺) +	→ X (1430) 0	→ ρ (2275) 1+	→ K* (2800)
φ (1019) 0⁻ (1⁻) -	→ X (1440) 1	→ U (2360) 1	
→ M (1033)	f' (1514) 0⁺ (2⁺) +	→ NN̄ (2375) 0	
→ B₁ (1040) 1+	F₁ (1540) 1 (A)	→ X (2500-3600)	

表 4.2　重子表（1974 年 4 月）

N	Δ	Λ	Σ	Ξ / Ω
N（939）P11 ****	>（1232）P33 ****	Λ（1116）P01 ****	Σ（1193）P11 ****	Ξ（1317）P11 ****
N（1470）P11 ****	>（1650）S31 ****	Λ（1330）Dead	Σ（1385）P13 ****	Ξ（1530）P13 ****
N（1520）D13 ****	>（1670）D33 ***	Λ（1405）S01 ****	Σ（1440）Dead	Ξ（1630）**
N（1535）S11 ****	>（1690）P33 *	Λ（1520）D03 ****	Σ（1480）*	Ξ（1820）***
N（1670）D15 ****	>（1890）F35 ***	Λ（1670）S01 ****	Σ（1620）S11 **	Ξ（1940）***
N（1688）F15 ****	>（1900）S31 *	Λ（1690）D03 ****	Σ（1620）P11 **	Ξ（2030）**
N（1700）S11 ****	>（1910）P31 ***	Λ（1750）P01 **	Σ（1670）D13 ****	Ξ（2250）*
N（1700）D13 **	>（1950）F37 ****	Λ（1815）F05 ****	Σ（1670）**	Ξ（2500）
N（1780）P11 ***	>（1960）D35 **	Λ（1830）D05 ***	Σ（1690）**	Ω（1670）P03 ****
N（1810）P13 ***	>（2160）**	Λ（1860）P03 **	Σ（1750）S11 ***	
N（1990）F17 **	>（2420）H311 ***	Λ（1870）S01 **	Σ（1765）S15 ****	
N（2000）F15 **	>（2850）***	Λ（2010）D03 *	Σ（1840）P13 *	
N（2040）D13 **	>（3230）***	Λ（2020）F07 **	Σ（1880）P11 **	
N（2100）S11 *	Z0（1780）P01 *	Λ（2100）G07 ****	Σ（1915）F15 ****	
N（2100）D15 *		Λ（2100）Z05 *	Σ（1940）D13 ***	

续表

N(2190) G17 ***	Z0(1865) D03 *	Λ(2350) ****	Σ(2000) S11 *
N(2220) H19 ***	Z1(1900) P13 *	Λ(2585) ***	Σ(2030) F17 ****
N(2650) ***	Z1(2150) *		Σ(2070) F15 ***
N(3030) ***	Z1(2500) *		Σ(2080) P13 **
N(3245) *			Σ(2100) G17 **
N(3690) *			Σ(2250) ****
N(3755) *			Σ(2455) ***
			Σ(2620) ***
			Σ(3000) **

***** 好，清晰且无误   **** 好，但需要澄清或不是绝对地肯定
** 需要确认   * 有可能

相对论迫使我们从根本上修正自己关于粒子的概念，从而深刻地影响了我们关于物质的概念。在经典物理学中，总是与所研究对象的质量相联系的，是不可毁灭的有形物质，是某种"要素"，我们想象一切物体都是由它组成的。相对论说明了质量与任何物质无关，而是能量的一种形式。然而，能量是与某种活动或过程相联系的一种动态的量。一个粒子的质量等价于一定的能量，这一事实意味着我们不再能把粒子看作一种静态的研究对象，而必须把它设想为一种动态的样式，一种包含着能量的过程，能量则表现为粒子的质量。

关于粒子的这种新观点，是狄拉克首先提出来的。他建立了一个相对论方程来描写电子的行为。狄拉克的理论不仅极为成功地解释了原子结构的细节，而且揭示了物质与反物质[44]之间一种基本的对称性，预言了反电子的存在，反电子与电子的质量相同，但电荷相反。现在这种带正电荷的粒子被称为正电子。在狄拉克预言两年之后，果真发现了这种粒子。物质与反物质之间的对称性意味着对应每种粒子，都有一种质量相同，电荷相反的反粒子。如果有足够的能量，就能产生成对的粒子与反粒子，而在相反的湮灭[45]过程中，它们又能转化为纯粹的能量。在实际发现自然界中粒子的产生和湮灭过程之前，狄拉克的理论就已经做了预言，从那时起，人们已经观察到几百万例。

从纯能量中产生有形的粒子，这的确是最为惊人的相对论效应，只能从关于粒子的上述观点来理解。在相对论粒子物理问世以前，人们总是认为粒子的组成是不可破坏和不会变化的基本单元，或者是一些复合体，它们可以分解为各自的组成部分，于是，基本的问题就是，到底我们是能将物质一再地分割下去，还是最终将得到某些不可分割的最小单元。在狄拉克的发现之后，人们对有关分割物质的整个问题有了新的见解。当两个粒子发生高能碰撞，它们通常会成为碎片，但是这些碎片并不比原来的粒子小。它们仍是同一类的粒子，而且是在碰撞过程的动能中产生的，分割物质的整个问题就是这样从让人意想不到的方面得到了解决。进一步分割亚原子的唯一方法，是让它们在高能碰撞过程中猛烈地相撞。用这种方法，我们能够将物质一再分割下去，但是永远也得不到更小的碎片，因为我们只是从这种过程所包含的能量中创造出粒子。亚原子粒子就是这样既是可被破坏的，又是不可被破坏的。

只要我们仍然保持那种静态的观点，认为复合的物体由"基本结构单元"组成，情况就注定是自相矛盾的。只有在采取了相对论的动态观点以后，这种自相矛盾的情况才会消失。于是，粒子被看成是一些动态的构图或者过程，它们包含着一定的能量，在我们看来，是它们的质量。在碰撞过程中，两个互相碰撞的粒子的能量得以重新分配，形成一种新的构型，如果增加了足够的动能，这种新的构型中就可能包含着另外的粒子。

亚原子粒子的高能碰撞，是物理学家们用来研究这些粒子的性质的主要方法。因此，粒子物理也称为"高能物理"。碰撞实验所需要的动能是用庞大的粒子加速器获得的。巨大的圆圈形机器周长为几英里，在其中将质子加速到接近光速，然后使它们与中子或别的质子相碰撞。给人深刻印象的是，研究无限小的世界竟需要用如此庞大的机器。这些庞大的加速器是我们时代的超级显微镜。

在这种碰撞中产生的大部分粒子只能存在极短的时间——比百万分之一秒短得多——此后它们再蜕变为质子、中子和电子。尽管这些粒子的寿命极短，我们仍然不仅可以探测到它们，而且可以拍摄下它们径迹的照片来测定它们的性质！这些径迹是在所谓气泡室中形成的，它们形成的方式正如一架喷气式飞机在天空中产生雾化尾迹。实际的粒子要比构成径迹的气泡小好几个数量级，但是物理学家们从径迹的密度和曲率能够识别造成径迹的粒子。几条径迹的共同发源点就是粒子的碰撞点，径迹的曲率是由磁场造成的。物理学家们利用这种曲率来识别粒子，粒子的碰撞是我们研究它们的性质和相互作用的主要实验方法。因此，对于近代物理学来说，粒子在气泡室里造成的美丽的直线、螺旋线和曲线是无比重要的。

　　在过去几十年中所做的高能散射实验，以最惊人的方式向我们说明了粒子世界动态的、不断变化的特性。在这些实验里，物质看起来完全是变化无常的，所有的粒子都可以嬗变为其他粒子；它们可以从能量中产生，又复归于能量。在这个世界里，"基本粒子""有形的物质"或者"孤立的物体"，这样一些经典的概念都失去了它们的意义，整个宇宙看起来像是一张具有不可分割的能量构型的、动态的网。我们至今尚未找到一种完整的理论来描写这个亚原子粒子世界，但是已经有几种理论模型能够很好地描写它们的某些方面。这些模型没有一种不遇到数学上的困难，而且它们都在某些方面互相矛盾，但是都能反映物质的基本统一性和固有的动态性质。这些理论模型说明，要了解粒子的性质只能通过它们的活动，它们与周围环境之间的相互作用。因此，我们不能把粒子看成是孤立的实体，而应该把它们理解为构成整体的一个部分。

　　相对论，不仅彻底地影响了我们关于粒子的概念，还影响了我们对这些粒子之间的作用力的看法。在相对论对粒子相互作用所做的描述中，粒子之间的作用力——也就是它们相互的吸引力或斥力——被设想为交换其它粒子。这种概念很难形象化。它来源于亚原子世界的四维时空特性，无论是我们的直觉还是语言，都不能很好地处理这种概念。然而，对于理解亚原子现象来说，它是极为重要的。它将物质组分之间的作用力与物质其他组分的性质相联系，从而统一了力与物质这两种概念，而自希腊原子论者以来，它们似乎一直是根本不同的。现在人们则认为力与物质在这些动态的图像中具有共同的来源，我们称之为粒子。

粒子通过力而相互作用，这种力表现为交换其他粒子，这一事实是亚原子世界不能被分解为组成部分的另一个原因。从宏观的层次到原子核的层次，使物体保持在一起的力都比较弱，因此大致上可以说物体是由组成部分构成的。因而一粒食盐可以说是由食盐分子组成，食盐分子含有两种原子，这些原子由原子核和电子组成，而原子核又是由质子和中子组成的。但是在粒子的层次上，我们不再能以这种方式来认识事物。

近年来，有越来越多的证据表明，质子和中子也都是复合体，但是使它们的组分①结合在一起的作用力是如此之强，或者换句话说，这些组分所具有的速度是如此之高，以至于必须采用相对论的概念，认为作用力也是粒子。因此，作为组成部分的粒子与构成结合力的粒子之间的区别就变得模糊起来，认为物质由一些组成部分构成，这种近似的观点也就完全不能成立了。粒子世界不能被分解为基本成分。

近代物理学认为宇宙是一个动态的不可分割的整体，观察者总是必不可少地被包括在这个整体之中。在这样的认识下，关于空间和时间、孤立物体和因果关系等的传统概念都失去了它们的意义。可是，这样的认识却与东方神秘主义十分相似。在量子理论和相对论中，这种相似性变得明显了，并且在亚原子物理学的"量子相对论"模型中甚至变得更

---

① 指"混合物中的各个成分"，下同。

为明显，量子理论与相对论在这种模型中结合在一起，结果与东方神秘主义的观点极为相似。

　　在详细讨论这些相似性之前，我应当为那些不熟悉东方哲学的读者简要地介绍一下东方哲学的流派，包括印度教、佛教和道教的各种宗教哲学流派。以下的五章将描述这些宗教传统的历史背景、学说的特点和哲学概念，着重介绍那些对于以后与物理学做比较这方面来说重要的方面和概念。

图 4.6

第二篇　东方神秘主义的道路

图 5.1　湿婆雕像头部（印度象岛，公元 8 世纪）

第五章　印度教

　　要想了解我将描述的任何哲学，首先必须认识到它们在本质上都是宗教的。它们的主要目的是对于实在的直接的神秘主义体验。由于这种体验的本质是宗教的，它们与宗教密不可分。与其他东方的传统相比，印度教的哲学与宗教之间的联系特别强。可以说几乎所有的印度思想在某种意义上都是宗教的思想。在许多世纪内，印度教不仅影响了印度的理性生活，还几乎完全决定了印度的社会生活和文化生活。

　　印度教既不能说是一种哲学，也不是一种定义明确的宗教。比较确切地说，它是一种由无数的宗派、礼拜的仪式和哲学体系组成的庞杂的社会宗教有机体，并且包含着各种各样宗教仪式的礼仪、程序和宗教原则，以及对数不清的神和女神的膜拜。这个复合体的许多方面和至今仍然顽固而强大的宗教传统，反映着广袤的印度次大陆的地理、种族、语言和文化的复杂性。印度教的表现形式可以从具有巨大广度和深度的、高度理性的哲学，到广大民众朴素而纯真的宗教仪式习俗。如果说印度教徒大部分是朴实的村民，他们将这种在民间流传的宗教保存在自己日常的顶礼膜拜中，那么，从另一方面可以说，印度教也产生了许多杰出的宗教大师来传播其深刻的见解。

　　印度教的精神源泉是《吠陀》，它汇集了佚名贤哲们，号称《吠陀》的先知们撰写的古老经文。有四种《吠陀》，其中最古老的是《梨俱吠陀》⁽¹⁾。它们都是用古梵语⁽²⁾写的，这是印度的宗教语言。对于印度教的大多数流派来说，《吠陀》至今仍然是具有最高权威的宗教典籍。在印度，任何不承认《吠陀》的哲学体系都被看作异端邪说。

每一部《吠陀》都包含着几部分，它们是在不同时期创作的，大约是在公元前 1500 年到公元前 500 年之间。最古老的部分是宗教的赞美诗和祈祷文，随后的几部分写的是与《吠陀》赞美诗有关的祭祀仪式，最后一部分称为《奥义书》，其中详尽地阐述了它们在哲学上和在实践中的要旨。《奥义书》包含着印度教教旨的精华。在已往的两千五百年中，这些《奥义书》以它们诗句中的劝导，指引和鼓励着印度最伟大的思想家们：

"我的朋友，

你应当把最强大的武器《奥义书》作为弓，

架上一支用沉思磨尖的箭。

以指向梵的精髓的思想拉开弦，

把永恒当作鹄的来射穿。"

然而，大多数印度人接受印度教的教义并不是通过《奥义书》，而是通过收录在巨篇叙事诗中大量的通俗故事。它们是丰富多彩的印度神话的主要来源。这些叙事诗中有一部是《摩诃婆罗多》⁽³⁾，它包含着在印度最孚众望的宗教经文，那就是优美的宗教诗《薄伽梵歌》，述说的是天神黑天⁽⁴⁾与武士阿周那的对话。《摩诃婆罗多》故事的梗概是，阿周那由于被迫在伟大的家族战争中与自己的亲属们作战而极度绝望，黑天乔装成阿周那的御者，就在这个戏剧性的战场环境中，在两军之间驾驭着战车的时候，开始向阿周那揭示印度教最深刻的真谛。按照这位神的说法，两个氏族之间这场战争的现实背景很快就会消退，阿周那所参与的战役原来是人的本性的圣战，武士们是为了探求醒悟而战，这一点也将会变得清楚。黑天劝告阿周那：

"起来，伟大的武士，起来，用智慧之剑杀死你心中因无知而产生的怀疑，成为一个在瑜伽中自我协调的人。"①

与所有的印度教一样，黑天的教诲所依据的思想是，我们周围众多的事物不过是同一终极实在的不同表现。这个实在称为"梵"(5)，这是一种一元化的观念，它使得印度教虽然崇拜众多的神和女神，在本质上却具有一元论的特点。

"梵"就是终极的实在，它被认为是所有事物的精髓或内在本质，它是无限的，超出了所有的概念；它既不能以理智来理解，也无法用语言作恰当的描述。"'梵'，没有始端，至高无上：它既超出了任何'是'，又超出了任何'非'。"②——"我们所不能理解的是那种无限际，无始端，不可推理，难以想象的至高无上的精神。"③然而，人们想要谈论这个实在。因此，印度的贤哲以他们对神话强烈的特殊爱好，把"梵"描绘为神灵，并且用神话风格的语言来谈论它。这位尊神的各个方面被赋予了印度教徒们所崇拜的各种神的名字，但是经文中清楚地说明了所有这些神都只不过是同一终极实在的反映：

---

① *Bhagavad Gita*, 4.42.

② Ibid., 13.12.

③ *Maitri Upanishad*, 6.17.

"人们说：'崇拜这尊神！崇拜那尊神！'——一尊又一尊的神——这实际上都是他（'梵'）的创造！他本身就是所有的神。"[①]

"梵"在人们心灵中的表现称为"大我"[(6)]，而"大我"与"梵"，个人与终极实在都是同一的，这种概念就是《奥义书》的精髓：

"那就是最精粹的本质——整个世界以之为自己的灵魂。那就是实在，那就是'大我'，那就是你。"[②]

在印度神话中一再出现的主题，就是上帝通过自我牺牲来创造世界。"牺牲"的原意是"献祭"。上帝于是变成了世界，最后世界又变成上帝。神祇的这项创造活动被称为"里拉"[(7)]，就是上帝的表演，世界被看成是神祇演出的舞台。和大部分印度神话一样，关于"里拉"的神话具有浓厚的魔巫风格。"梵"就是那位伟大的魔术师，他把自己变成了世界，用他那"魔法的创造力"完成了这项业绩，这就是《梨俱吠陀》中"幻"[(8)]的原意。"幻"这个词是印度哲学中最重要的术语之一，经过几个世纪，它的原意已经改变了，从神明表演者和魔法师的"威力"或"能力"，变成意为任何人在魔法表演的咒语震慑下的心理状态。只要我们将神灵的"里拉"的无数形式与实在混为一谈，而没有领悟到所有这些形式之下的"梵"的统一性，我们就是被"幻"迷惑。

---

① *Brihad-aranyaka Upanishad*, 1.4.6.

② *Chandogya Upanishad*, 6.9.4.

因此，"幻"并不像通常误传的那样意味着世界是一种幻觉。如果我们把自己周围的各种形状、结构、物体和事件都看成是自然界的实在，而没有认识到它们是我们进行测量和分类的思想观念，那么幻觉就仅仅存在于我们的观念中。"幻"就是把这些概念当作现实，把地图与疆土混为一谈的错误观念。

因此，印度教徒对自然的看法是，所有的形式都是相对的，流动的、永远变化着的"幻"，它是由进行神圣表演的伟大魔法师用魔法召来的。"幻"的世界不断地变化着，因为神圣的"里拉"是一场有节奏的演出，这场演出的动力是"业"[9]，这是印度思想的另一个重要概念。"业"的意思是"活动"，它是这场演出有活力的本原。这场演出就是在活动着的整个宇宙，其中每一件事物都与其他所有事物动态地联系着。用《薄伽梵歌》的话来说："'业'就是创造力，一切事物都从它获得自己的生命。"[①]

和"幻"一样，"业"的含义也已经从它原来的宇宙层次降到了人的层次上，从而获得了一种心理学上的意义。只要我们把世界看成是分裂的，只要我们中了"幻"的魔法，并且认为我们是与自己的环境分开，从而可以独立地行动的，我们就是被"业"所束缚。从"业"的束缚下解脱出来，意味着认识到包括我们自己在内的整个自然界的统一和协调，并且据此而行动。在这一点上，《薄伽梵歌》说得非常清楚：

"所有的活动按时发生，都靠着自然力的交织；然而，迷失在自私的幻想中的人以为他自己就是行事的人。但是，了解大自然的力量与活

---

① *Bhagavad Gita*, 8.3.

动之间的关系的人，知道大自然的某些力量是如何影响大自然的其他力量，以及如何变得不受它们的奴役的。"①

不受"幻"的迷惑和挣脱"业"的束缚，意味着认识到我们以自己的感觉察知的所有现象都是同一实在的一部分。这也就是说，对于个人的具体经验而言，包括我们自己在内的一切事物都是"梵"。这种体验在印度哲学中称为"moksha"或"解脱"(10)而且它正是印度教的精髓。

印度教认为，解脱的方式有无数种。它从不指望所有的信徒们都能以同样的方式去接近神。因此，它就为不同的知觉方式提供了不同的概念、仪式和修持方式。这些概念和修持方式中有许多是互相矛盾的，这一事实丝毫也未使印度教徒们感到困惑，因为他们知道"梵"无论如何都是超出概念和想象的。由于具有这种看法，印度教的特点就是非常兼容并包。

印度教中，知识水平最高的流派是吠檀多(11)，它所依据的是《奥义书》，强调"梵"作为一种与人无关的形而上学概念，是不包含任何神话内容的。尽管吠檀多的哲学水平和知识水平很高，然而这个流派寻求解脱的方式完全不同于西方的任何哲学，仍包括每日的沉思和其他宗教活动，以达到与"梵"的合一。

另外一种重要而有影响的解脱方法就是"瑜伽"(12)，这个词的含义是"结合"，"连接"，意指个人灵魂与"梵"的结合。"瑜伽"有几种流派或"途径"，包括为不同类型和不同宗教阶层的人设计的一些身体上的基本训练，以及各种思想上的戒律。

对于普通的印度教徒来说，最常采用的接近上帝的方式是膜拜他所

---

① *Bhagavad Gita*, 3.27-28.

化身的神或女神。印度人以丰富的想象力在典籍中创造了成千的神灵，这些神灵以无数的形式现身。现今在印度最受崇敬的三尊神灵是湿婆、毗瑟挈和婆罗贺摩⁽¹³⁾。湿婆是印度最古老的神之一，能以各种形象出现。当被描写成"梵"的完满性的化身时，他被称为大自在天，即伟大的上帝。他也能体现出上帝的许多单个的侧面，其中最著名的面貌就是创造与毁灭之神，他以舞蹈维持着宇宙无止境的律动。

也以多种面貌出现，其中之一就是《薄伽梵歌》中的神——黑天，毗瑟挈一般是作为宇宙的保护者出现。三尊神中的第三位是婆罗贺摩，即"难近母"，是表现宇宙中女性力量的原型女神。

"沙克蒂"⁽¹⁴⁾还表现为湿婆的妻子，在宏伟的寺院雕塑中，这两位神常以热烈拥抱的形象出现，它显露出惊人性感的程度，是在任何西方宗教艺术中根本见不到的。与大部分西方宗教不同，印度教从不抑制性的享乐，因为他们总是把肉体看作人的整体的一部分，是不能与精神分离的。所以，印度教徒并不试图有意识地以意志来克制肉体的欲求，而是追求以自身肉体与精神的统一整体来认识自己。印度教甚至发展了一个流派，即中世纪的密教⁽¹⁵⁾，这个流派通过对性爱的深切体验来寻求醒悟，"在其中，每一方都是双方"，用《奥义书》的话来说：

"正如一个在所爱的妻子拥抱中的男子完全不知道内和外一样，这个人在智慧的化身的拥抱中，也完全不知道内和外。"①

湿婆与沙克蒂和印度神话中为数众多的其他女神，这种中世纪性爱

---

① *Brihad-aranyaka Upanishad*, 4.3.21.

神秘主义的形象紧密地联系在一起。如此众多的女神说明，印度教把人类天性中总是与女性相联系的肉体和情欲方面看成是上帝整体的一部分。印度教女神的形象并不是圣洁的贞女，而是在性感拥抱中使人倾倒的美女。

图 5.2　湿婆与沙克蒂相拥抱的雕像（印度卡杰拉霍，大约公元 1000 年）

为数众多的神和女神，以他们各种各样的形象和化身出现在印度的神话中，这很容易引起西方人思想上的困惑。要理解印度教徒们怎样应付如此众多的神，我们必须认识到，印度教的基本看法是：所有这些神本质上都是相同的。他们都是同一个神的实在的具体表现，反映着无限际、无处不在、归根结底是不可思议的"梵"的不同侧面。

第六章　佛教

　　在亚洲的大部分地区，包括中印半岛的一些国家，以及斯里兰卡、尼泊尔、中国、朝鲜和日本，佛教曾经作为占主导地位的宗教传统达若干世纪之久。就像印度教在印度一样，佛教对这些国家的知识、文化和艺术生活曾经有过很强的影响。然而与印度教不同的是，佛教可以追溯到唯一的奠基者，乔答摩（S. Gautama）[1]，即历史上著名的"佛"。公元前6世纪中叶，他生活在印度。这是一个非凡的时代，诞生了众多的宗教和哲学天才：中国的孔子和老子、波斯的查拉图斯特拉（Zarathustra）[2]、希腊的毕达哥拉斯和赫拉克利特。

　　如果说印度教具有神话和仪式主义的风格，那么可以肯定佛教的风格是心理学的。佛对于满足人类关于世界起源、上帝的本性，或者类似问题的好奇心不感兴趣，而只关心人的境遇，关心人类遭受的苦难和挫折。因此，他的教诲不是形而上学的，而是一种心理治疗。他指出了人类所受磨难的根源。以及克服它们的途径。为了这个目的，他采纳了有关"幻""业"和"涅槃"[3]等印度传统的概念，并赋予它们与心理学直接有关的、生动的新解释。

　　佛陀[4]去世后，佛教发展成两大流派，即小乘[5]和大乘[6]。小乘是正统的流派，拘守佛陀教诲的字句，而大乘则采取较为灵活的态度，认为教义的精神实质要比它原初的陈述更为重要。小乘立足于斯里兰卡、缅甸和泰国，而大乘则流传到尼泊尔、中国和日本，并且终于成为这两个流派中较重要的一派。在印度国内，经历了若干世纪之后，博采广纳而易变的印度教吸收了佛教，并且最后将佛陀认作多面神湿婆的一个化身。

图 6.1　佛陀面部（印度，公元 5 世纪）

在大乘佛教传遍亚洲的同时，它与许多不同文化和思想的民族相接触，他们以自己的观点来解释佛的教义，极其详尽地阐述了它的微妙之处，并且加入了他们自己原有的观念。他们以这种方式使佛教存在了许多世纪，并且把它发展成具有心理学深刻洞察力的、非常奥妙的哲学。

然而，尽管这些哲学具有高度的知识水平，大乘佛教从未迷失在抽象的、纯理论的思维之中。因为东方神秘主义者总是仅仅把知识看作为直接的神秘主义体验扫清道路的手段，佛家称这种体验为"觉悟"，其本质是超越理智的差别和对立而达到不可思议的"彼岸"⁽⁷⁾。在那里，实在表现为不可分割和没有差别的"真如"。

这就是乔答摩在树林中修行 7 年之后，一夜之间所体验到的。他坐在那棵广为人知的菩提树即悟性之树下冥思苦想，突然在对自己所寻求和怀疑的一切大彻大悟中，获得了终极净化，因而成佛，即"觉悟者"。对于东方世界来说，沉思状态下的佛的形象，就像钉在十字架上的耶稣基督之对于西方一样有意义，它激发了全亚洲无数的艺术家们去创作沉思的佛的优美雕像。

按照佛教的传说，佛陀在大彻大悟之后，立即到贝拿勒斯⁽⁸⁾的鹿野苑，向以前的修行同伴们宣讲自己的教义。他用著名的"四谛"⁽⁹⁾来阐述。"四谛"集中地表达了主要的教义，就像一位医生讲述自己首先识别了人类的疾患，接着断言这种疾患可以治愈，最后开出了处方。

第一个圣谛为"苦谛"，是说人类境遇的显著特点为苦难与挫折。这种挫折的根源是我们难以正视人生的基本事实，那就是自己周围的一切都是暂时的，稍纵即逝的。佛说："万物生与灭。"^①佛教的根识是，流动和变化是自然界的基本特点。佛教徒认为，当我们抗拒人生的流动，并且试图墨守那些固定不变的形式，也就是"幻"的时候，无论它们是物体、事件、人还是思想，苦难就会来临。这个关于暂时性的教义还包括一种概念，就是不存在自我，不存在作为我们变化着的经验持久主体的自我。佛教认为，关于独立自我的概念是一种错觉，只是"幻"

---

① *Dhammapada*, 113.

的另一种形式，一种理性的概念，它是不真实的。死守这个概念，将导致与执着于其他任何固定不变的思想范畴[10]一样的挫折。

第二个圣谛是"集谛"，"集"意为坚持或紧握，"集谛"涉及一切苦难的原因。就是根据一种错误的观点，无益地抓紧人生。在佛教哲学中，这种错误的观点称为无明，即无知。出于这种无知，我们把看到的世界划分为相互分离的单个事物，从而试图用头脑中产生的固定不变的范畴来限制实在流动的形式。只要这种观点占主导地位，我们就注定会遭到一次又一次的挫折。试图坚持那些被我们看作持久不变，而实际上却是暂在和永远变化着的事物，就会陷入一种恶性循环，其中每一个行动产生进一步的行动，每一个问题的答案提出新的问题。在佛教中，这种恶性循环称为"轮回"，指生死循环，它是由"业"这条永无终了的因果链推动的。

第三个圣谛说的是可以结束苦难和挫折。有可能超越"轮回"的恶性循环，使自己解脱"业"的束缚，达到"涅槃"这个完全自由的境界。在这种境界中，关于独立自我的错误观念永远消失了，所有生命的一体性成为一种恒有的知觉。"涅槃"相当于印度哲学中的"解脱"，是一种超出一切理性概念的知觉状态，这里我们无法对它做进一步的描述。达到"涅槃"就是觉悟，就是成佛。

第四个圣谛是佛陀指出的灭除众苦的方法，即修持"八正道"[11]以便达到佛陀的境界。如前所述，这条途径的前两道是正确的认识和正确的想法，也就是把洞察人的境遇作为必要的起点。随后的四道论述正确的行为。它们说明了佛陀生活方式的准则，即"中道"[12]。最后的两道涉及正确的意识和沉思，并且描述了对实在进行直接的神秘主义这一最终目的。

佛陀并未把自己的教义发展成一个前后一贯的哲学体系，而是把它当作获得觉悟的方法。他关于世界的论述仅限于强调一切事物的暂时性。他坚决主张不要受精神上的权威的影响，包括不要受他本人的影响。他说他自己只能指出成佛的途径，要靠每个人以自己的努力来走完这条路。佛陀垂危时说的几句话代表着他的世界观和作为一个导师在态度上的特点，他临终前说："消亡是一切复杂事物所固有的"，"努力奋斗吧！"①

在佛陀去世后最初的几个世纪里，佛教的长老们主持了几次大结集（13）。在结集上大声诵出全部佛法，并处理异议。公元 1 世纪，在锡兰岛（今斯里兰卡）举行第四次结集（14），全凭记忆的佛法，在经过五百余年口耳相传之后，才首次被记录下来。这部记录是用巴利语（15）写的，称为"巴利佛典"，是正统小乘宗的依据。而大乘宗的依据则是一些大部头的佛经，是在其后一二百年用梵语写成的，对佛法的论述要比巴利佛典详尽和精辟得多。

"乘"意为运载工具，大乘宗之所以自称大乘，是因为它为自己的信徒们提出了多种多样达到佛的境界的方式或"妙法"（16），从强调佛法中宗教信仰的教条，到概念上与现代科学思想十分接近的深奥哲学都包括在内。

马鸣（Ashvaghosha）（17）生活在公元 1 世纪，是大乘宗佛法的第一位阐释者，也是佛教创始人中最深刻的思想家之一。他在一本名为《大乘起信论》（18）的著作里清楚地说明了大乘佛教的基本思想，特别是那些与佛教"真如"概念有关的思想。这篇明晰而极为优美的经文使人联

---

① *Digha Nikaya*, ii, 154.

想到《薄伽梵歌》，它是大乘宗佛法最早的代表性著作，并且成为所有大乘佛教流派主要的权威性著作。

马鸣可能对龙树（Nagarjuna）[19]有很深的影响。龙树是最为睿智的大乘哲学家，他高度雄辩地说明了所有关于实在概念的局限性，以具有卓识的论据驳倒了那时形而上学的论点，从而证明最终是不能以概念和思想来掌握实在的。因此，他称之为"空"[20]，这个术语相当于马鸣的"真如"；在认识到一切理性思维无益时，实在就会作为纯粹的"真如"而被体验。

龙树说，实在的精粹本性是空，其含义与虚无主义者常说的完全不同，这句话说的只是人们头脑中形成的有关实在的所有概念终归是无用的。实在或"空"本身并不仅仅是空无一物的状态，却恰恰是一切生命之源和一切形式的实质。

大乘佛教的上述观点反映了它非感情的和纯理论的方面。然而，这仅仅是佛教的一个侧面，与之相辅的还有佛教的宗教思想，包括诚信、爱心和怜悯心。大乘宗认为，正觉（即"菩提"[21]）包括两个要素，铃木大拙称之为"佛教宏伟大厦的两大支柱"，它们就是智慧[22]（即超常的智力或直觉的理解力）和慈悲[23]（即爱心或怜悯心）。

因此，大乘佛教描述一切事物实质的本性时，不仅用形而上学的抽象术语"真如"和"空"，而且用"法身"[24]（即"真身"）这个词来描述佛教认识中的实在，"法身"类似于印度教的"梵"，它充满着宇宙间一切有形的物体，也反映在人的思想中，这就是"菩提"，即觉悟的智慧。所以，它既是精神的，又是物质的。

大乘佛教具有特色的发展，其一是以菩提萨埵（Bodhisattva）[25]的理想来突出地强调爱心和怜悯是智慧必不可少的组成部分。菩提萨埵是成佛过程中具有高度智慧的人。他不寻求个人的单独醒悟，而誓愿在自己达到"涅槃"之前，帮助一切他人成佛，这种思想来源于佛陀的决心，在佛教的传说中被描述成一种自觉的、很不容易下定的决心，不仅仅是达到"涅槃"，而是要返回世界，以便向众生指出解脱的道路。菩提萨埵的理想也与佛家"无我"⁽²⁶⁾的教义相一致，因为如果不存在独立的自我，个人达到"涅槃"显然是没有多少意义的。

最后，诚信这个要素在大乘佛教净土宗⁽²⁷⁾中受到强调。这个流派的依据是佛陀关于人类的本性是佛性⁽²⁸⁾这一教义，认为要达到"涅槃"或"净土"⁽²⁹⁾，个人只需忠诚于自己原初的佛性。

许多作者认为，佛教思想在华严宗⁽³⁰⁾兴起时到达了顶峰。这个流派所依据的是同名的《华严经》⁽³¹⁾，铃木大拙以最热情的词句赞扬这部佛经是大乘佛教的精髓。

"至于《华严经》，它真正是佛家思想、佛家情操和佛家体验的完美论述。我认为，世界上没有任何别的宗教典籍能够接近这部佛经观念之恢宏、见解之深刻与卷帙之浩繁。它是生命不竭的源泉，没有任何宗教思想家不从中得益，或者所获不多。"^①

当大乘佛教遍传亚洲时，对中国和日本思想影响最大的就是这部佛经。以中国人和日本人为一方，以印度人为另一方，这两方之间的差别是如此之大，以至于被认为代表着人类思想的两个极端。前者讲求实际，看重实效和有社会意识，后者则富于想象力、形而上学和先验

---

① 　D. T. Suzuki, *On Indian Mahayana Buddhism*, p.122.

论[32]。《华严经》是印度的宗教天才撰写的最伟大的经文之一，当中国和日本的哲学家们开始翻译和阐释这部经书时，这两个极端便结合在一起，产生了一个有活力的新的统一体，其结果就是中国的"华严哲学"和日本的"华严哲学"[33]。铃木大拙认为，这是"近两千年来佛教在远东发展的顶峰"。①

《华严经》的中心主题是一切事物的统一和相互关系，这一概念不仅是东方宇宙观的实质所在，而且是近代物理学产生的宇宙观的基本要素。因此，我们将会看到《华严经》这部古老的宗教经文与近代物理学的模型和理论之间有着最为惊人的相似之处。

---

① D. T. Suzuki, *The Essence of Buddhism*, p.54.

第七章　中国的思想

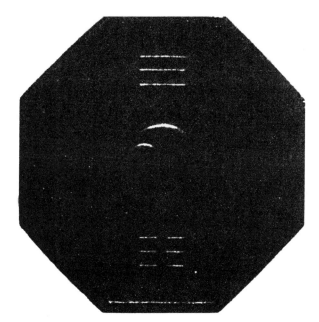

图 7.1　程氏砚台，17 世纪

大约在公元 1 世纪，当佛教传到中国时，它遇到的是长达两千多年的文化。在这个古老的文化中，哲学思想在周晚期时（约公元前 500—公元前 221 年）已经达到了高峰，这是中国哲学思想的黄金时代，从那时起，它一直受到最高的推崇。

中国哲学从一开始就有互补的两个方面。中国人是讲求实际的，具有高度发达的社会意识，他们的所有哲学流派都以各种方式关心社会生活、人际关系、道德标准和政治。然而，这仅仅是中国思想的一个方面。与之互补的，还有带着中国特点的对应神秘主义的方面，它要求哲学家们超越人间俗事和日常生活，并且以达到更高级的思想意识为最高目标。这就是圣人的思想意识，是达到神秘主义的天人合一的中国贤哲的理想。

然而，中国的圣贤并不只停留在这个高级的思想层次上，而且关心世事。他把人的本性中直觉的智慧和实用的知识，沉思冥想和社会活动，这些互补的双方汇于一身，这就是中国人心目中的圣贤和君王的形象。庄子说"静而圣，动而王"[1]，从而成为完人。

在公元前 6 世纪，中国哲学的这两个方面发展为两个不同的哲学学派，这就是儒家和道家。儒家是关于社会组织、人生常识和实用知识的哲学。它为中国社会提供了教育系统和社会礼节的严格规范。传统的中国家族体系有着复杂的结构和拜祭祖先的仪式，儒家的主要目的之一，是为这个家族体系建立起伦理的基础。另一方面，道家关心的首先是观察自然和发现自然之"道"[2]。道家认为，当一个人遵从自然的规律，自然地行事，并且相信自己的直觉知识时，他/她就能享有人类的快乐。

这两种思想倾向代表了中国哲学中相对的两极，但是在中国总是把它们看成同一整体的两极，同是人的本性，因而是互补的。在对儿童的教育中儒家常被强调，儿童必须学习社会生活中必要的规矩和习俗，而道家的学说一般是年龄较大的人们所研究的，其目的是重新获得和发展已被社会的习俗破坏了的原初天性。在 11 和 12 世纪，新儒家学派试图综合儒、释、道三家的学说，朱熹[3]的哲学集其大成。他是中国所有最伟大的思想家之一。朱熹作为一位杰出的哲学家，把儒家的学说与对佛家和道家的深刻理解相结合，并把这三种传统的要义都吸收在自己的哲学综合体之中。

孔教得名于孔子，他是一位影响极大的宗师，有众多的弟子，人们把他向自己的门徒传授古代的文化遗产看作他主要的业绩。然而，他不仅限于单纯地传授知识，而是同时还按照自己的伦理观来解释传统的概念。他的教诲以所谓六经^{（4）}为依据，六经就是关于哲学思想的《礼》《乐》《书》《诗》《易》及《春秋》等古书，它们阐述了中国往昔圣人的精神和文化遗产。中国的传说中把孔子作为作者、注释者或者编纂者，而将他与所有这些著作相联系。但是现代的学者们认为，他既不是这些著作中任何一部的作者、注释者，甚至也不是编纂者。^①他自己的思想是以《论语》而著称的，《论语》作为孔门的言论集，是由他的一些门徒辑录的。

道家的创始人是老子，传说他与孔子同时代，但是较为年长。据说他撰写了简明扼要的一部言论集，它被认为是道家的主要著作，这本书在中国称为《老子》，在西方一般称为《道德经》，后一个名称是后来才有的。我已经谈到过，这本书喜用似非而是的隽语风格和诗意的有力语言，这使李约瑟认为它"毫无异议地是中国语言中最深刻和优美的著作"。^②

第二部重要的道家著作是《庄子》，它的篇幅要比《道德经》大得多。据说作者庄子大约生活在老子之后 200 年。然而，现代的学者认为《庄子》不能看作由一位作者写成的，而应当作由不同时代的不同作者编辑的论文，《老子》可能也是如此。

---

① 此处为原作者观点。——编者注

② J. Needham, *Science and Civilization in China*, vol.11, p.35.

《论语》和《道德经》都是用简练而含蓄的风格写作的，这是典型的中国思维方式。中国的思想家不惯于采用抽象的逻辑思维，而是发展出一种甚为不同于西方的语言。它的很多单词可以用作名词、形容词或动词，而且词序主要是由句子情绪的内涵，而不是语法规则决定的。中国古代文学远非代表清晰概念的抽象符号。更确切地说，它是一种声音的符号，具有很强的启发性，是能使人联想到图画似的形象和情绪的一种模糊的综合物。说话者的主要目的不是表达一种理性的概念，而是要影响和感染听者。相应地，书面的文字也不仅仅是一种抽象的符号，而是一种有机的图像，一种"格式塔"[5]，它保持了字词形象的高度综合性的启发力。

因为中国的哲学家用一种非常适合于自己思维方式的语言来表达自己的思想，所以他们的写作和言谈简练而不明喻，然而却富于启发性。英语译文显然丧失了许多这种形象化的描述。例如，《道德经》中一句话的译文可能只表达了原文中丰富复杂的蕴意的一小部分，这也就是为什么这本引起争议的书的不同译本看起来常常像是完全不同的版本，正如冯友兰[6]所说："需要把一切译本，包括已经译出的和其他尚未译出的，都结合起来，才能把《老子》《论语》原本的丰富内容显示出来"。[1]

和印度人一样，中国人也相信有一个终极的实在，它支撑和统一着我们观察到的多种多样的事物：

"周遍咸三者，异名同实，其指一也。"[7]

---

[1]　FungYu-Lan, *A Short History of Chinese Philosophy*, p.14.

他们称这个实在为"道"，它的原意是"道路"，就是宇宙运动的方式或过程，自然界的常则。后来，儒家对它做了别的解释，他们谈到为人之道、人类社会之道，并把它理解为在道德伦理上是正确的生活方式。

就其原初对宇宙而言的意义，"道"就是无法定义的终极实在。从这一点上来说，它相当于印度教的"梵"和佛教的"法身"。它与这些印度的概念的不同之处在于，它具有内在的运动特性，按照中国人的观点，这就是宇宙的本质。"道"就是宇宙的过程，它无所不包；世界被看成不断的流动和变化。

印度的佛教以事物的无常为其教义，也具有十分类似的观点，但是它只把这种观点当作人类处境的基本前提，并进一步对它作心理学上的推论。而中国人则不仅相信流动和变化是大自然的基本特征，而且相信这些变化具有可以被人们观察到的恒常模式。圣贤认识到这些模式，并且用以指导自己的行动。这样他就成为一个"得道者"，与自然界相协调地生活，并且无往而不胜。公元前 2 世纪的著作《淮南子》[8]说：

"修道理之数，因天地之自然。"[9]

那么，人类必须认识的宇宙之道的模式是什么呢？"道"的主要特点就是它无休止地运动和变化的循环本性。老子说："反者'道'之动"，[10]又说："远曰反"。[11]他的意思是说，自然界的一切发展，包括物质世界和人的境遇的发展都显示出来和往，膨胀和收缩的循环模式。

这种观念无疑是从日、月的运动和四季的变化推断出来的，随后它也被看作生活的规律。中国人相信每当一种情况发展到极端时，必然会回过来走向自己的反面。这种基本的信念使他们在危难中获得勇气和不屈不挠，并且在成功时谦虚谨慎。由之产生了道家和儒家都崇尚的中庸之道。老子说："是以圣人去甚，去奢，去泰。"[12]

中国人的观点是宁少勿多，宁缺毋滥，因为这样做虽然不能取得很大的成功，但肯定是朝着正确的方向前进。正如一个人一再朝东走，最后将到达西边一样，那些聚敛越来越多的金钱来增加自己的财富的人终将贫困。现代的工业社会不断地试图提高生活水平，却因而降低了它全体成员的生活质量，这个事实有力地证明了古代中国的这一名言。

中国人用阴阳两极对立，以明确的结构来说明"道"以循环的方式运动的概念。变化循环的极限是由这两极确定的：

"阳极反阴，阴极反阳。"[13]①

中国人认为，"道"的一切表现形式都由这两极力量能动地相互作用产生。这种观念十分古老，许多代的人研究了这一对以"阴""阳"[14]为原型的符号的意义，直到它成为中国思想的基本概念。阴和阳二字的原意是一座山的背阳面和向阳面，这种释义清楚地说明了两个概念的相对性：

"一阴一阳之谓道。"[15]

自古以来，自然界原型的两极就不仅用光明和黑暗，而且用男和

---

① Wang Ch'ung, quoted in J. Needham, op. cit. Vol.IV, p.7.

女、刚和柔、上和下来表示。阳是强壮、男性和创造力，与天相联系；而阴则是黑暗、善纳、女性和母性的成分，用地来代表。古老的地心说[16]认为，地在下而静止，所以阳象征着动，阴象征着静。在思维的领域里，阴是女性复杂的直觉思维，阳则是男性明晰的理性思维。阴是圣贤安宁沉思的静止，阳是帝王强有力的创造活动。

古代中国的太极图说明了阴和阳的能动性：

图 7.2 古代中国的太极图

这个图形具有黑暗的阴和明亮的阳的对称布局，但是这种对称不是静态的，它强有力地使人联想到转动对称，一种连续的循环运动：

"阳还终始，阴极反阳。"[17]①

图中的两个圆点象征着这样一种概念，就是每当这两种力量中的一方达到自己的极端，在其中就已经含有它对立面的萌芽。

这对阴和阳是浸透了中国文化的巨大主题，并且决定着传统的中国生活方式的所有特点。庄子说："非阴非阳，……直且为人。"[18]中国

① *Kuei Ku Tzu*, quoted in J. Needham, op. cit., vol.IV, p.6.

是一个农业国，中国人总是熟悉太阳和月亮的运动，以及四季的变化。因此，他们把季节的变化造成的生物界生长和衰亡的现象看作阴与阳之间，以及寒冷而阴暗的冬季与炎热而明亮的夏季之间相互作用最明显的表现。两极之间这种季节性的相互作用也反映在我们所吃的食物上，它们含有阴和阳的成分。对于中国人来说，有益于健康的膳食在于这些阴、阳成分的平衡。

传统的中医也以人体的阴、阳平衡为依据，把任何疾病都看成是这种平衡的破坏。人体分为阴、阳两部分。总的说来，体内为阳，体表为阴；后背为阳，前胸为阴；在人体内有阴、阳器官。所有这些部分之间的平衡都是靠"气"[19]沿着经络系统的不断运行来维持的，经络系统包含着针灸穴位。每一个器官都与一套经络相联系，联系的方式是阳经归属阴器官，阴经归属阳器官。阴、阳之间的流动受阻时，人就患病，疾病可用针刺穴位以激发和恢复"气"的运行来治愈。

因此，阴和阳这对基本的对立面的相互作用看来就是"道"的一切运动的准则。但是中国人并没有停留在这一点上。他们继续研究阴和阳的各种组合，发展而成关于宇宙原型的体系。《易经》[20]详细地阐述了这一体系，书名的含意就是"关于变易的书"。

"关于变易的书"的中文书名为《易经》，无疑是世界上最重要的文献之一。它的来源可以追溯到神话般的古代，而且直到今天，它仍然受到中国最著名的学者们的重视。在中国三千年的文化史中，几乎所有最伟大和最重要的著作都受到这本书的启发，或者对它的论题的解释产生影响。因此可以肯定地说，几千年富于素养的贤哲们一直在从事《易经》的著书工作。"[1]

因此,《易经》是一部在几千年内不断丰富发展的著作,它包含着最重要的中国思想时代产生的许多层次。这本书的发端是下述 64 个图形,即卦图的集合,它们由阴和阳的象征符号组成,是用来占卜的。每一个卦图含有六条线,可以是断开的(阴)或者是不断开的(阳),共有 64 种可能的组合。我们将在下面比较详细地介绍这些卦图。它们被看成是象征着自然界之"道"和人的际遇之"道"的卦象。它们中的每一个都有自己的名称,并且附有简短的文句,称为"卦辞",说明与当前的这副卦象相适应的做法。"象传"是后来另增的,常常是富于诗意的几行文字,解释卦图的含意。第三部分正文以充满神秘象喻的语言来解释卦图中六线的每一条线,通常是令人难以理解的。

图 7.3

这三个部分的正文构成了这部书的主体,用于占卜。用 50 根蓍草以复杂的仪式来测出对应问卜者个人际遇的卦图。其用意是使卦图显示出那一时刻的卦象[21],以便从中得知如何行事为宜:

---

① 　R. Wilhelm, op. cit., p.321.

"圣人设卦现象，系辞焉而明吉凶，……"[22]

由此可见，查阅《易经》的目的不仅在于测知未来，更重要的是了解现在的境遇，以便采取适当的行动。这种看法对《易经》的评价高于普通的占卜书，而把它看作一部睿智的著作。

实际上，《易经》作为一部睿智的著作，远比用于占卜重要，它启发了各个时代主要的中国思想家的灵感，其中包括老子，他的一些深刻的格言就是源出于《易经》。孔子对《易经》进行了潜心的研究，所做的注释大部分辑入儒家后来编写的"传"中，称为"十翼"[23]，把对卦图结构的解释与哲学上的解释结合在一起。

和整部《易经》一样，孔子注释的核心是强调所有现象动态的方面，一切事物和境遇无休止的变动就是《易经》的要旨：

"易之为书也，不可远；为道也，屡迁。变动不居，周流六虚，上下无常，刚柔相易，不可为典要，唯变所适。"[24]

第八章　道家

在儒家和道家⁽¹⁾这两种中国的思想倾向中，后者更趋于神秘主义，因此在我们与近代物理学进行比较时更为相关。和印度教与佛教一样，道家对直觉的智慧要比对理性的知识更感兴趣。道教⁽²⁾基本上是从这个世界上求得解脱的途径，从这个方面来说，类似于瑜伽或吠檀多，或者是佛教中的八正道。在中国文化中，道家的解脱尤其意味着从严格的常规法则中解脱出来。

道家对传统知识和推理的怀疑，要比其他任何东方哲学学派表现得更为强烈。它的根据是坚信人的智慧永远也无法理解"道"。庄子⁽³⁾说：

"且夫博之不必知，辨之不必慧，圣人以断之矣！"⁽⁴⁾

庄子的这本书中有很多段落反映着道家对于推理和论证的蔑视，他说：

"狗不以善吠为良，人不以善言为贤。"⁽⁵⁾

又说：

"辩也者，有不见也。"(6)

道家认为逻辑推理和社会礼仪、道德标准都是人为世界的一部分，他对这样的世界根本不感兴趣，而是把注意力完全集中在观察自然上，以便了解"道"的特性。因此，他们形成了一种从本质上来说是科学的看法，只是由于他们对分析的方法深表怀疑，他们才未能建立起正确的科学理论。然而，对自然界的细致观察，结合着强烈的神秘主义直觉。使道家的贤哲们得以具有深刻的见识，这些见识已为现代科学理论所证实。

道家最重要的见识之一，就是认识到变化是自然界的基本特点。《庄子》中有一段话清楚地说明了如何通过观察生物界来认识变化的重要性：

"万物化作，萌区有状，盛衰之杀，变化之流也。"(7)

道家把自然界的一切变化都看成是阴、阳两极之间能动的相互作用的表现，因此他们相信，任何对立的双方都构成两极关系，两极中的每一极都与另一极能动地联系着。在西方思想家看来，这种一切对立物都隐含着统一性的观念极难令人接受。对于我们来说，自己总认为是相互对立的那些经验和道德标准，竟然是同一事物的不同侧面，这似乎是非常荒谬的。然而，在东方却常认为达到醒悟，"超出世俗的对立物"①是必要的；在中国，一切对立物的两极关系就是道家思想的依据。因此庄

---

① *Bhagavad Cita*, 2.45.

子说：

"是亦彼也，彼亦是也……彼是莫得其偶，谓之道枢。枢始得其环中，以应无穷。"(8)

从"道"的运动是对立面不断相互作用这一概念出发，道家提出了人类行为的两项基本原则。他们指出，每当你想达到任何目的，就应当从它的反面着手。因此老子说：

"将欲翕之，必固张之；将欲弱之，必固强之；将欲废之，必固兴之；将欲夺之，必固与之，是谓微明。"(9)

第二项原则是，每当你想保持任何事物，就应当容许它的某些对立物存于其中：

"曲则全，枉则正，洼则盈，弊则新。"(10)

这就是圣贤的处世之道，他们采取了一种比较高明的观点，一种能够清楚地看到一切对立面的相对性和两极关系的观点。包括在这些对立物之中的，首先就是善与恶的概念，它们之间的关系与阴和阳之间的关系一样。道家的圣贤认识了善与恶的相对性，从而也就认识了所有道德标准的相对性，他们不再一味地追求善，而是试着保持善与恶之间的平衡。关于这一点，庄子说得很清楚：

"故曰：盖师是而无非，师治而无乱乎？是未明天地之理，万物之情者也。是犹师天而无地，师阴而无阳，其不可行明矣。"(11)

有趣的是，在老子及其追随者发展他们的宇宙观的同时，希腊也有人在讲授道家这一观念的要点，我们只知道他的言论的片段，而且从过去直到现在，这个人常常是被人误解的。这位希腊的"道家"就是爱非斯的赫拉克利特。他的名言是"万物皆流"，他与道家的共同之处，不仅在于强调连续的变化，还在于他也认为一切变化都是循环的。他把世界的正常状况比作"一团永存的火，按照自己的规律点燃和熄灭。"① 这种形象化的比喻，的确与认为"道"表现在阴和阳循环的相互作用中的这种中国思想非常相似。

很容易看出，和老子的情况一样，把变化看作对立面能动的相互作用，这种观念是怎样引导赫拉克利特发现所有的对立物都具有相反的性质，而又是统一的。这位希腊人说："朝上和朝下是同一和相同的"，又说："上帝是昼与夜，冬与夏，战争与和平，饱足与饥饿。"② 和道家一样，他也把任何对立的双方看作一个整体，并且清楚地知道所有这些概念的相对性。赫拉克利特说："冷的东西使它们自己变暖，暖的变冷，湿的变干，干的变湿。"③ 使我们强烈地联想到老子所说："……难易相成，……音声相和，前后相随……"(12)

令人惊讶的是，公元前 6 世纪的这两位哲人的宇宙观极为相似，却互不相识。人们提到赫拉克利特时，常常把他与近代物理学相联系，却

① In G. S. Kirk, *Heraclitus: The Cosmic Fragments*, p.307.

② In G. S. Kirk, *Heraclitus: The Cosmic Fragments*, p.105, 184.

③ In G. S. Kirk, *Heraclitus: The Cosmic Fragments*, p.149.

很少联系到道家。但是我认为，恰恰是这种联系最为清楚地表明他的宇宙观是神秘主义的，从而能够正确地认识他的观点与近代物理学的相似之处。

我们谈到道家关于变化的概念时，重要的是认识到不应当把发生这种变化看作某种力量造成的结果，而应当看作一切事物固有的倾向。"道"的运动不是被迫地，而是自然、自发地发生的。

自发性是"道"运动的原理，既然人的行为应当遵从"道"的运行方式，所以自发性也应当是人类一切行为的特点。对于道家来说，与自然界相协调地行事，意味着自发地按照自己的直觉行事，也就是相信自己的直觉智慧。正如变化的规律是我们周围一切事物固有的一样，这种直觉的智慧也是人头脑中所固有的。

因此，道家圣贤的行动出自他直觉的智慧，是自发的，而且与他周围的环境相协调。他无须强迫自己或周围的任何事物，而只要使自己的行为与"道"的运动相适应。《淮南子》记载：

"顺天意者，从道而流。"[13]

道家哲学称这种行为方式为"无为"[14]，这个词在字面上的意思是"无行动"，李约瑟把它翻译为"克制违背自然的行为"，并且引用庄子的话，来证明这样翻译是正确的：

"虚则静，静则动，动则得矣。"[15]

一个人如果克制违背自然的行为，或者如李约瑟所说，克制对自然的违拗，他 / 她就是与"道"协调一致，因此他 / 她的行动就会成功。这就是老子那句似乎甚为费解的话，"无为而无不为"[16]的含义。

阴与阳的对比，不仅是在整个中国文化中起着决定作用的基本原则，而且反映着中国思想的两种主要倾向，儒家是理性、男性、积极和占支配地位的，而道家则强调所有直觉、女性、神秘和柔顺的方面。老子说："知不知，尚矣"，又说："是以圣人处无为之事，行不言之教。"[17]道家认为，发扬人性中女性的、柔顺的品质，最易于使生活与"道"和谐一致，达到完美的平衡。《庄子》中有一段话描写道家心目中的天堂，概括了他们的看法：

"古之人，在混芒之中，与一世而得淡漠焉。当是时也，阴阳和静，鬼神不扰，四时得节，万物不伤，群生不夭，人虽有知，无所用之，此之谓至一。当是时也，莫之为而常自然。"[18]

第九章　禅宗

图 9.1　良宽书法（18 世纪）

大约在公元 1 世纪，中国的思想与佛教这种形态的印度思想相接触时，发生了两方面平行的发展。一方面是，佛经的翻译激励了中国的思想家，使他们按照自己的哲学来解释印度佛陀的教义，从而引起了极富成效的思想交流。前面已经谈到，这些交流，在中国的华严宗（梵语称之为 Avalamsaka）和日本的华严宗当中达到了高峰。

另一方面，中国思想讲求实效的侧面对来自印度佛教的影响的反应，是注重它有实效的方面，并把它们发展成一种特殊的宗教修行方法，称为"禅"⁽¹⁾，英语里通常将这个字译为"沉思"。大约在公元 1200 年，这种"禅"的哲学终于为日本所接受，在那里得到发展，被称为禅宗^①，并且作为一种传统流传到现在。

因此，禅宗是三种不同文化的哲学和固有风格的独特混合物。这是一种典型的日本生活方式，然而却反映着印度的神秘主义，以及道家对自然性和自发性的爱好和儒家思想彻底的实用主义。

尽管禅宗具有颇为特殊的性质，它在本质上仍然完全是佛教，因为它的目的不是别的，就是佛陀本人的目的，即达到一种醒悟，禅宗称这种经验为觉悟⁽²⁾。这种觉悟的经验是所有东方哲学流派的要旨。禅宗的独特之处在于它只注重这种经验，而对任何进一步的解释不感兴趣。用铃木大拙的话说："禅宗就是为觉悟而修行。"从禅宗的观点看，佛教的实质就是佛陀的觉悟，佛教说每个人都有可能达到这种觉悟，而在浩瀚的佛经中阐述的其余教义则被看成是对它的补充。

禅宗的经验就是觉悟的经验。由于这种经验终归是超越一切思想范畴的，禅宗对任何抽象或概念化都不感兴趣。它没有专门的学说或哲学，没有正规的信条或教义，它宣称不受一切固定信条的约束，这就使它真正地超世脱俗。

禅宗比任何东方神秘主义流派都更为深信，言辞永远无法表达终极的真理。道家坚信这一点，禅宗想必是从道家那里承袭了这种信念。庄子说："有问道而应之者，不知道也；虽问道者，亦未闻道。"⁽³⁾然而，禅宗的经验能够从师长传给弟子，实际上是以适合禅宗的特殊方式流传

---

① 禅宗是南北朝时在中国形成的佛教宗派，唐朝时大为发展，东传至日本。——译者注

了许多世纪。有四句名言把禅宗描述为：

"不立文字，

教外别传，

直指人心，

见性成佛。"(4)

这种"直指"的方式构成了禅宗特有的风格。典型的日本思想偏于直觉，理性则较少，只讲述事实本身，而不加多少评论，禅宗大师不沉湎于冗长的说教，并且完全藐视建立理论和进行推测。因此，他们发展了以突然而自发的动作和言辞，直接地指向真理的方法。这些方法揭示着概念化的思维的自相矛盾，如我们已经提到过的公案，旨在打断思维过程，使弟子为神秘主义的体验做好准备。下述师徒之间简短的对话可以作为例子来说明这种方式。禅宗典籍的大部分内容都是这种对话。在这些对话里，大师们说得尽可能地少，并用他们的言辞来把弟子的注意力从抽象思维引向具体的实在。

"达摩面壁。二祖立雪断臂云：'弟子心未安，乞师安心。'摩云：'将心来。与汝安。'祖云。'觅心了不可得。'摩云：'为汝安心境。'"(5)
"赵州因僧问：'某甲乍入丛林，乞师指示。'州云：'吃粥了也未？'僧云：'吃粥了也。'州云：'洗钵盂去。'其僧忽然省悟。"

这些对话表现出禅宗另一方面的特点。禅宗的觉悟并不意味着退避尘世，相反地，是要积极地参与日常的事务。这种观点在很大程度上来自中国的思想，那就是非常重视实际的生产生活和传宗接代的观念，而且不能接受印度佛教禁欲生活的特点。中国的大师们总是强调"禅"是我们的日常经验，也就是马祖[6]所说的"日常的思念"。他们强调的是在日常事务中醒悟，并且说明他们认为日常生活不仅是觉悟的道路，而且就是觉悟本身。

禅宗所说的觉悟是指直接体验一切事物的佛性，首先是日常生活中的人、事和物的佛性。因此，在禅宗强调生活的实际性时，"禅"仍然是十分神秘的。一个达到觉悟的人，完全生活在现在，把注意力完全集中在日常事务上，在每一个动作里都能体验到生活的奇异和神秘——

"神通并妙用，运水及搬柴。"[①]

禅宗的完美性自然而自发地寓于一个人的日常生活之中，有人要求百丈[7]解释"禅气他说:"饥来吃饭，困来即眠。"像禅宗的许多话一样，听起来虽然简单而明了，实际上却是件难事。重新获得我们原初本性的自然性是精神上的巨大成就，要求长时间地修行。用禅宗的名言来说:

"老僧三十年前未参禅时，见山是山，见水是水。及至后来亲见知识有个入处，见山不是山，见水不是水。而今得个休歇处，依前见山只是山，见水只是水。"[②]

---

① In D. T. Suzuki, *Zen and Japanese Culture*, p.16.
② 引自《景德传灯录》。此书为北宋僧人原道撰于景德元年（1004），故名。书中记载佛家 52 世 1701 人，尤详于禅宗青原系诸家历史。记言记行，是研究禅宗历史的重要文献。——译者注

　　禅宗对自然性的自发性的强调无疑是来源于道家，但是这种强调的依据却完全是佛教的。禅宗相信我们原初的本性是完美的，因而认为觉悟的过程只不过是变成我们当初就已是的那样。当禅宗大师百丈被问及寻求佛性的问题时，他答道：“就像骑着牛找牛”。

　　现在日本有两个主要的禅宗流派，他们的传授方法不同。临济宗[8]或顿悟派[9]用公案的方法，主要是定期谒见宗师，称为“参禅”[10]这在前面的一章里已经讨论过。在参禅时，要求弟子对于待解答的公案说出自己的看法。解答一段公案需要长时间的高度专注，最终突然觉悟。有经验的大师知道弟子在什么时候达到了顿悟的边缘，在这时他们会以令人意想不到的动作，例如棒击或大喝一声，使弟子震惊而进入觉悟的境界。

　　曹洞宗[11]或渐悟派[12]不采用临济宗的震惊法，其目的在于使弟子逐渐达到成熟，“如春风抚花助花开。”[1]他们提倡以“静坐”与人的日常工作作为沉思的两种形式。

　　曹洞宗和临济宗都非常重视坐禅[13]。在禅宗寺院里，每天要坐禅许多小时，每个禅宗弟子首先必须学习的就是这种沉思方式的正确姿势和呼吸方法。临济宗以坐禅来为处理公案准备直觉的思维，而曹洞宗则认为这是帮助弟子成熟，并朝觉悟渐进的重要方法。除此之外，坐禅还被看作真正地体现人的佛性和身心无上和谐的融合。禅宗有一首诗说：

“兀然无事坐，

春来草自生。”[2]

---

① P. Kapleau, *Three Pillars of Zen*, p.49.

② From *Zenrin Kushu*; in A. W. Watts, op. cit., p.134.

因为禅宗认为醒悟表现在日常事务中，所以它对日本传统生活方式的一切方面都有很大的影响。其中不仅包括绘画、书法、园林设计和各种工艺等艺术，还包括茶道、插花等礼仪活动，箭术、剑术和柔道等武术。在日本，这些活动中的每一种都称为"道"，也就是通往醒悟之"道"或道路。它们都在探究着禅宗经验的不同特点，都可以被用来训练思维，使之接触那终极的实在。

我曾经谈到过，日本"茶道"礼仪性的缓慢动作，书法和绘画所要求的手的自然运动以及"武士道精神"，所有这些技艺都是禅宗生活的自然、简单和绝对镇定等特点的表现。它们都要求技艺上的完美，而只有超越了技术，技艺成为下意识的"无艺之艺"时，才是达到了真正的精通。

在赫里格尔（E. Herrigel）写的《箭术中的禅宗》这本小册子里，我们有幸读到对这种"无艺之艺"的精彩描述。赫里格尔用了五年多的时间，跟随一位著名的日本大师学习他那神秘的技艺。这本书讲述了他如何亲身通过射箭术来体验禅宗。他描写了人们如何向他演示射箭就像一种宗教仪式，以自发、轻松和漫不经心的动作来"作舞"。他进行了多年刻苦的训练，来转化自己的整个身心，以便学会如何以一种轻松自如的力量"从精神上"拉开弓，并且"毫不刻意地"松开弦，让箭像"熟果子一样从弓箭手那儿落下"。当他达到完美的高度时，弓、箭、靶和弓箭手都互相融合，他自己不射箭，而是"它"[1] 在为他射箭。

赫里格尔关于箭术的描述，是对禅宗最完美的描述之一，因为它根本就没有提及禅宗。

---

① "它"在此指神秘主义的体验，参见上文。——译者注

第三篇　相似性

第十章 一切事物的统一性

图 10.1

　　虽然前面五章中描述的几种宗教传统在许多细节上有所不同，但是它们的宇宙观基本上是相同的。这种宇宙观依据的是神秘的经验，也就是对实在的非理性的直接经验。这种经验具有许多与神秘主义者的地理、历史或文化背景无关的基本特点。印度教徒与道家可能强调这种经验的不同方面，日本佛教徒解释自己的经验所用的措辞可能与印度佛教徒甚为不同；但是在所有这些传统中发展起来的宇宙观的基本要素都是相同的。这些要素看起来也就是在近代物理学中形成的宇宙观的基本特点。

　　东方宇宙观最重要的特点，也可以说是它的精髓，就是认识到一切事物的统一性和相互关联，以及体会到世界上所有现象都是一个基本统一体的表现。一切事物都被看作这个宇宙整体中相互依赖和不可分割的部分，是同一终极实在的不同表现。东方的传统总是谈到这个不可分割的终极实在，它表现在一切事物之中，一切事物都是它的部分。它在印度教中称为"梵"，在佛教中称为"法身"，在道教中称为"道"。由于它超越一切概念和范畴，佛家也称之为"真如"：

"作为'真如'，灵魂指的是一切事物总体的统一性，那无所不包的巨大整体。"①

在平常的生活中，我们觉察不到所有事物的这种统一性，而是把世界分割成个别的物体和事件。当然，这种分割对于应付我们的日常环境来说是有用和必要的，但是它并不是实在的基本特征。这是我们进行辨别和分类的思维能力所做的抽象分割。认为自己关于个别"物体"和"事件"的概念就是自然界的实在，乃是一种错觉。印度教徒和佛教徒告诉我们，这种错觉的根源是"无明"，即无知，是头脑被"摩耶"所迷惑而产生的。因此，东方神秘主义传统的主要目的，就是通过沉思，使思想集中和宁静，来重新调节头脑，在梵语中，"三昧"(1)这个词的含意是"精神上的稳定"。它指的是那种稳定而宁静的精神状态，在这种状态下能够体会宇宙的基本统一性：

"一个进入纯粹的三昧的人，会获得看透一切的洞察力，使他变得能够悟知宇宙的绝对整体性。"②

宇宙的基本统一性不仅是神秘经验的主要特征，也是近代物理学

---

① Ashvaghosha, *The Awakening of Faith*, p.55.
② Ashvaghosha, *The Awakening of Faith*, p.93.

最重要的发现之一。它在原子的层次上变得明显起来，并且随着我们深入物质内部，直到亚原子粒子的范畴，它也就变得越来越明显。所有事物的整体性将再次作为贯穿我们对近代物理学与东方哲学进行比较的主题。在研究亚原子物理学的各种模型时，我们将会看到，它们一再以不同方式表达着同样的见解，那就是，物质的成分和涉及它们的基本现象，都是相互有关、相互联系和相互依赖的，不能把它们看作孤立的存在，而只能把它们看作组成整体的部分。

量子理论是关于原子现象的理论，在这一章里，我将讨论关于自然界相互联系的概念，是怎样通过仔细地分析观察过程，而在量子理论里被提出的。[①] 在进行讨论之前，我必须再次提起，一个理论的数学模型与用语言对它所做的解释之间的差别。量子理论的数学框架已经经受了无数次成功的检验，现在普遍承认它是对一切原子现象自洽而准确的描述。但是，对它所做的语言解释，也就是量子理论的形而上学[(2)]的根据却远远不够坚实。事实上，在四十多年的时间里，物理学家们一直未能提出一个明确的形而上学模型。

下面的讨论是根据哥本哈根学派[(3)]对量子理论的解释，这是玻尔和海森伯在 20 世纪 20 年代后期发展起来的，而且至今仍然是被最为广泛承认的模型。我在讨论中，将仿照加州大学斯塔普（H. Stapp）的表达方式，[②]集中讲述这个理论的某些方面和在亚原子物理学里经常

---

① 作者虽然略去了所有的数学表达式，并且在相当大的程度上简化了分析，但是下面的讨论可能仍然显得专业和枯燥。读者或许可以把它看作练瑜伽，像东方传统中许多宗教修行方法那样，可能不太有趣，但是能把你引向对事物实质本性深刻而美妙的洞识。

② 量子理论的其他方面将在以后的几章中讨论。

遇到的某些类型的实验情况。[①] 斯塔普的论述最为清楚地说明了量子理论是如何具有自然界基本相互联系的含意。此外，它还把理论放在便于向亚原子粒子的相对论模型推广的框架之中。以后我们将讨论这些模型。

哥本哈根解释的出发点是把物质世界划分为被观测的系统（"客体"）和进行观测的系统。被观测的系统可以是一个原子、一个亚原子粒子，或者是一个原子过程等等。进行观测的系统包括实验仪器以及一个或数个观察者。由于它以不同的方法处理这两个系统，这造成了严重的困难。进行观测的系统是按照经典物理学来描述的，然而经典物理学的术语始终如一地描述被观测的"客体"，我们知道经典物理学的概念在原子的层次上不适用，却仍然不得不用它们来描写自己的实验和叙述实验结果。我们无法摆脱这种充满矛盾的处境。经典物理学的专业语言只不过是精炼了的日常语言，而这就是我们在交流自己的实验结果时不得不采用的唯一语言。

在量子理论中，用概率来描写被观测的系统。这就意味着，我们永远无法确定地预测一个亚原子粒子于某一时刻将在何处，或者一个原子过程将如何发生。我们所能做的只是预测事物发生的可能性。例如，目前已知的大部分亚原子粒子都是不稳定的，也就是说，经过一定时间以后，它们将分裂（或衰变）[(4)] 成其他粒子。然而，要想准确地预测这个时间是不可能的。我们只能预测经过一定时间以后衰变的概率，或者换句话说，大量同种粒子的平均寿命。对于衰变方式来说，情况也是如

---

① H. P. Stapp, "S-Matrix Interpretation of Quantum Theory", *Physical Review*, vol.D3 (March 15th, 1971), pp.1303-1320.

此，一个不稳定的粒子通常可以衰变为其他粒子的不同组合，我们同样也不能预测一个特定的粒子将选择何种组合。我们所能预测的全部只是概率，例如，大量粒子中的百分之六十将以某种方式衰变，百分之三十以另一种方式，百分之十则以第三种方式衰变。要证实这种统计性的预测，显然需要进行多次的测量。实际上，在高能物理学的碰撞实验[5]中，要记录粒子的几万次碰撞，并且进行分析，才能测出一个特定过程的概率。

重要的是要认识到，原子和原子核物理的统计表述并不像保险公司或者是赌徒利用概率一样，反映着我们对物质的情况无知，在量子理论中我们开始认识到，概率是原子实在的基本特征，它控制着一切过程，甚至包括物质的存在。亚原子粒子并不确定地存在于某些特定的位置上，而是显示出"存在的倾向"，原子事件也不是以确定的方式发生在确定的时间，而是显示出"发生的倾向"。

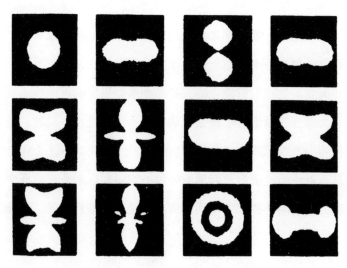

图 10.2　概率图样的形象化模型

例如，我们不能确定地说出，一个电子在某个时间将存在于原子中的何处。它的位置取决于使它与原子相结合的吸引力，以及原子中其他电子的影响。这些条件决定一种概率图样，这种图样表示电子存在于原子中不同区域的倾向性。下面的图形显示出这种概率图样的一些形象化的模型。电子有可能在图形的明亮处找到，而未必存在于图形的暗黑处。重要的一点是，整个图形代表在一定时间之内的电子。在图形中，我们不能谈到电子的位置，而只能谈论到它在某个区域的倾向。在量子理论的数学表述中，这些倾向性，或者说概率，是用所谓概率函数来表示的。概率函数是与在不同时间、不同位置上找到电子的概率有关的数学量。

实验的安排用经典的术语来描述，被观测的客体则用概率函数来描述，这两种描述之间悬殊的差别引起了深刻的形而上学问题，至今尚未解决。然而在实际情况下，是靠采用专业术语，也就是科学家们建立实验装置和进行自己的实验所遵循的要则来描述进行观测的系统，以便避开这些问题。这种方法能够有效地将测量设备与科学家结合成一个复杂的系统，它不具有明显而清晰的部分，也不必把实验仪器描述为独立的物理实体。

举一个恰当的例子将有助于对观测过程做进一步的讨论。可以用来作为例子的最简单的物理实体就是亚原子粒子，例如电子。如果要观察和测定这样的一个粒子，我们首先必须把它孤立起来，或者甚至通过一个过程产生一个电子，这种过程称为准备过程。一旦准备好待观测的粒子，便可以观测它的性质，这就是测量过程。可以将这一情况象征性地表述如下：在区域 A 准备好一个粒子，它从 A 转移到 B，然后在区域 B 进行测量。实际上，准备粒子和进行测量可以构成整个一系列相当复杂的过程。例如，在高能物理学的碰撞实验中，准备用作"射弹"的粒子在粒子加速器[6]里，沿着环形轨道被加速到足够高的能量。当达到所需要的能量时，我们就使这些粒子离开加速器（A），转移到靶[7]区（B），它们在那里与其他粒子相碰撞。这些碰撞发生在气泡室里，粒子在其中产生可见的径迹并被拍摄下来。然后，我们对粒子的径迹进行数学分析，来推断粒子的性质，这种分析可能相当复杂，并且往往要借助于计算机，所有这些过程和活动构成了测量的行为。

在对观测过程所做的这一分析中很重要的一点就是，粒子构成了联系着 A 处的过程和 B 处的过程的中介系统。只有在以下情境中，它的存在才有意义，即不是作为一个孤立的实体，而是作为准备过程与测量过程之间的联系。不能脱离这些过程来定义粒子的性质。如果改变了准备方法或测量方法，粒子的性质也将随之而改变。

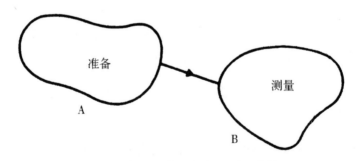

图 10.3　在原子物理学中观测一个粒子

另一方面，当我们谈到"粒子"或者其他任何被观测的系统时，实际上我们想的是一些独立的物理实体，它们先被准备好，然后被测量。于是，在原子物理学中进行观测时的基本问题，用斯塔普（H. Stapp）[8]的话来说就是，"我们要求被观测的系统是孤立的，以便给它下定义，然而又要求它发生相互作用，以便对它进行观测。"[1] 在量子理论中采取实用主义的方法来解决这一问题，就是在进行准备，随后在进行测量的这一段时间里，要求被观测体系不受观测过程引起的外部干扰的影响。如果准备实验的设备与进行测量的设备之间确实相隔很大的距离，以至于被观测的对象能从准备区转移到测量区，在这样的情况下就有可能满足上述条件。

那么，这一距离应该有多大呢？原则上说，应该是无穷远。在量子理论中，只有在距离进行观测的媒介物无穷远的情况下，才能给个别物理实体的概念精确地下定义。实际上，这当然是既不可能，又不必要的。在此我们不应忘记，近代物理学的基本观念是，它的所有概念和理论都是近似的。[2] 在所讨论的情况下，这就意味着个别物理实体不必具有精确的定义，但是可以被近似地定义。我们可以采用下述方法来做到这一点。

被观察的客体显示着准备过程和测量过程之间的相互作用。这种相互作用一般是复杂的，并且牵涉到在不同距离上起作用的各种效应。我们在物理学中的说法是，这种相互作用具有不同的"力程"[(9)]。于是，如果相互作用的主要部分是长程的，那么这种长程效应的现象就会在大距离上传播，它将不受外界的干扰，并且可以被看作明晰的物理实体。因此，在量子理论的框架里，个别物理实体是理想化的，只有在相互作用的主要部分具有长程特点的情况下才有意义。可以在数学上给这种情况精确地下定义。它在物理学上意味着测量设备放置得相距如此之远，

---

[1]　H. P. Stapp, "S-Matrix Interpretation of Quantum Theory", *Physical Review*, vol.D3 (March 15th, 1071), p.1303.

[2]　参见第二章末，关于牛顿力学适用范围的讨论。

以至于它们主要的相互作用是通过交换一个粒子，或者在较复杂的情况下，是通过交换粒子的网络[10]来实现的。同时，总是存在着其他效应，但是只要测量设备间隔的距离足够大，这些效应就是可略的。只有在测量设备放置得相距不够远的情况下，短程效应才会变得显著。在此情况下，整个宏观系统形成了一个统一的整体，因而关于被观测客体的概念也就不复存在了。

因此，量子理论从而揭示了宇宙本质上的相互关联性。它指出，我们不能把世界分解为独立存在的最小单元。[①] 在深入物质内部时，我们发现它是由粒子组成的，但它们不是德谟克利特和牛顿心目中的"基本结构单元"，而只是理想化的事物，从实用的观点来看，它们是有用的，但是并不具有根本的意义。用玻尔的话来说，"孤立的物质粒子是一些抽象的概念，只有通过它们与其他系统的相互作用，才能给它们的性质下定义，进行观测。"[②]

哥本哈根解释的量子理论并未被普遍地接受，当前存在着一些相反的看法，而且它所涉及的哲学问题也远未得到澄清。事物普遍的相互关联性看来是原子实在的基本特点，它不取决于数学上的特定解释。玻穆（D. Bohm）[11]是哥本哈根解释的主要反对者，在他最近的一篇论文中有下述一段话，极为雄辩地论证了这一事实：

"人们被引向关于不可分割的整体的新概念，它否定世界可以分解为独立存在的个别部分的这种经典概念。……一般的经典概念认为世界

---

① 详见后记中，贝尔理论的"非局域关联"对这种量子相互关系所做的讨论。

② N. Bohr, *Atomic Physics and the Description of Nature*, p.57.

上独立的"基元部分"是基本的实在，不同的系统只不过是这些部分特定的偶然形式和组合。与此相反，我们认为整个宇宙不可分割的量子相互关联才是基本的实在，而表现出相对独立性的部分，只不过是这个整体特定而偶然的形式。"[1]

于是在原子的层次上，经典物理学中坚实的物质对象化解为概率图像，而这些图像所表示的并不是事物的概率，而是相互关联的概率。量子理论迫使我们不把宇宙看作物质对象的集合，而把它看成是统一整体中不同部分之间复杂的关系网。而这正是东方神秘主义者体验世界的方式，他们之中的一些人描述自己的体验时所说的话，几乎与原子物理学家们完全一样。在这里举出两个例子：

"有形的物体变成……某种不同于我们现在看到的事物，不再是以自然界其余部分为其背景或环境的独立物体，而是自然界不可分割的一部分，甚至以一种微妙的方式体现着我们所看到的一切事物的统一性。"[2]

"事物从相互依存性中派生出自己的存在和性质，而就它们本身来说，却什么也没有。"[3]

如果上面两段话可以看作描述原子物理学家眼中的自然界的话，那

---

[1]　D. Bohm & B. Hiley, "On the Intuitive Understanding of Nonlocality as Implied by Quantum Theory", *Foundation of Physics*, vol.5 (1975), p.96, 102.

[2]　S. Aurobindo, *The Synthesis of Yoga*, p.993.

[3]　Nagarjuna, quoted in T. R. V. Muni, *The Central Philosophy of Buddhism*, p.138.

么下面两段话就可以看作对自然界的神秘体验的描述:[12]

"基本粒子不是独立存在、不可分解的实体,它本质上是一组外延而涉及其他事物的关系。"①

"从而世界呈现为事件的复杂交织。在其中,不同种类的关系相互交错、重叠或结合,决定着整体的结构。"②

在近代物理学中形成的相互关联的宇宙网络图像,在东方早就被广泛地用来表达对于自然的神秘体验,对印度教徒来说,"梵"就是使宇宙网络成为一体的线索,是一切存在物的终极基础:

"天空、大地和空气,

还有风和一切生灵都在它上面编织,

只有它才是唯一的灵魂。"③

在佛教中,宇宙网络的图像甚至起着更为重要的作用。《华严经》是大乘佛教④的重要典籍之一,它的精髓就是把世界描绘成完美的相互关系网。在其中,一切事物都以一种无限复杂的方式相互作用着。大乘佛教徒们详述了许多寓言和明喻,来说明这种普遍的相互关联。其中的一部分,我们将在下面联系近代物理学中"网络哲学"的相对论表述来

---

① H. P. Stapp, op. cit., p.1310.

② W. Heisenberg, *Physics and Philosophy*, p.107.

③ *Mundaka Upanishad*, 2.2.5.

④ 参见第六章末关于大乘佛教的论述。

进行讨论。最后，宇宙网络还在密宗[13]佛教中起着主要的作用。密宗佛教是大乘宗的一支，于公元 3 世纪前后起源于印度，现在是西藏佛教的主要流派。这个流派的经书称为"密藏[14]"，它的梵语词根的含义是"编织"，指的是一切事物的相互交织和信赖。

　　在东方神秘主义中，这种普遍的交织关系总是将观察者和他们的意识包括在内，在原子物理学中也是这样。在原子的层次上，只能通过准备过程和测量过程来了解所研究的对象。这一系列过程的结果总是存在于观测者的意识中。测量就是在我们的意识中引起感觉的相互作用，例如对闪光或者是照相底片上的暗斑的视觉。原子物理学的定律告诉我们，如果让被研究的原子对象与我们相互作用，它将以多大的概率来引起某种感觉。海森伯说："自然科学并不仅仅描写和解释自然界，它是自然界与我们自己之间相互作用的一部分。"[①]

　　原子物理学极重要的特点是，观测者不仅必须观测一个对象的性质，甚至还必须给这些性质下定义。在原子物理学中，我们不能仅就所研究对象的性质本身来进行讨论，这些性质只有在所研究的对象与观测者相互作用的过程中才有意义。用海森伯的话来说，"我们所观测的并非自然界本身。"[②]观测者决定着自己将如何安排测量，而这种安排将在某种程度上决定着被观测对象的性质。如果改变实验安排，被观测对象的性质也将改变。

　　可以用亚原子粒子的简单例子来说明这一点。在观测这样一个粒子时，我们可能想要测定粒子的位置和动量（动量的定义是粒子的质量与

① W. Heisenberg, op. cit., p.81.

② W. Heisenberg, op. cit., p.58.

其速度的乘积）。在下一章里我们将谈到海森伯测不准原理[15]，这是量子力学的一个重要定律，它告诉我们，永远无法精确地同时测定粒子的位置和动量。我们可以精确地测得粒子的位置，却对它的动量（从而也就对它的速度）一无所知，或者正好相反；另一种情况是，我们大致知道这两个量。重要的一点就是，这种限制与我们的测定技术无关。它是原子实在所固有的一种根本性限制。当我们想要精确地测定粒子的位置时，粒子就纯然不具有确定的动量，而当我们想要测定动量时，它就没有确定的位置。

因此，在原子物理学中，科学家无法作为独立的客观观察者而存在，而是被卷入自己所观察的世界中，以至于他影响着被观察对象的性质，惠勒（J. Wheeler）[16]认为，观察者的这种介入是量子力学最重要的特点，因此他提出，以"参与者"来代替"观察者"这个词。惠勒说：

"对于量子原理来说，没有什么比这一点更为重要，它摧毁了这样的概念，就是认为世界'坐落在一旁'，而观察者可以用一块20厘米厚的平板玻璃与它隔开。即使要观测像电子那样微小的对象，他也必须砸碎这块玻璃。他必须置身其中，他必须建立自己选用的测量装置，决定自己究竟是应该测定位置还是动量。要建立测定其中一个量的装置，就阻碍并排除了他去建立测定另一个量的装置的可能性。此外，测量能改变电子的状态。宇宙在以后将永远也不会是同样的。要描述已经发生了什么，我们不得不抛弃'观察者'这个旧词，代之以'参与者'这个新词。在某种奇妙的意义上来说，宇宙是共享的宇宙。"①

---

① J. A. Wheeler, in J. Mehra (ed.) *The Physicist's Conception of Nature*, p.244.

在近代物理学中，直到最近才提出"以参与者代替观察者"的看法，而这种看法却是任何神秘主义学者都熟知的。神秘的知识永远也无法仅仅靠观察得来，而是只能通过全身心地充分参与来获得。因此，对于东方的宇宙观来说，有关参与者的观念是至关重要的。东方的神秘主义者把这个观念推向了极端，以致观察者与被观察的对象、主体与客体不仅不可分割，还不可区分。原子物理学家认为，观察者与被观察对象不可分割，但是仍然可以区别。神秘主义者不满足于与原子物理学相似的处境，他们走得更远。在深度的沉思中，他们达到了观察者与被观察对象之间的区别完全消失，主体与客体融为统一而无区别的整体的境界。因此《奥义书》中说：

"可以说，如果存在着二元性，那么双方应能互相看到，互相感觉到，互相体验到——但是如果一切都变成仅仅是某人本身，那么他将如何去看见什么？如何去感觉什么？如何去体验什么？"①

这就是对一切事物统一性的最终理解。神秘主义者告诉我们，在个人的独立存在融入无差别的一体中的状态下才能达到这样的理解。在这种状态下，个人超越了感觉的疆界，抛弃了事物的概念。用庄子的话来说：

"堕肢体，黜聪明，离形去知，同于大通，此谓坐忘。"（17）②

---

① *Brihad-aranyaka Upanishad*, 4.5.15.

② *Chuang Tzu*. Trans. James Legge, ch.6.

　　当然，近代物理学是在一种十分不同的框架中考虑问题，因而也就不能如此深入地体验一切事物的统一性。但是，它已经在原子理论中，朝着东方神秘主义的宇宙观迈出了一大步。量子理论已经抛弃了基本独立的对象的概念，引入了参与者来取代观察者的概念，并且甚至能认识到必须把人的意识包括在它对世界的描述中。[①] 近代物理学已经达到把宇宙看成是物质的关系和精神的关系相互关联的网络，这个网络的各个部分只能通过它们与整体的联系来下定义。密宗佛教徒戈文达（A. Govinda）喇嘛的话看来极为恰当地概括了从原子物理学中产生的宇宙观：

　　"佛家不相信独立或孤立存在的外在世界，不相信自己能加入外在世界能动的力量中去。对于他来说，外在世界和自己的内在世界只是一块布的两面。在其中，各种力量和各种事件、各种形式的意识和它们的对象，都被织入一张不可分割、没有尽头、相互制约的关系网中。"[②]

---

① 关于这一点将在第十八章中做进一步的讨论。
② Lama Anagarika Govinda, *Foundations of Tibetan Mysticism*, p.93

第十一章　超越对立物的世界

　　当东方神秘主义者告诉我们，他们体验到一切事物都是基本统一体的表现的时候，这并不意味着他们宣称一切事物是等同的。他们承认事物的个性，但是同时也认识到，在包罗一切的统一体中，所有的差别和差异都是相对的。因为在我们常规的意识状态下，对于一切互不相同的事物的统一，特别是对立物的统一，是极难接受的，这是东方哲学最令人费解的特点之一。然而，这正是东方宇宙观的根本见识。

　　对立物是思想领域的抽象概念，因此它们是相对的。我们一旦把自己的注意力集中到任何一个概念上，也就创造了它的对立面。正如老子所说："天下皆知美之为美，斯恶已；皆知善之为善，斯不善已。"[1]神秘主义者超越了这个理性概念的领域，在超越它的同时，他们认识到一切对立物的相对性和两极关系。他们认识到善与恶、乐与苦、生与死，并不是不同范畴的绝对经验，而只是同一实在的两个侧面，是同一整体的两个极端。一切对立物都是两个极端，因而也就是一个统一体，这种认识在东方的宗教传统中被看作人们的最高目标。"在永恒的真理中，超越世俗的对立！"就是《薄伽梵歌》大神黑天提出的忠告，而佛教徒们也接受了同样的忠告。因此，铃木大拙写道：

　　教的基本思想就是要超越对立物的世界，这个世界是由理智的区分和感情的亵渎而建立起来的，并且去认识那无区别的精神世界，包括获得一种绝对的观念。"①

佛教的全部教义，实际上也是整个东方神秘主义都在反复思考的，就是这种绝对的观点，只有在"无念"(2)的境界里才能够达到。在其中，一切对立物的统一成为一种生动的体验，禅宗的诗中说：

"黄昏鸡报晚，
半夜日头明。"②

一切对立物都是两极的，光明与黑暗、胜与负、善与恶，都只是同一现象的不同方面，这种观念是东方生活方式的基本原则之一。因为一切对立物都是相互依存的，它们冲突的结局绝不会是一方的全面胜利，而总是表现为双方的相互影响。因此，在东方，一个君子不会去做力求善而消灭恶这种办不到的难事，而是要保持善与恶之间的一种动态平衡。

在东方神秘主义中，这种动态平衡的观念对于体验对立面的统一来说是必不可少的。它永远也不是一种静态的同一性，而常常是两个极端之间的一种动态的相互作用。中国的圣贤们，以他们阴、阳太极的象征说法，最为广泛地强调了这一点。他们把隐藏在阴和阳后面的统一体称为"道"，并且把它看作造成它们之间相互作用的过程③："一阴一阳谓之道。"④

---

①　D. T. Suzuki, *The Essence of Buddhism*, p.18.

②　Quoted in A. W. Watts, *The Way of Zen*, p.117.

③　R. Wilhelm, *The Ching or Book of Changes*, p.297.

④　参见第七章，译者注释 14。

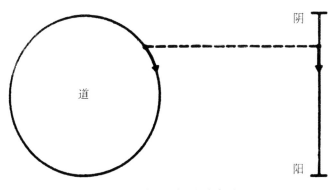

图 11.1　对立两极的动态统一

可以用圆周运动及其投影作为一个简单的例子，来说明两个极端对立物的动态统一。假设有一个球沿着圆周运动，这种运动如果投影到一个屏幕上，就变成在两个端点之间的摆动（为了与中国思想做对比，我在圆圈里写了"道"字，并且把摆动的两个端点标为阴和阳）。球以匀速沿着圆周运动，但是在投影中，当它达到端点时，它就慢下来，反转方向，重新加速，然后再次减速，就是这样无穷尽地循环。在任何一个这种投影中，圆周运动看起来就像是在相对的两点之间的摆动，但是运动本身却是超越对立面而统一的。这种对立面动态统一的形象化的比喻，在中国思想家的头脑里确实很丰富。例如，从我们前面引用过的《庄子》中的一段话当中就可以看出来：

"彼是此，莫得其偶，谓之道枢。枢始得其环中，以应万变。"[①]

生活中最重要的极性之一，就是人类本性中的男性方面和女性方

---

① 参见第八章，译者注释 8。

面，像对于善与恶、生与死一样，我们有对自身男性/女性两极感到不安的倾向。因此，我们不是突出这一方面，就是突出那一方面。我们不承认每个男子和每个妇女的个性都是男性因素与女性因素之间相互作用的结果，而是假设所有的男子都具有男子气概，所有的女子都有女性气质，据此去建立一种静止的状态，并且赋予男子主导地位和大部分社会特权。这种态度致使人们过分强调人类本性中阳的方面，或者说男性方面，包括活动能力、理性思维、竞争、进取等等。阴性的，或者说女性的思想方式，则可以用直觉的、宗教的、神秘的、隐秘的，或者是通灵的，这样一些字眼来描写，在我们男性主导的社会里，它总是受到抑制。

湿婆（印度象岛，18 世纪）

　　在东方神秘主义中，发展了这些女性的思想方式，并且寻求着人性中两方面的统一，用老子的话来说，一个充分实现自我的人"知其雄、守其雌"。[3]在许多东方传统中，男性和女性思想方式之间的动态平衡，是进行沉思的主要目的，并且常常表现在艺术作品中。在象岛[4]印度神庙中，壮丽的湿婆塑像显示出这位神的三种面貌：右边是他男性的形象，代表阳刚之气和意志力；左边是他女性的方面，温柔而有魅力；中间则是这两方面在湿婆这位伟大的神祇优美的头部庄严的统一，流露出宁静和超常的冷漠。在同一座庙宇里，还把湿婆表现为阴阳人的体型，半男半女，这位神的身体和他（或她）面部安详的超然表情，再度象征着男性和女性动态的统一。

　　在密宗佛教中，男、女两极常常以两性的象征来表示。直觉的智慧被看作人性中被动和女性的品质，爱和同情心被看作主动和男性的品质；在顿悟过程中二者的结合，则以男神和女神狂热的两性拥抱来表现。东方神秘主义者断言，只有在较高的意识层次上才能体验到一个人男性和女性的这种统一。在这样的意识层次上，思维和语言的范畴被超越了，一切对立物都呈现为动态的统一体。

　　我曾经指出，近代物理学已经达到了类似的阶段，对亚原子世界的探索揭示了一个实在，这个实在一再超越语言和推理，而那些至今看起来是对立而不相容的概念原来是这个新的实在的一种最为惊人的特征。这些在表面上不相容的概念通常并不为东方神秘主义者所关心（虽然他们有时也关心），但是这些概念在实在的非一般层次上的统一，却与东方神秘主义相似。因此，近代物理学家只要把远东的某些主要教义与他们在自己领域中的经验相联系，就应当能够深刻地理解它们。

　　在亚原子层次上，可以找到近代物理学中有关对立概念相统一的例子。在这个层次上，粒子既是可以消灭的，又是不可消灭的；物质既是连续的，又是不连续的，而且力与物质只不过是同一现象的不同方面，我们将在以后的几章里广泛地讨论这些例子，所有这些例子都证明，对于亚原子粒子来说，对立概念的框架是太狭隘了。相对论对于描述亚原子世界是极为重要的，在相对论的框架下，由于亚原子进入了较高维，即四维的时空[5]，而超越了经典的概念。空间和时间本身曾经看起来是完全不同的两个概念，但是已经在相对论物理学中统一起来。这种根本的统一就是上述对立概念相统一的基础。像神秘主义者所体验到的对立统一一样，这种统一出现在较高的层次上，也就是在较高维上，像神秘主义者所体验到的一样，它是一种动态的统一；因为相对论的时－空实在，本质上是一种动态的实在，在其中，物体就是过程[①]，而且一切事物存在的形式都是动态类型的。

要体验那些表面上分离的物体在较高维中的统一，我们并不需要用相对论。从一维进入二维，或者从二维进入三维，也能体验到这一点。在本章开头举出的圆周运动及其投影的例子里，一维（沿直线）摆动的相对两极，在二维（平面上的）圆周运动中统一起来。下面的图给出另一个例子，是从二维转换到三维。

它显示出一个"面包圈"被一个平面水平截断。在这个平面的两维中，截面呈现为两个完全分离的圆盘，但是在三维中，却看得出它们是同一整体的不同部分。从三维进入四维，那些表面上是分离和不相容的物体，在相对论中也将达到类似的统一。在相对论物理学的四维世界中，力与物质是统一的；物质可以呈现为不连续的粒子，或者是连续的

---

① "物体就是过程"这句话的含义参见本书第十三章后半部的内容。——译者注

场。然而，在这些情况下，我们不再能很好地对统一体作形象化的描述。物理学家能够通过他们的理论的数学公式来"体验"四维的时－空世界，但是和别的任何人一样，他们形象化的想象力只限于这个感觉得到的三维世界。因此，对于论述相对论物理学的四维世界，我们感到极为困难。

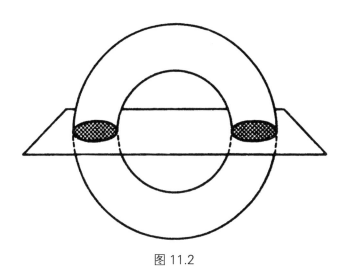

图 11.2

与此相反，东方神秘主义者却似乎能够直接而具体地体验较高维的实在。在深度沉思的状态下，他们能够超越日常生活的三维世界，去体验一种完全不同的实在；在其中，所有的对立物都统一成一个有机的整体。当神秘主义者试图用语言来表达自己的体验时，他们所面临的问题就和物理学家试图解释相对论物理学的多维实在时遇到的一样，用戈文达喇嘛的话来说：

"较高维的体验是通过综合意识中不同中心和不同层次的体验而获得的。逻辑思维进一步限制了思维过程，从而减少了表达的可能性。因此，在三维意识的层次和这种逻辑的体系中无法描述沉思的某些体验。"①

在近代物理学中，能够说明表面上矛盾和不相容的概念只不过是同一实在的不同方面的，不止相对论的四维世界这一个例子。这种对立概念统一的最著名的例子或许是原子物理学中关于粒子与波的概念。

物质在原子的层次上具有二象性，它看起来既像粒子又像波，而它究竟显示出哪一方面，取决于实际情况。在某些情况下，以粒子的这一方面为主，在另一些情况下，这些粒子表现得更像波，而且光和其他所有电磁辐射也都显示出这种二象性，例如，光以"量子"或者说"光子"的形式被发射和吸收，但是当这些光的粒子在空间传播的时候，它们看起来却像是振荡着的电磁场，显示出波的一切特性。人们通常认为电子是粒子，然而当一束这样的粒子穿过一个狭缝时，它被衍射的情况正像一束光穿过，换句话说，电子也表现得像是波。

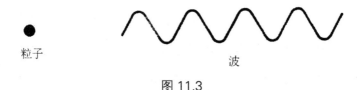

粒子　　　　　　　　　　　　　　波

图 11.3

物质和电磁辐射的这种二象性，的确最令人惊讶，并且引起了许多"量子公案"，它们引出了量子理论的系统阐述。我们对波的印象与对粒子的印象完全不同，波总是散布在空间中，而粒子则具有明确的位置。物理学家花了很长的时间才承认了这样的事实，就是物质以似乎互不相

---

① Lama Anagarika Govinda, *Foundations of Tibetan Mysticism*, p.136.

容的方式出现；粒子也是波，波也是粒子。

一个外行看到这两幅图可能引起这样的想法，就是认为只要把右边的图说成是代表一个沿着波状曲线而运动的粒子，就可以解决这个矛盾。然而，这种看法是出于对波的性质的误解。自然界中不存在沿着波状曲线运动的粒子，例如，水的分子并不随波浪移动，而是在波浪经过时，沿圆周运动。类似地，声波中的空气分子只是前后振动，但是并不随声波而被传播。沿着波传播的是引起波动现象的扰动，而不是任何物质粒子。因此，在量子理论中，当我们谈到粒子也是波时，我们所说的并不是粒子的轨迹。我们的意思是，整个波的图像是粒子的一种表现。行波的图像与移动着的粒子是如此之不同，用威斯科普夫（V. F. Weisskopf）[6]的话来说，"它们的差别就像湖里水波的概念，与朝着同一个方向游动的鱼群之间的差别一样。"[①]

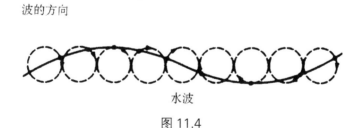

波的方向

水波

图 11.4

在整个物理学中可以遇到许多不同的波动现象，并且每逢出现这种现象时，都可以用同样的数学公式来描述。用同样的公式描述光波、振动的吉他弦、声波或水波。在量子理论中，这些公式又被用来描写与粒子相联系的波。然而，这种波要抽象得多。它们与量子理论的统计性质

---

① V. F. Weisskopf, *Physics in the Twentieth Century*, p.30.

密切相关, 也就是说, 与原子现象只能用概率来描写这一事实密切相关。与粒子的概率有关的信息包含在一种被称为概率函数⁽⁷⁾的物理量中, 这种物理量的数学形式就是波的数学形式, 也就是说, 它与用来描写其他类型的波的数学形式相似。但是, 与粒子相联系的波并不是像水波或声波一样的"真正的"三维波, 而是"概率波"。这是一种抽象的数学量, 它与在不同的位置上找到具有不同性质的粒子的概率有关。

从某种意义上说, 引进概率波, 就是把"粒子是波"这个难题置于全新的思路中来加以解决, 但是同时也引起了另外两个对立的概念, 它们甚至更为基本, 这就是关于存在与不存在的概念, 原子的实在也超越了这两个对立的概念。我们永远不能说一个亚原子粒子存在于某处, 也不能说它不存在。

作为一种概率的图像, 粒子具有存在于不同处所的倾向, 从而表现为一种介于存在与不存在之间的奇特的物理实在。因此, 我们不能以固定不变的对立概念来描述粒子的状态。粒子既不存在于确定的位置上, 又不是不存在。它既不改变自己的位置, 又不保持静止。概率图像发生变化, 粒子存在于某处的倾向就也随之而发生变化。用奥本海默的话来说:

"例如, 如果问, 电子是否保持同一位置, 我们应当回答'不'; 如果问, 电子的位置是否随时间而变化, 我们应当回答'不'; 如果问, 电子是否静止, 我们应当回答'不'; 如果问, 它是否在运动, 我们应当回答'不'。"^①

---

① J. R. Oppenheimer, *Science and the Common Understanding*, pp.42-43.

和东方神秘主义者的实在一样，原子物理学家的实在超越了对立概念的狭隘框架。因此，奥本海默的话似乎响应着《奥义书》中的话：

"它动。它不动。

它既远又近。

它既在这一切之内，

又在这一切之外。"[①]

力与物质、粒子与波、运动与静止、存在与不存在，这些就是在近代物理学中被超越的一些对立的或者是矛盾的概念。在所有这些对立概念中，最后的一组似乎最为基本，然而在亚原子物理学中，我们甚至也超越了存在与不存在的概念。这就是量子理论的特点，它最令人难以接受，而它正是下面要讨论的，有关对量子理论的解释的核心问题。同时，超越存在与不存在的概念，也是东方神秘主义最令人费解的一个方面。像原子物理学家一样，东方神秘主义者也讨论这种超越存在与不存在的实在，而且他们常常强调这个重要事实。因此，马鸣写道：

"'真如'既不存在，又并非不存在，既不是同时存在和不存在，又并非不是同时存在和不存在。"[②]

[①]　*Isa-Upanishad*, 5.

[②]　Ashvaghosha, *The Awakening of Faith*, p.59.

面对着这种超越对立概念的实在，物理学家和神秘主义者不得不采取特殊的思维方式，他们不把思想固定在经典逻辑的僵硬框架中，而是使其观点保持运动和变化。例如，在原子物理学中，我们现在已经习惯于同时用粒子和波的概念来描写物质。为了应付原子的实在，我们已经学会了如何运用这两种图像，从其中一种转换到另一种，再转换回来。这恰恰是东方神秘主义者试图解释自己关于超越对立物实在的体验时的思维方式。用戈文达喇嘛的话来说：“东方的思维方式颇像是在围着所思考的对象绕圈子，……来自不同观点的简单形象的交叠，形成了一种多方面的，也就是多维的印象。”[①]

为了弄清在原子物理学中，如何能在粒子图像与波的图像之间来回变换，让我们更详细地讨论波与粒子的概念。波是在空间和时间中的一种振动的模式。我们在某一时刻观察它时，会看到在空间中的一种周期性的图形，像下面图中的例子那样。这种图形可以用振幅 A（即振动的幅度）和波长 L（即两个相继的波峰之间的距离）来描写。另外一种做法是，我们观察波上某一点的运动，将会看到以某种频率为特征的振荡。所谓频率就是这个点在每秒钟内来回振荡的次数。现在让我们转过来讨论粒子的图像，按照经典的概念，粒子在任何时刻都具有确定的位置，而且它的运动状态可以用速率和它运动的能量来描写。以高速运动的粒子也具有高能量。实际上，物理学家很少用“速度”来描写粒子的运动状态，而宁愿用一种我们称为“动量”的物理量，它的定义是粒子的质量与其速度的乘积。

---

① Lama Anagarika Govinda, "Logic and Symbol in the Multidimensional Conception of the Universe", *Main Currents*, vol.25, p.60.

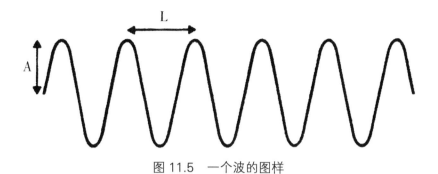

图 11.5　一个波的图样

于是量子理论把某一位置上波的振幅与在该处找到粒子的概率相联系，从而把概率波的性质与对应粒子的性质联系在一起。如果我们寻找粒子，在振幅大的地方很可能找到它，在振幅小的地方则未必能找到。例如，上述图中的波列，在它全部长度范围内都具有相同的振幅，因此在波上任一处找到粒子的可能性都一样大。[①]

波的波长和频率包含着有关粒子运动状态的信息。波长反变于粒子的动量，这就意味着波长短的波对应以高动量运动（从而具有高速度）的粒子。波的频率正变于粒子的能量，具有高频率的波，意味着粒子具有高能量。例如在光的情况下，紫光具有高频率和短波长，因此是由高能量和高动量的光子组成的，而红光具有低频率和长波长，对应低能量和低动量的光子。

像我们所举的例子中那样散布着的波，无法告诉我们多少有关对应粒子的位置的信息。在波上任一处找到粒子的可能性都相同。但是，我们常常遇到这样一些情况，那就是粒子的位置在某种程度上是已知的。

---

① 在这个例子里，我们不应当认为在波峰处找到粒子的可能性比在波谷处为大。图中波的静态图形只是"闪拍"一样连续振动。实际上，波上的每一点都以周期性的间隔达到峰顶。

例如，在描述原子里的电子时。在这种情况下，在不同位置上找到粒子的概率必然限于某一范围。在这个范围之外找到粒子的概率必然为零。像下面图中那样的波形就是这种情况，它对应被限制在 X 区域的粒子。这种图形称为波包[8][①]。它由几种具有不同波长的波列组成，在 X 区域之外，这些波列相消地互相干涉[②]，所以总振幅为零，在那里找到粒子的概率也就是零，而这些列在 X 区域之内得波却构成上面的图形。这种图形表明，粒子位于 X 区域内某处，但是并不能让我们进一步知道粒子的位置。我们只能给出这个区域之内的各点上粒子存在的概率。（粒子最可能出现在中心，因为那里的概率振幅较大，而较少可能出现在波包的端点附近，因为那里的振幅小。）因此，波包的长度表示粒子位置的不确定性。

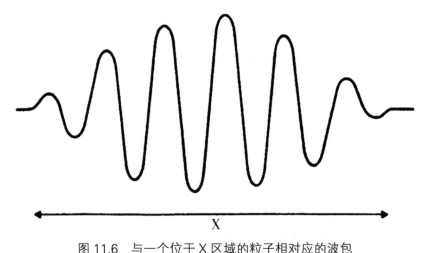

图 11.6　与一个位于 X 区域的粒子相对应的波包

---

① 为简单起见，我们在此只讨论一维空间，也就是粒子在一条线上某处的位置，第十章中的概率图样是二维的例子，对应较复杂的波包。

② 参见图 3.1.。

这样的一种波包的重要性质就是它的波长不确定，也就是说，在整个图形中，相继的两个波峰之间的距离不相等。波长分散[9]的程度取决于波包的长度：波包越短，波长的分散越大。这些情况与量子力学无关，只取决于波的性质。波包不具有确定的波长。当我们把波长与对应粒子的动量联系起来的时候，量子理论就开始起作用了。如果波包不具有确定的波长，那么粒子也就不具有确定的动量。这就意味着，不仅粒子的位置不确定，而且它的动量也不确定，前者对应波包的长度，后者则是由波长的分散造成的。这两种不确定性是互相联系的，因为波长的分散（即动量的不确定性）取决于波包的长度（即取决于位置的不确定性）。如果我们想较精确地测定粒子的位置，也就是说，如果我们想把波包限制在一个较小的区域内，其结果将是波长的分散增大，进而粒子动量的不确定性也增大。

粒子位置和动量的不确定性之间这种关系的精确的数学形式称为海森伯测不准关系，或测不准原理。它的含义是，在亚原子世界里，我们永远无法同时非常准确地知道一个粒子的位置和动量，我们对粒子的位置测定得越准确，它的动量就越不确定，反之亦然。我们可以决定去精确地测定这两个量中的任一个，但是我们也就会对另一个量全无所知。我们在上一章里指出，重要的是要认识到这种限制并不是由我们测量技术的不完善造成的，而是一种原则性的限制。如果我们决定去精确地测定粒子的位置，粒子就完全不具有确定的动量，反之亦然。

粒子位置与动量的不确定性之间的关系并不是测不准原理的唯一形式。其他的物理量之间也存在着类似的关系，例如，原子事件发生的时间和所包含的能量。只要不把我们的波包看成是在空间中的图形，而是看成是在时间中的振动图形，就可以十分容易地看出这一点。当粒子经过某个观测点时，在这点上波形振动的振幅在开始时很小，随即增大，然后再次减小，直到最后振动完全停止。它经历这一图形所需要的时间代表粒子经过我们的观测点的时间。我们可以说，粒子是在这个时间间隔内经过的，却不能进一步确定它经过的时间。因此，振动图形的持续时间代表事件在时间上的、位置的不确定性。

于是，和波包在空间中的图形不具有确定的波长一样，在时间中相应的振动图形也不具有确定的频率。频率的分散取决于图形持续的时间，由于量子理论将波的频率与粒子的能量相联系，图形中频率的分散也就对应粒子能量的分散。一个事件在时间上的不确定性从而变得与能量的不确定性相联系，其联系的方式和粒子在空间中位置的不确定性与其动量的不确定性之间的联系一样。这就意味着，我们永远无法同时非常准确地知道一个事件发生的时间和它所包含的能量。在一个很短的时间间隔内发生的事物含有能量上很大的不确定性；含有精确的能量的事件，只有在很长的时间范围内发现。

测不准原理根本的重要性在于，它以精确的数学形式说明了我们经典概念的局限性。正如前面描述的那样，亚原子世界看起来就像是一个统一整体不同部分之间的关系网。我们的经典概念来自我们通常的宏观经验，所以不完全适用于描写亚原子世界。首先，关于明确的物理实体（例如一个粒子）的概念就是一种理想化的看法，并不具有根本的意义，我们只能通过它与整体的联系来下定义，这些联系是统计性的，是概率而不是必然性。当我们用位置、能量、动量等等经典概念来描写这样一种物体的性质时，我们会发现一些成对的概念相互联系，并且不能同时精确地下定义，我们越是把一个概念强加在一个物理"客体"上，另一个概念就会变得越不确定，测不准原理给出了二者之间精确的关系。

N. 玻尔的盾形纹章

　　为了更好地理解成对的经典概念之间的这种关系，玻尔引入了互补性的概念[10]。他认为粒子图像与波的图像是对同一实在的两种互补的描述，其中每一种都仅是部分正确的，并且只在有限的范围内适用。要全面地描写原子的实在，每一种图像都需要，而且它们都只在测不准原理所给定的限度内适用。

　　这种互补性的概念已经成为物理学家对自然界进行思考的方式中

很重要的组成部分。玻尔常常指出，这种概念在物理学的领域之外也可能是有用的。事实上，2500 年以前，人们就已经证明，互补性的概念极为有用，它在古代中国思想中起着重要的作用。古代中国思想所依据的见识就是处于两极（或互补）关系中的对立概念，中国的圣贤们用"阴""阳"两极来表达对立面的这种互补性，并且把它们之间动态的相互作用看成一切自然现象和一切人类境遇的本质。

玻尔充分地认识到他的互补性概念与中国思想之间的相似性。他是在详尽地阐述了自己对量子理论的解释之后，于 1937 年访问了中国，古代中国关于对立两极的概念使他产生了深刻的印象。10 年之后，他由于在科学上的杰出成就和对丹麦文化生活的重要贡献而被封爵，当他必须为自己的礼仪罩袍选择一个适当的图案时，他选定了中国的"太极"图，这个图形象征着"阴""阳"对立两极的互补关系。玻尔通过为自己的罩袍选择这个标记和"对立物是互补的"（Contraia sunt complementsa）的题词，来表示他认可古代东方的智慧与现代西方的科学之间深刻的和谐一致。

第十二章　空间与时间

$$R_{\mu\nu} - \tfrac{1}{2} g_{\mu\nu} R = \kappa T_{\mu\nu}$$

图 12.1

近代物理学已经极引人注目地证实了东方神秘主义的一个基本概念，这就是，我们用来描写自然界的所有概念都是有限的，它们并不像我们想象的那样是实在的特征，而是在头脑中产生的；它们是地图的组成部分，而不是疆土的组成部分。每当我们扩展自己经验的范围的时候，理性思维的局限性就会变得明显起来，因此我们不得不修改或者甚至抛弃掉自己的某些概念。

关于空间和时间的概念在我们实在的"地图"上显得很突出。我们用它们来使环境中的事物显得有序，因此，它们不仅在我们的日常生活中，而且在我们试图通过科学和哲学来理解自然时，都是最为重要的，任何物理学定律的阐述都需要空间和时间的概念。相对论给这些基本概念带来深刻变化，因而这是科学史上最伟大的革命。

经典物理学既依据三维的绝对空间概念，又依据作为独立的一维的时间概念。这种空间与所含的物体无关，并且遵从欧几里德几何定律；这种时间也是绝对的，并且以匀速流逝着，而与物质世界无关。在西方，这些空间和时间的概念在哲学家和科学家们的头脑中是如此根深蒂固，以至于被看作大自然毋庸置疑的真正性质。

以为几何学是自然界所固有的，而不是我们用来描述自然界的框架的一部分，这种信念起源于希腊的思想。论证几何学是希腊数学的主要特征，并且对希腊哲学有深刻的影响。它的方法是：从公认的公理出发，通过演绎的推论，由这些公理推导出定理。这种方法成为希腊哲学思想的特点。因此，几何学居于一切思维活动的中心，并且构成哲学训练的基础。据说，在雅典柏拉图学园[1]的大门上曾有这样的铭文，"不懂几何学的人不得入内"。希腊人认为，他们的数学定理表达真实世界严密的永恒真理，几何图形则表现着绝对的美。几何学被认为是逻辑与美的完美结合，因而被认为是神所创造的。因此，柏拉图的名言是："上帝是几何学家。"

由于几何学被看作上帝的启示，对于希腊人来说，天上显然应该呈现出完美的几何形状。这就意味着天体不得不做圆周运动。为了把这个图像描绘得更为接近几何图形，这些天体被想象成固定在一系列同心的水晶球上，这些球作为一个整体而运动，地球就在它们的中心。

在其后的若干世纪里，希腊的几何学继续对西方的哲学和科学有着强烈的影响。一直到 20 世纪初，欧几里德的《几何原本》[2]仍然是欧洲学校的标准教科书，而且在两千多年里，欧几里德几何学始终被看成是空间的真实性质。直到出现这位爱因斯坦，才使科学家和哲学家们认识到几何学并非自然界固有的，而是由人的头脑强加给它的。马尔根诺（H. Margenau）[3]说：

"相对论主要的认识是……几何是头脑的产物。只有在承认这个发现之后，思维才能不受约束地去修正关于空间和时间的由来已久的概念，探索给它们下定义的可能性范围，以及选择与观测结果相符的阐述方法。"①

与希腊人的哲学不同，东方的哲学总是坚持认为空间和时间是头脑中的构想。东方的神秘主义者把它们看成与思想上的其他概念一样，是相对的、有限的、并且是由于错觉而产生的。例如，在一部佛教典籍中有这样一段话：

"啊，僧徒们！佛陀教导我们，……过去、未来、物质的空间和每一个人都只不过是思维的形式、惯用的言辞，都只是从表面上看到的实在。"②

因此，几何学在远东从未达到过像在古希腊那样的地位，虽然这并不意味着印度人和中国人对它所知不多。他们广泛地应用几何学来建造具有精确几何形状的神坛、丈量土地和绘制星图，但是从来也不用它来确定抽象的永恒真理。古代的东方科学一般并不认为有必要使自然界符合一些直线或完美的圆的图形，这一事实也反映着他们在哲学上的这种看法。李约瑟在这一点上对中国的天文学所做的评论是很有趣的：

---

① In P. A. Schilpp (ed.) *Albert Einstein: Philosopher-Scientist*, p.250.
② Madhyamika Karika Vrtti, quoted in T. R. V. Muni, *The Central Philosophy of Buddhism*, p.198.

"中国的天文学家们并不认为有必要做出几何学形式的解释，宇宙万物中的有机组合遵从着各自的'道'和自己的本性，它们的运动可以用基本上是抽象形式的代数学[4]来论述。因此，中国人既不像欧洲天文学家那样，为了把圆看作最完美的图形而着魔，……也没有被囚禁在中世纪'水晶球牢笼'中的经验。"[1]

由此可见，古代东方的哲学家和科学家们早已具有相对论十分基本的看法，那就是我们的几何学概念并非自然界不可变的绝对性质，而是思维的创造。用马鸣的话来说：

"应该清楚地认识到，空间只不过是一种阐述的方式，它本身并不真正地存在。……空间只与我们进行阐述的意识相联系而存在。"[2]

我们关于时间的概念也是这样。东方神秘主义者把空间和时间的概念与特定的意识状态相联系。他们能够通过沉思来超越通常的状态，从而认识到通常关于空间和时间的概念并不是终极真理。由于他们神秘体验的结果而深化了的空间和时间概念，看上去在许多方面与近代物理学的概念相似，相对论是其中的一个例子。

那么，相对论究竟产生了什么样的新的时空观呢？它所依据的发现就是，空间和时间的所有测量都是相对的。其实空间描述的相对性并不是新的发现。早在爱因斯坦之前人们就已经知道，一个物体在空间中的位置

---

① J. Needham, *Science and Civilization in China*, vol.III, p.458.

② Ashvaghosha, *The Awakening of Faith*, p.107.

只能相对于某些其他物体来确定，一般是借助于三个坐标，坐标的原点可以说是观察者的位置。

为了以例子来说明这种坐标的相对性，可以设想有两个飘浮在空中的观察者正在像图上那样相对地观察着一柄伞。观察者 A 看见伞在自己的左边，并且稍稍倾斜，致使它的上端离他较近。另一方面，观测者 B 看见伞在自己的右边，并且它的上端离他较远。把这个两维的例子推广到三维，情况就变得很清楚了，那就是诸如"左""右""上""下""倾斜"等所有的空间描述都取决于观察者的位置，因而是相对的。关于这一点，在提出相对论之前物理学家就已经知道很久了。然而在经典物理学中，与时间有关的情况就完全不同了。人们假设两个事件在时间上的顺序与观察者无关。有关时间的那些描述，例如"先""后"或"同时"，都被认为具有独立于任何坐标系的绝对意义。

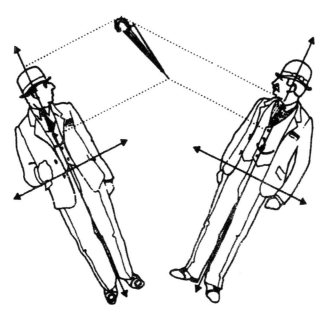

图 12.2　两个观察者，A 和 B，观察着一把伞

爱因斯坦认识到，时间的描述也是相对的。日常生活中的印象是，我们可以把自己周围的事件排列到唯一的时间顺序中去，这是因为与我们知道的其他任何速度相比，光的速度（约为每秒钟 30 万公里）是如此之大，以至于可以假设我们在事件发生的那一瞬间就看见了它们。然而这显然是不正确的。光从事件发生传播到观察者，是需要一些时间的。在正常情况下，这段时间是如此之短，以至于可以把光的传播看作瞬时的，但是在观察者以相对于被观察的现象而做高速运动的情况下，事件发生与观察到它之间的时间间隔，对于排出事件的顺序来说就是至关重要的了。爱因斯坦认识到，在这样的情况下，以不同速度运动着的观察者将把事件排列成不同的时间顺序。[①] 在一个观察者看来是同时发生的两个事件，对于别的观察者来说可以是以不同的时间顺序发生的。在普通速度的情况下，差别是如此之小，以至于不能探测到，但是在速度接近光速的情况下，它们将引起可以测定的效应。在高能物理学中已经得到公认，粒子是以近乎光速的速度运动并发生互动的，在这里，时间的相对性已得到公认，并已被无数的实验所证实。[②]

时间的相对性还迫使我们抛弃关于绝对空间的牛顿概念。这样的一种空间被看成是在每一瞬间都包含着物质的一定构架，但是既然同时性已被看成是取决于观察者运动状态的相对概念，也就不再能对整个宇宙来定义这样一个确定的时刻。某一特定时刻发生在远处的事件，对于一个观察者来说，可能发生得比对另一个观察者来说，要早一些或晚一

---

① 要推导出这个结果，必须考虑到对于所有的观察者来说，光速都是相同的。

② 请注意，在此情况下观察者在自己的的实验室里是静止的，但是他所观察的事件则是由以不同速度运动着的粒子引起的。效应是一样的。重要的是观察者与被观察事件的相对速度。至于二者之中的何者相对于实验室而运动，则与此无关。

些。因此，我们不能从绝对的方面来谈论"给定时刻的宇宙"，与观察者无关的绝对空间是不存在的。

相对论就是这样说明了一切与空间和时间有关的测量都失去了它们的绝对意义，并迫使我们抛弃关于绝对空间和绝对时间的经典概念。萨克斯（M. Sachs）[5] 在下面的一段话里清楚地表达了这一发展的至关重要：

> "爱因斯坦理论所带来的真正的革命……是抛弃了那种认为时－空坐标系作为一个独立的物理实在而具有客观意义的概念。相对论取代了这种概念，它的含义是，空间与时间的坐标只是观察者用来描述自己的环境时所用语言的要素。"[①]

出自一位当代物理学家的这番论述，说明了近代物理学的空间和时间概念与东方神秘主义者所持概念之间的密切近似。在前面已曾引述过，东方神秘主义者说，空间和时间"只不过是惯用的名称、思想形式和言辞"。

现在既然已经把空间和时间归结为一个特定的观察者描述自然现象所用语言的要素，也就是说，是一种主观的因素，每个观察者将以不同的方式来描述现象。要根据他们的描述来提取出某些普遍的自然定律，他们必须以这样的一种方式来表述这些定律，就是在所有的坐标系中，也就是对所有在任意位置和相对运动中的观察者来说，它们都具有同样

---

① M. Sachs, "Space-Time and Elementary Interactions in Relativity", *Physics Today*, vol.22 (Fedruary 1969), p.53.

的形式。这种要求被称为相对性原理[6]，事实上它就是相对论的出发点。有趣的是，相对论的萌芽包含在爱因斯坦只有 16 岁时遇到的一个难题中。他试图设想一个以光速随光束一同运动的光束在观察者眼中将会是什么样。他的结论是，这个观察者会看见光束是一个来回振荡，却并不前进的电磁场，也就是说，它形不成波。然而，这样一种现象在物理学中是未被发现的。因此，年轻的爱因斯坦认为，某些东西在一个观察者看来是熟知的电磁现象，即光波，在另一个观察者看来却是一种违背物理定律的现象，而这是他所不能接受的。在以后的几年里，爱因斯坦认识到，只有在所有空间和时间的描述都是相对的情况下，对电磁现象的描述才能满足相对性原理。于是，与运动着的物体有关的现象所遵从的力学定律、电动力学定律和电磁学理论，都可以在一个共同的"相对论的"框架中来描述，这个框架以时间作为第四个坐标，与三个空间坐标相结合，并且时间坐标也是相对于观察者而确定的。

为了检验是否能满足相对性原理，也就是说，自己的理论方程式是否在所有的坐标系里看起来都一样，我们当然必须能够把时空坐标系，或者说"参考系"[7]，转换为另一种坐标系。这种转换也称为"变换"，在经典物理学中早已熟知，并被广泛应用。例如，在图 12.2 中表示出两个参考系之间的转换，观察者 A 的两个坐标（图中用有箭头的十字表示出一个水平坐标和一个垂直坐标）中的每一个，都是观察者 B 的两个坐标的组合，反之亦然。很容易用初等几何学得出准确的表达式。

因为时间被当作第四维加到三个空间坐标，在相对论物理学中出现了新的情况。由于不同参考系之间的变换是把一个坐标系的每一个坐标表达为另一个坐标系各坐标的组合，一个坐标系的空间坐标一般会被表达为另一个坐标系的空间坐标和时间坐标的混合。这的确是一种全新的情况，坐标系的每一次变换都以数学上完全确定的方式，把空间和时间混合在一起。时间与空间不再能分开，因为一个观察者眼中的空间，在另一个观察者看来却将是空间与时间的混合。相对论已经指出，空间不是三维的，而且时间也不是独立的，它们不可分割地密切联系在一起，构成四维的连续体，称为时－空连续体。这种时－空概念是闵可夫斯基（H. Minkowski）[8]在 1908 年的一次著名讲演中提出的，他说：

"我要在你们面前提出的时－空观滋生于实验物理学的土壤，这是它力量的源泉。这一观点是根本性的。从今以后，空间本身和时间本身注定将消退成仅仅是影子，只有二者的一种结合才会保持着独立的实在。"[①]

空间和时间的概念对于描写自然现象来说是如此重要，以至于它们的改变引起我们在物理学中用来描写自然的整个框架的变动。在新的框架里，空间和时间处于同等地位，并且不可分割地联系在一起。在相对论物理学中，我们永远不能只谈空间而不提时间，或者只谈时间而不提空间。每逢描述与高速度有关的现象时，就必须采用这种新的框架。

在相对论问世以前，出于不同的缘由，在天文学中早已熟知空间与时间之间的紧密联系。天文学家和天体物理学家们所讨论的是极大的距离，光从被观察对象传播到观察者需要一些时间，这一事实在距离很大的情况下也是重要的。由于光的速度是有限的，天文学家所观察的从来就不是当前状态下的宇宙，而总是它过去的状态。光从太阳传播到地

---

① In A. Einstein et al., *The Principle of Relativity*, p.75.

球需要 8 分钟，因此我们在任何时刻看到的太阳都是它在 8 分钟以前的状况。同样地，我们看到的距离地球最近的恒星，是它在 4 年以前的状况，我们用最强大的望远镜能够看到一些星系在几百万年以前的状况。

对于天文学家来说，光的有限速度绝不是一个障碍，而是大为有利的。它使得他们只要朝着空间看，再看回时间，就能够观察星体的演化、星团，或者是处于各阶段的星系。在过去几百万年里发生的所有类型的现象，都能够在天空中的某处切实地看到。天文学家们从而对空间与时间之间的联系的重要性习以为常。相对论告诉我们的是，这种联系不仅在我们涉及大距离时重要，而且在我们涉及高速度时也重要。即使是在地球上，任何距离的测量都不可能与时间无关，因为它牵涉到观察者运动状态的标定，从而与时间有关。

在上一章中已经提到，空间与时间的统一导致其他基本概念的统一，而且这种统一是相对论框架最独特的特点。在非相对论物理学中看起来互相完全无关的概念，现在被看成只不过是同一个概念的不同方面。这种特点使相对论框架在数学上高雅而优美。对相对论进行的多年研究已使我们赞赏它的优美，并且完全熟悉了它的数学表达式。然而，这对于我们的直觉并没有多少帮助。我们对于四维时-空和其他相对论概念都没有直接感知的经验。在研究与高速度有关的自然现象时，我们感到在直觉和通常的语言两个层次上都很难对付这些概念。

例如，经典物理学总是假设运动中的棍棒和静止的棍棒具有同等的长度，相对论已经证明这是不真实的。一个物体的长度取决于它相对于观察者的运动的速度，并随运动速度而变化。其变化是，物体在它运动的方向上收缩。一根棍棒在它处于静止状态的参考系中具有最大的长度，它相对于观察者的速度增大时，就会变得较短。在高能物理学的散射实验中，粒子以极高的速度相碰撞，相对论收缩极度显著，以致球形的粒子变成"薄饼"状。

重要的是应当认识到，询问一个物体的"真实"长度是没有意义的，正像我们在日常生活中某人影子的真实长度一样没有意义。影子是三维空间中的各点在二维平面上的投影，在投影角不同的情况下，投影的长度也不相同。同样地，一个运动着的物体的长度是四维时－空中的各点在三维空间中的投影，在不同的参考系中投影的长度不同。

时间间隔的情况也和长度的情况一样。它们也由参考系决定。但是与空间距离的情况相反，在相对于观察者的运动速度增大的情况下，时间间隔变长。这就意味着，运动中的钟表走得较慢，时间变慢。这些钟表可以是各式各样的：机械钟、原子钟[9]，甚至是一个人的心律。如果两个孪生子之一到外层空间去做快速的往返旅行，回到家里的时候，他就会比他的弟兄年轻，因为在旅程中他所有的钟表，包括他的心律、血流、脑波等等都变慢了。当然，旅行者本人感觉不到任何异常之处，但是在他回来时会突然看到他的孪生弟兄现在比他老得多。这个"孪生子悖论"或许是近代物理学中最著名的悖论。它曾经在科学杂志上引起热烈的争论，其中一些争论仍在持续着。这就雄辩地证明了这样一个事实，那便是很难以我们通常的认识来领会相对论所描述的实在。运动中的钟表变慢，这件事听起来令人难以置信，但却在粒子物理学中得到了验证。大部分亚原子粒子是不稳定的，也就是说，它们在经过了一定的时间以后，衰变为其他粒子。大量的实验已经证实，这种不稳定粒子的寿命[1]

---

① 在此应指出，当我们谈到某种不稳定粒子的寿命时，我们所指的总是平均寿命。由于亚原子物理学的统计特性，我们无法对单个的粒子做任何讨论。

取决于它的运动状态。粒子的寿命随着它的速度而延长。在粒子的速度为光速的 80% 时，它们的寿命约为它们慢速的"孪生弟兄"寿命的 1.7 倍。在速度为光速的 99% 时，寿命约延长为 7 倍。另一方面，这并不意味着粒子的固有寿命在变化。从粒子的立场上看来，粒子"内在的钟表"变慢了，所以它存在的时间变长了。

所有这些相对论效应似乎都不可思议，这仅仅是由于我们不能以自己的感官去体验四维时－空的世界，而只能观察它的三维投影。这些影像在不同的参考系中有不同的表现。运动着的物体看起来不同于静止的物体，如果我们没有认识到它们只不过是四维现象的投影，就像影子是三维物体的投影一样，那么这些效应就似乎是荒谬的。如果我们能够看见四维时空中实际存在的事物，将会是毫无荒谬之处。

如前所述，东方神秘主义者似乎能够达到一种不寻常的意识状态。在这种状态下，他们超越了日常生活的三维世界去体验更高层次的多维实在。因此，奥罗宾多谈到"一种微妙的变化，它使我们稍稍看得见第四维"。[1] 这些意识状态的各维可能并不是我们在相对论物理学中所讨论，但是它们已将神秘主义者们引向一种空间和时间的概念，这种概念与相对论中的概念非常相似，这一点是引人注目的。

在整个东方神秘主义中，似乎有一种对于实在的时－空特性的强烈直觉。我们一再强调，相对论的特点是空间与时间不可分割地互相联系着。这种关于空间和时间的直觉概念或许在佛教，特别是大乘佛教华严宗中得到了最清楚的表达和最深刻的阐述。华严宗所依据的华严经[2] 对

---

[1]　S. Aurobindo, *The Synthesis of Yoga*, p.993.

[2]　参见第六章。

于在觉悟状态下如何体验世界做了生动的描述。在这部佛经中一再强调对一种"互相渗透的空间和时间"的认识，这是对时空的完美描述。铃木大拙说：

> "除非我们曾经体验过……一种完全融合的状态，一种不再能区分身与心、主观与客观的状态，否则《华严经》及其哲学的意义就是不可理解的。……我们观看并且看到……不仅在空间中，而且在时间上……每一个物体都与其他物体相联系，……作为一种纯经验的事实，没有任何无时间的空间，也没有无空间的时间，它们是互相渗透的。"①

很难对时－空的相对论概念做出更好的描述。把铃木大拙的论述与前面引用过的闵可夫斯基的论述相比较，令人感到有趣的是，物理学家和佛教徒都强调自己的空间概念是以经验为基础的，前者是根据科学实验，后者是根据神秘主义的经验。

我认为，东方神秘主义具有时间意识的直觉，是它的自然观一般要比希腊哲学家的自然观更符合近代物理学宇宙观的主要原因。总的说来，希腊的自然哲学基本上是静态的，并且基于几何学的考虑。可以说，它是极端地"非相对论的"，而且它对西方思想的强烈影响，很可能就是我们在理解近代物理学的相对论模型上有着如此之大的概念上的困难的主要原因。然而，东方的哲学都是"时－空"哲学，因此他们的直觉常常十分接近于近代相对论所含有的自然观。

由于认识到空间与时间是密切联系和互相渗透的，近代物理学和

---

① D. T. Suzuki, "Preface to B. L. Suzuki", *Mahayana Buddhism*, p.33.

东方神秘主义的宇宙观在本质上都是动态的观念，它们把时间和变化看作基本因素。这一点将在下一章中进行详细的讨论，因为它是我们在对物理学与东方神秘主义进行比较的整个过程中将要一再提及的第二个主题，第一个主题是一切事物的统一性。东方宇宙观的两个基本要素是宇宙的基本统一性及其内在的动态特性。在我们研究近代物理学的相对论模型时将会看到，所有模型都是这两个要素给人深刻印象的例子。

我们迄今讨论的相对论是"狭义相对论"，它为描述与运动着的物体以及电与磁有关的现象提供了一个共同的框架，这个框架的基本特点是空间和时间的相对性，以及它们统一为四维时－空。

在"广义相对论"中，这个理论的框架得到了推广，重力也被涵纳在内。按照广义相对论，重力的效应是使时－空弯曲。这又是极难想象的。我们可以很容易地想象一个二维曲面，例如一个鸡蛋的表面，因为我们能够看见三维空间中这样的弯曲表面。对于二维曲面来说，"曲率"这个词的含义是十分清楚的，但是到了三维空间中，我们的想象力就已经不够用，更不用说四维时－空了。因为我们不能"从外面"来看三维空间，所以很难想象它如何能"朝某个方向弯曲"。

要了解弯曲的时－空的含义，我们不得不以弯曲的二维表面作类比。例如，设想一个球的表面。使我们有可能与时－空作类比的重要条件是，曲率是这个表面固有的性质，无须进入三维空间就可以被测量出来。一只被限制在这个球面上，并且体验不到三维空间的昆虫会进行几何测量的话，就能发现自己所居住的表面是弯曲的。

要想知道为什么能得出所要的结论，我们必须把球上的这只昆虫与居住在一个平的表面上的类似的昆虫做比较。[1] 假设这两只昆虫通过画一条直线来开始它们的几何学研究，直线的定义是两点之间最短的连线。所得到的结果如下图所示。我们看到，在平的表面上的虫子画出了一条很漂亮的直线，可是在球上的虫子干了什么呢？

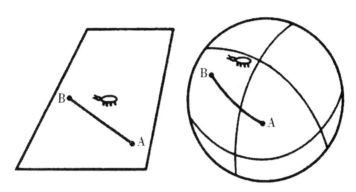

图 12.3　在一个平面和一个球面上画"直线"

在它看来，自己画的是连接 A、B 两点的最短的线，因为他所能画的其他任何线都比这条线长，但是在我们看来，那是一条曲线（更准确地说，是一个大圆的一段弧线）。假设这两只虫子都研究三角形，在平面上的虫子将发现任意三角形的三个内角之和都等于两个直角，即 180°，但是在球上的虫子却会发现它画的三角形的三个角之和总是大于 180°。对于小的三角形来说，超过 180° 不多，但是当三角形增大时，超过的角度也将增大。在极端的情况下，球上的那只虫子甚至会画出有三个直角的三角形。

---

① 　下面的例子录自 R. F. Feynman, R. B. Leighton 及 M. Sands 合著的《费曼物理学讲义》（Addison-Wesley, Reading, Mass., 1966 年版）第 II 卷，第四十二章。

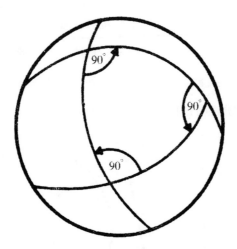

图 12.4　在球面上的三角形可以有三个直角

　　最后,让这两只小虫画圆,并且测量圆周的长度。平面上的虫子将发现周长常等于半径的 2π 倍,而与圆的大小无关。但是在球上的虫子将注意到,圆的周长总是小于半径的 2π 倍。像在上面的图中所示的那样,我们以三维的观点能看到,这只虫子以为是自己所画的圆的半径的那条线,其实是一条曲线,它总是要比圆的真实半径要长。

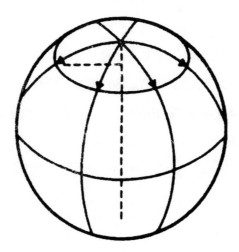

图 12.5　在球面上画一圆

　　在这两只虫子继续研究几何学的时候，平面上的那只虫子将发现欧氏几何学的公理和定律，但是它的那位在球上的同事却将发现不同的定律。对于小的几何图形来说，差别不大，但是当图形增大时，差别也将增大。这两只虫子的例子说明，我们只要在一个表面上进行几何测量，并且把所得结果与欧氏几何学的预测相比较，总能测出这个表面是否弯曲。如果有偏差，就说明这个表面是弯曲的。偏差越大，说明曲率也越大。

　　用同样的方法，我们可以把弯曲的三维空间定义为欧氏几何学不再成立的空间。在这样的空间中的几何定律将是与之不同的非欧型几何定律。这种非欧几里德几何学是在 19 世纪由数学家黎曼（B. Riemann）[11]作为一种纯抽象的数学概念引进的，在爱因斯坦提出我们所存在的空间实际上是弯曲的这一革命性的创见以前，一直没有看出这种几何学具有更多的意义。按照爱因斯坦的理论，空间的弯曲是由大质量物体的引力场造成的。凡是有大质量物体的地方，它周围的空间就是弯曲的，而且弯曲的程度，也就是偏离欧氏几何的程度，取决于物体的质量。

　　空间的曲率与物质在空间中的分布的关系式称为爱因斯坦场方程。它们不仅可以用来求出恒星和行星附近曲率的局域变化，而且可以用来求出在大尺度的范围内是否存在着空间总体的曲率。换句话说，爱因斯坦场方程可以用来求出宇宙的整体结构。令人遗憾的是，这些方程式的解不是唯一的，它们可以有几个数学解，这些解构成了宇宙论所研究的各种宇宙模型，其中一些模型将在下一章里予以讨论。目前宇宙论的主要任务就是确定它们之中的哪一个符合我们宇宙的实际结构。

　　因为在相对论中，空间绝不能与时间相分离，所以由重力引起的弯曲并不仅限于三维空间，而必然扩展到四维时－空，而这的确就是广义相对论所预见的。在一个弯曲的时－空里，由弯曲效应引起的畸变不仅限于几何学所描述的空间关系，而且包括时间间隔的长度。时间并不像在"平坦的时－空"中那样以同一速度流逝，正像各处的曲率按照大质量物体的分布而变化一样，时间流逝的速度也随之而变化。然而，重要的是，应当认识到，一个观察者只有停留在另一个地方，一个不同于用来测定时间变化的钟表所在的地方，才能观察到时间流逝速度的这种变化。例如，如果这个观察者去了一个地方，那里的时间过得较慢，他所有的钟表也将变慢，那么他也就无法测定这种效应。

在我们地球的环境中，重力对空间和时间的影响是如此之小，以至于它无足轻重，但是天体物理学所讨论的是质量极大的物体，如行星、恒星和星系等，时－空的弯曲就是一种重要的现象。到目前为止，所有的观测结果都肯定了爱因斯坦理论，从而迫使我们相信时空的确是弯曲的。当大质量的星体发生重力坍缩[12]时，最极端的时－空弯曲效应就变得很明显了。按照天体物理学的现行观念，每一个星体在自己的演化过程中都会达到这样一个阶段。在这个阶段上，星体由于它的粒子相互间的万有引力而坍缩。因为这种引力随着粒子之间距离的减小而迅速增大，所以坍缩加速；如果这个星体的质量足够大，也就是说，如果它的质量大于太阳质量的两倍，那就没有任何已知的过程能够阻止坍缩无限地进行下去。

当星体坍缩，并且它的密度变得越来越大时，在它表面上的引力就会变得越来越强，其结果是它周围的时－空变得越来越弯曲。由于星体表面引力的增大，要离开它也就变得越来越难，最后星体终于达到这样一个阶段——在这个阶段上，任何东西，甚至连光也包括在内，都不能逃离它的表面。我们说，在这个阶段上，星体的周围形成了一个"事件视界"[13]，因为没有任何信号能够离开它而与外部世界交流情况。这个星体周围的空间是如此强烈地弯曲，以至于所有的光都被捕陷在它里面而不能逃离。我们不能看见这样的星体，因为它的光永远无法到达我们这里，所以它被称为黑洞[14]。早在1916年就已经有人根据相对论预言了黑洞的存在，由于新近发现的一些星体现象可能表明存在一个绕着某个看不见的伴星而运动着的重的星体，这个伴星可能是一个黑洞，黑洞问题才在不久以前引起了很大的注意。

黑洞是近代天体物理学所研究的最吸引人的对象之一，它以最惊人的方式说明了相对论的效应。它们周围时－空的强烈弯曲不仅使得它们所有的光都不能到达我们这里，而且对时间也有同样显著的影响。如果一只附着在正在坍缩着的星体上的钟向我们闪现着信号，我们会看到，当星体接近"事件视界"时，这些信号变慢，而且这个星体一旦成为一个黑洞，钟表的信号就不再到达我们这里。对于一个在外面的观察者来说，当星体坍缩时，在它的表面上，时间的流逝变慢，并且在"事件视界"上完全停止。因此，星体完全坍缩需要无穷长的时间。但是，在星体坍缩越过"事件视界"以后，它自己并不感觉到有任何奇特之处；时间继续正常地流逝着，而且在经过有限的时间以后，在星体收缩到密度为无穷大时，坍缩过程结束。那么，实际上坍缩过程究竟需要多长的时间，是有限的时间，还是无限长的时间呢？在相对论的世界里，这样的问题是没有意义的。一个坍缩着的星体的寿命和其他所有时间间隔一样，都是相对的，并且取决于观察者的参考系。

在广义相对论中，彻底抛弃了把空间和时间看作绝对的独立存在这种经典概念，不仅一切涉及空间和时间的测量是相对的，取决于观察者的运动状态，而且整个时－空结构都不可避免地与物质的分布相联系，在宇宙中不同的地方，空间弯曲的程度不同，时间流逝的速度也不同。

我们从而认识到，关于三维欧几里德空间和匀速流逝的时间概念，都局限于自己对物质世界的常规经验，在扩展这种经验时，我们不得不把它们彻底地抛弃掉。

东方的圣贤们也谈到把自己对世界的体验扩展到更高的意识状态上去，而且他们还断言，这些意识状态包含着根本不同的对空间和时间的体验。他们不仅强调在沉思中超越通常的三维空间，而且甚至更加强调超越对时间的一般认识。他们说自己体验到的不是时间阶段的线性接续，而是无始无终、动态而无限的现在。下面引述了东方神秘主义者关于这种"永恒的现在"的三段话；庄子是道家的圣贤，慧能是禅宗六祖[15]，铃木大拙是当代佛教学者。

"忘年忘义，振于无竟，故寓诸无竟。"[16]

——庄子

"是则寂灭现前。当现前时，亦无现前之量，乃为常乐。"[①]

——慧能

"在这个精神的世界里，时间不分割为过去、现在和未来；因为它们自行收缩为现在，这个单一的时刻；在这个时刻，生命在它真正的意义上颤动着。……过去和未来都在这照亮的一瞬间推移过去，这个现在的时刻和它的全部内涵不是静止不动的，因为它在不停地继续前进。"[②]

——铃木大拙

---

① Quoted in A. W. Wans, *The Way of Zen*, p.201.

② D. T. Suzuki, *On Indian Mahayana Buddhism*, pp.148-149.

　　要谈论有关"永恒的现在"的经验几乎是不可能的，因为一切言辞，例如"无始无终""现在""过去""瞬间"等等，所涉及的都是通常的时间概念，从而很难理解像上面引述的那样一些神秘主义的论述的含义；但是近代物理学在这一点上也能帮助我们去理解，因为可以用图来说明近代物理学的理论是如何超越通常的时间概念的。

　　在相对论物理学中，一个物体，例如一个粒子的历史可以用所谓"时－空图"（参见下图）来表示。在这些图中，水平的方向代表空间[①]，垂直的方向代表时间，粒子在时－空中经过的路径称为"世界线"[(17)]，如果粒子是静止的，它总得在时间中运动，所以在这种情况下，它的"世界线"就是一条垂直的直线。如果粒子在空间中运动，它的"世界线"就是倾斜的；粒子运动得越快，"世界线"就越倾斜。要注意的是，粒子在时间中只能朝上运动，但是在空间中则可以朝前或朝后运动。它们的"世界线"可以不同程度地朝水平方向倾斜，但是永远也不会完全水平，因为这将意味着一个粒子从一个地方转移到另一个地方完全不需要时间。

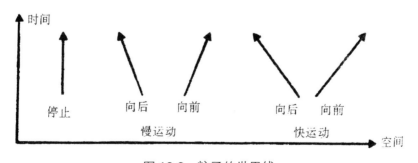

图 12.6　粒子的世界线

---

① 　在这些图中，空间只有一维；不表示其他两维，为的是使我们有可能用平面图来表示。

在相对论物理学中用时－空图来表示不同粒子之间的相互作用。我们可以为每一种过程画一个图，并且使这个图与一定的数学表达式相联系，这种数学表达式给出该过程的概率。例如，一个电子与一个光子之间的碰撞过程，或者说散射过程，就可以用像下面这样的图来表示。以下述方法来看这个图（自下而上，按照时间的方向）：一个电子（e⁻来表示，因为它带负电荷）与一个光子（用γ——"伽马"——来表示）相碰撞；光子被电子吸收，电子以改变了的速度（"世界线"的倾斜度不同）继续其行程；经过一段时间以后，电子重新发射光子，并且逆转自己的运动方向。

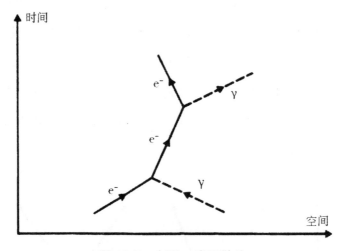

图 12.7　电子－光子散热

构成这些时－空图以及与之相关的数学表达式的适当框架的理论，称为"量子场论"[18]，它是近代物理学中一种主要的相对论理论，下面我们将讨论它的基本概念。为了讨论时－空图，我们只需要知道这个理论的两个独特的特点。第一个特点是，一切相互作用都与粒子的产生和消灭有关，例如，在我们的图中，光子的吸收和发射；第二个特点是粒子与反粒子之间的基本对称性。对应每一个粒子，都存在着一个具有同等质量和相反电荷的反粒子。例如，电子的反粒子称为正电子，通常用 e^+ 来表示。光子不带电荷，它就是它自己的反粒子。一对电子和正电子可以由光子自发地产生，也可以在其逆过程，即湮灭过程中再转化为光子。

如果采用下述方法，可以使时－空图大为简化。"世界线"上的箭头不再用来表示粒子运动的方向（在任何情况下都是不必要的，因为所有的粒子在时间中都朝前运动，也就是在图中朝上运动），而用来区别粒子与反粒子：如果箭头朝上，它就表示一个粒子（例如一个电子），如果朝下，它就表示一个反粒子（例如一个正电子）。光子是它自己的反粒子，用一条不带箭头的线来表示。在这样的改进下，我们就可以忽略图中所有的标记而不至于引起混乱：有箭头的线代表电子，无箭头的线代表光子。为了使这种图进一步简化，我们还可以忽略空间坐标和时间坐标，只要记住时间的方向是自下而上，在空间中朝前的方向是自左而右。于是电子－光子散射过程的时－空图看起来就是下面的样子：

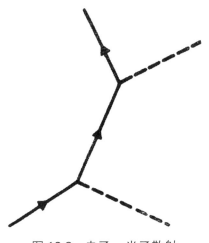

图 12.8　电子－光子散射

　　如果我们要画出一个光子与一个正电子之间的散射过程，可以做同样的图，只要把箭头的方向反过来就行了。

图 12.9　正电子－光子散射

　　到现在为止，在我们关于时－空的讨论中还没有任何不寻常之处。我们按照时间线性地流逝这种常规的概念，自下而上地看这些图。像上面正电子—光子的散射图那种包含着正电子线的图，却有不寻常之处。场论的数学公式表明，对这些箭头朝下的线条可以用两种方式来解释，可以解释为在时间上朝前运动着的正电子，或者解释为在时间上朝后运动着的电子！这两种解释在数学上是等价的，同一个表达式描写着一个从过去向未来运动着的反粒子，或者描写着一个从未来向过去运动着的粒子。这样，我们的两个图就可以看成是描写着时间方向不同的同一过程。它们都可以解释为电子与光子的散射，但是在一个过程中，粒子在时间上朝前运动，在另一个过程中，它们朝后运动。[①]粒子相互作用

―――――――――

①　虚线总是代表光子，无论它们在时间上是朝前还是朝后，因为光子的反粒子还是一个光子。

的相对论理论从而显示出关于时间的完全相对性。一切时－空图都可以从任一个方向去看。每一个过程都有一个等价的反过程，其时间方向相反，并且以反粒子代替粒子。[①]

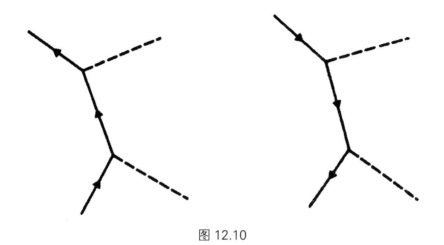

图 12.10

　　为了知道亚原子世界的这种惊人特点如何影响我们的时空观，让我们来考虑下面图上所示的过程。按照常规方式自下而上地看这个图，我们会做出如下的解释：一个电子（用实线表示）与一个光子（用虚线表示）互相接近；光子在 A 点产生一对电子－正电子，电子飞向右侧，正电子飞向左侧；然后正电子在 B 点与原有的那个电子相碰撞，并且一同湮灭，在湮灭过程中产生一个光子，这个光子飞向左侧。另一种可能是，我们把这个过程解释为两个光子与一个电子相互作用，这个电子在时间上先是朝前运动，接着朝后运动，然后再朝前运动。对于这样的解释，我们只要一直顺着电子线上箭头的方向看；电子到达 B 点，在

①　最近的实验结果表明，对于包含着超弱相互作用的特殊过程来说，这一点未必成立。在这种过程中，时间反演对称尚不清楚。除了这种过程以外，所有的粒子相互作用看上去都显示出关于时间方向的基本对称性。

那里发射一个光子，然后反转方向，在时间上向后到达 A 点，在 A 点吸收原有的那个光子，再次反转方向，在时间上朝前飞去。某种程度上来说，第二种解释要简单得多，因为我们只要追随着一个粒子的"世界线"。同时我们立即注意到，我们在这样做时陷入了严重的语言困难。电子"首先"到达 B 点，"然后"到达 A 点；然而在 A 点吸收光子却发生于在 B 点发射另一个光子之前。

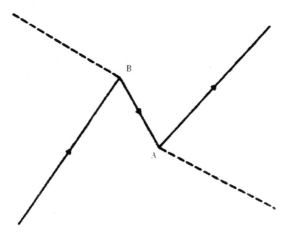

图 12.11　关于光子、电子和质子的散射过程

避免这些困难的最好办法，不是像上面那样，按照粒子的路径在时间上的先后记录顺序来看时－空图，而是把它看成是时－空中的四维图形，它表示一个相互关联的事件网，这些事件并不具有任何一定的时间方向。既然所有的粒子都可以在时间中朝前和朝后运动，就像它们在空间中可以朝左和朝右运动一样，那么给这个图强加上时间的单方向流动就毫无意义。它们只不过是在时－空中描绘出的四维图形，其描绘方式谈不到任何时间顺序。用德布罗意的话来说：

　　"在时－空里，对于我们每一个人都构成过去、现在和未来的任
何事物都是一个整体。……可以说，每一个观察者在他的时间流逝
时，会发现一段新的时－空，对于他来说，它就像是物质世界的后继方
面，虽然实际上构成时－空的事件的总体，早在他知道它们以前就存在
着了。"[①]

　　这就是相对论物理学中时－空的全部含义。空间与时间是完全等价
的，它们统一为四维连续区；在其中，粒子的相互作用可以向任意方向
延伸。如果我们要用图来描写这些相互作用，就不得不把它们表示为一
个"四维的快照"，所拍摄的是整个一段时间和整个区域的空间。要想
对粒子的相对论世界获得正确的感觉，正如庄子所说的那样，我们必须
"忘年忘义"，这就是为什么场论的时－空观可以与东方神秘主义的时－
空体验作类比，戈文达喇嘛关于佛教徒的沉思的以下论述说明，这种类
比是恰当的：

　　"如果谈到在沉思中对空间的体验，我们就是在涉及完全不同的一
个方面。……在这种对空间的体验中，时间上的先后顺序转化为同时的
共存，事物一同存在……并且这也不是静止的，而是成为一种活动着的
连续区，时间与空间在其中成为一个整体。"[②]

　　虽然物理学家用他们的数学表达式和图来描述四维空间中作为一个

---

①　In P. A. Schilpp, op. cit., p.114.

②　Lama Angarika Govinda, *Foundations of Tibetan Mysticism*, p.116.

整体的相互作用，但是他们认为在实际的世界里，每一个观察者只有在时－空区段的接续中，才能体验到这些现象。然而，神秘主义者却坚持认为，他们能够真正地体验到整个时－空，在其中时间不再流逝。禅宗大师道元[19]说：

"大多数人认为时间流逝着，实际上它停留在原处。这种关于流逝的概念可以称为时间，但它是一种错误的概念，因为人们仅仅把它看成是在流逝着，而不能理解它只不过是停留在原处。"[1]

许多东方的导师们强调，思想必然产生在时间里，而幻想却能超越时间。戈文达说："幻想与更高维的空间相结合，所以是永恒的。"[2]相对论物理学的时－空与更高维的永恒空间相似，其中所有的事件都是互相联系着的，但是这种联系并不是因果关系。只有在以一定的方向，比如自下而上地去看时－空图的情况下，粒子的相互作用才可以用原因和结果来解释。在把它们看作四维的图形，而不对它们附加任何确定的时间方向的情况下，就没有什么"以前"和"以后"，从而也就不存在什么因果关系。

同样，东方的神秘主义者断言，他们在超越时间的同时，也超越了因果的世界。就像我们通常的时间和空间的概念一样，因果关系也是局限于对世界的某种经验的概念，在扩展了这种经验的情况下，就不得不抛弃这种概念。维渥堪纳达（S. Vivekananda）[20]说：

---

① Dogen Zenji, Shobogenzo; inj. Kennett, *Selling Water by the River*, p.140.

② Govinda, op. cit., p.270.

"时间、空间和因果律像玻璃一样，透过它们可以看见'绝对'[21]，……在'绝对'中既没有时间和空间，也没有因果律。"[1]

东方宗教流传下来的教义为他们的信徒指明了各种不同的途径，可以超越时间的通常体验，使自己从因果链中，从印度教徒和佛教徒所说的"业"中解脱出来。因此我们说，东方神秘主义是在时间上的解放。从某种程度上来说，相对论物理学也是这样。

---

① 　S. Vivekananda, *Jnana Yoga*, p.109.

第十三章　动态的宇宙

图 13.1　道教经典中的变化之图（北宋）

东方神秘主义的核心目的就是要体验同一终极实在所反映的世界上的所有现象。这个实在被看作宇宙的本质，它构成我们所观察的大量事物的基础，并且使它们统一成为一个整体。印度教徒称之为"梵"，佛家称之为"法身"（"真身"），或者"真如"，道家称之为"道"；他们都断言它超越我们的理性概念，并且都不对它做进一步的描述。然而，这个终极的本质无法与它多种多样的表现分开。它的重要特性是以无数的形式存在和消亡，无穷无尽地相互转化，从现象上来看，宇宙本质上是动态的。对于所有的东方神秘主义学派来说，首要的就是领悟宇宙的动态本性。因此铃木大拙关于大乘佛教华严宗写道：

> "华严宗的主要思想是动态地领会宇宙，它的特点是永远向前运动，永远处于运动状态，这就是生命。"①

对运动、流动和变化的强调不仅是东方神秘主义传统的特点，而且从来就是神秘主义宇宙观的主要方面。在古希腊，赫拉克利特告诉我们说："万物皆流"，并且把世界比作一把永恒的活火；在墨西哥，亚基的神秘主义者胡安谈到"飞逝着的世界"，并且断言，"要成为有知识的人，就必须灵活、不固守成见。"②

在印度哲学中，印度教徒和佛教徒用的主要词语都具有动态的内涵。"梵"（Brahman）这个字是从梵语字根 Brih（生长）派生出来的，从而使人联想到动态和有生命的实在。拉达克里希南（S. Radhakrishnan）(1)说："'梵'，这个字的含义是生长，它使人联想到生命，运动和发展。"③纵然《奥义书》是超越一切形式的，它把"梵"说成是"无形，永生和运动着的"④，从而把它与运动相联系。

《梨俱吠陀》则用另一个词"律则"(2)（Rita）来表达宇宙的动态

---

① D. T. Suzuki, *The Essence of Buddhism*, p.53.

② Carlos Castaneda, *A Separate Reality*, p.16.

③ S. Radhakrishnan, *Indian Philosophy*, p.173.

④ *Brihad-aranyaka Upanishad*, 2.3.3.

本性。这个字来自字根"ri"（动）；它在《梨俱吠陀》中原来的含义是"所有事物的过程"，"自然界的常则"。它在《吠陀》的传说中起着重要作用，并且与所有《吠陀》的神都有关。《吠陀》的先知们不是把自然界的常则设想为神的静止的法则，而是将它设想为动态的原则，它是宇宙所固有的。这种思想正像中国"道"的概念，"道"是"道路"，是宇宙运行的方式，也就是自然的常则。和《吠陀》的先知们一样，中国的圣贤们从流动和变化的方面来看世界，因而赋予宇宙常则的概念本质上是动态的内涵。后来"律则"和"道"这两个概念都从它们原来的宇宙的层次被降低到人的层次上，并且获得了道德意义上的解释；"律则"被解释为所有的神和人都必须遵从的普遍规律，"道"则被解释为正确的生活方式。

《吠陀》中"律则"的概念产生在"业"的概念之前，后来"业"的概念发展成了表示一切事物动态的相互作用。"业"（karma）这个字的含义是一切现象的"活动着的"或动态的相互关系。用《薄伽梵歌》的话来说："交织着的自然力使一切活动及时地发生。"[①]佛陀采用"业"的传统概念，并把动态的相互联系的概念推广到人的境遇的领域，从而使它有了新的含义。于是，"业"的含义就是人生无穷尽的因果链，佛陀打断因果链而到达觉悟的境界。

印度教也以多种方式用神话式的语言来表达宇宙的动态本性。因此，在《薄伽梵歌》中，黑天说："如果我未曾采取行动，这些星辰就已消亡。"[②]宇宙舞蹈之神湿婆或许是动态宇宙最完美的化身。湿婆通过

---

① *Bhagavad Cita*, 8.3.

② *Bhagavad Cita*, 3.24.

自己的舞蹈来维持着世界上多种多样的现象，使一切事物都沉浸在他的节律中，并且使它们都深入参与到舞蹈中去——这是宇宙动态统一的一种极为动人的形象。

在印度教中浮现的一般图像是一个有机的、发展着的和有节律地运动着的宇宙；在这个宇宙中一切都是流动的和永远变化着的；一切静止的形式都是"幻"，也就是只作为由错觉产生的概念而存在。一切形式的暂时性，这种概念就是佛教的出发点。佛告诉我们说："诸行无常"，世界上的一切苦难都来自我们试图墨守物体、人或思想的固定形式，而不承认世界是运动和变化着的。这种动态的宇宙观就是佛教的基本思想。用拉达克里希南（S. Radhakrishnan）的话来说：

"在2500年以前，佛陀就建构了奇妙的力本论[3]哲学。……佛陀深切地感受到实物的短暂，永无休止的变化和事物的转化，因而阐述了变化的哲学。他把物质、灵魂、单子[4]和事物都归结为力、运动、关联和过程，并且采用了实在的动态概念了。"[1]

佛家称这个不停变化着的世界为轮回。在字面上它的含意是"持续不断地运动"，他们断言其中没有什么值得依恋的。因此，对于佛家来说，一个觉悟了的人就不去阻止生命的流动，而是一直随着它一起运动。当人们问禅宗祖师文偃[5]"何谓道"时，他简要地回答道："往前走！"因此，佛教徒还把佛陀称为"如来"[6]或"如此地来和去的人"。在中国的哲学中，把永远变化着和流动着的实在称为"道"，并且把它

---

① S. Radhakrishnan, op. cit., p.367.

看作一种包罗万象的宇宙过程。和佛家一样，道家也认为我们不应该去抗拒流动，而应该让自己的行动与它相适应，这也是圣贤作为觉悟者的特点。如果说佛陀是"如此地来和去的人"，那么道家的圣贤就是《淮南子》所说的[①]"在道之流中"流动着的人。

对印度教、佛教和道家的宗教和哲学典籍研究得越多，就越清楚地认识到，他们都把世界设想为运动、流动和变化。东方哲学的这种动态本质看来是它最重要的特点之一。东方神秘主义者把宇宙看作不可分割的网络，它的相互联系是动态的，而不是静止的。这个宇宙网络有生命，它不停地运动、发展和变化。近代物理学和东方神秘主义一样，也把宇宙设想为这样一种关系网，并且已经认识到这张网在本质上是动态的。在量子理论中，对物质的动态观点是从亚原子粒子的波动性推断出来的，这种观点在相对论中甚至更为重要。我们正要谈到，在相对论中，空间与时间的统一意味着物质不能与它的能动性相分离。因此，只能从动态的关系中，从运动、相互作用和变换方面去认识亚原子粒子的性质。

按照量子理论，粒子也是波，这就意味着它们表现得很奇特。一个亚原子粒子被限制在空间中一个小的区域里时，它对这种限制的反应是四处运动。限制的区域越小，粒子就在其中"晃动"得越快。这种表现是一种典型的"量子效应"，是亚原子世界的一个特点，在宏观世界中没有什么与之相似。要想知道这种效应是怎样产生的，我们必须记起前面谈到过的，在量子理论中粒子是用波包来表示的，这种波包的长度代表着粒子位置的不确定性。例如，上面的波形就对应着一个位于 X 区

---

① 参见第八章。

域内某处的粒子，我们不能确定地说出它的准确位置。如果我们想要更精确地确定粒子的位置，也就是说，把它限制在更小的区域里，我们就不得不把波包压缩到这个区域里去（见上图）。但是这将会影响到波包的长度，从而也影响粒子的速度。其结果是，粒子四下运动，它越受限制，就运动得越快。

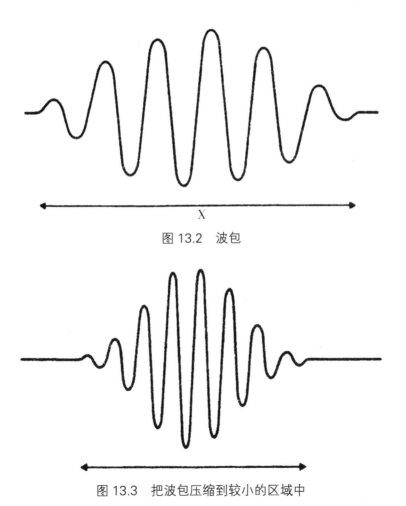

图 13.2　波包

图 13.3　把波包压缩到较小的区域中

粒子以运动作为对限制的反应，这种倾向意味着物质在本质上是永不静止的，这是亚原子世界的特点。在这个世界里，大部分物质粒子都被约束在分子、原子和原子核的结构里。因此，它们不是静止的，但却具有四处运动的内在倾向。量子理论认为，物质从不静止，而总是处于一种运动的状态。在宏观上，我们周围的物体似乎是没有活动力和被动的，但是当我们把这样一块"死的"石头或者金属放大时，我们就会看到它充满着活力。我们越是仔细地观察它，它就越显得有活力。我们周围的一切物体都由原子组成，它们以不同的方式互相结合，形成种类繁多的分子结构，这些分子结构并非僵硬和静止的，而是按照它们的温度，与它们环境的热运动协调一致地振动着。在振动着的分子里，电力把电子与原子核约束在一起，其作用是使它们尽可能地互相靠近，而电子对这种限制的反应，是极快地绕着原子核转动。最后要谈到的是，在原子核里，质子和中子被强大的核力压缩到一个微小的体积[7]中，因此它们以难以想象的高速度四处奔跑。

由此可见，近代物理学所描绘的物质根本不是无活动力和被动的，而是在不停地舞蹈和振动中，其节律取决于分子、原子和原子核的结构。这也是东方神秘主义者看待物质世界的方式，他们都强调在运动、振动和舞蹈中，动态地去认识世界；强调自然界不是处于一种静态的平衡，而是处于一种动态的平衡中。用道家的一部著作中的话来说：

"静中静非真静，动处静得来，才是性天之真境。"[8][1]

---

① *Ts'ai-ken T'an*: quoted in T. Leggett, *A First Zen Reader*, p.229, and in N. W. Ross, *Three Ways of Asian Wisdom*, p.144.

在物理学中，无论是我们迈入微小的尺度到原子和原子核中去时，还是我们转向巨大的尺度到星球和星系中去时，我们都认识到宇宙的动态本性。我们通过强大的望远镜看到处于无休止的运动中的宇宙。旋转着的氢气云收缩而形成恒星，并且在这个过程中升温，最后在天空中成为燃烧着的火球。它们到达这个阶段以后，仍然继续旋转，其中某些火球向空间抛出物质，这些物质向外盘旋而去，并且凝结成行星，绕着恒星转动。经过了几百万年，当星球的大部分氢燃料终于耗尽，星球膨胀，接着在最后的重力坍缩中再次收缩，这种坍缩可能伴随着巨大的爆炸，甚至能使星球变成一个黑洞。所有这些活动，包括从气体云形成恒星，它们收缩，随后膨胀，以及最后的坍缩，都可以在天空中的某处实际地观察到。

旋转着、收缩着、膨胀着或者爆炸着的星球聚集成各种形状的星系，呈扁盘状，球状、螺旋状等形状，它们也不是不运动的，而是在旋转着。我们的星系——银河系，是由星球和气体组成的巨大圆盘，它像一个庞大的轮子，在空间中转动着，这使得它所有的星球，包括太阳和它的相关行星，都围绕着这个星系的中心而转动。事实上，宇宙充满着星系，它们遍布在我们能够看得到的空间中，都像我们的太阳系一样旋转着。

当我们把宇宙连同它几百万的星系作为一个整体来研究时，我们的研究就达到了空间和时间上的最大尺度。我们发现在宇宙这一层次上，世界也不是静止的，而是正在膨胀！这是近代天文学上最重要的发现之一。对于从遥远的星系接收到的光的细致分析说明，整群的星系在膨胀，而且是以非常协调一致的方式在膨胀；我们观测到的任何星系的退移速度都与我们同星系的距离成正比。星系距我们越远，它退离我们越快；在大一倍的距离上的星系，退移的速度也大一倍。不仅对于从我们的银河系测量道的距离来说是这样，而且对于从任何参考点测量的距离来说都是如此。不管你碰巧是在哪个星系上，都会观测到其他星系迅速地离你而去；近处的星系以每秒钟几千英里的速度退移，较远的星系以较快的速度，而最远的星系则以接近光速的速度退移。在这个距离以外的星系发射的光永远也不会到达我们这里，因为它们退离我们的速度大于光速。用爱丁顿（A. S. Eddington）爵士[9]的话来说。它们的光“就像在膨胀着的跑道上赛跑的人一样，获胜的终点退离的速度比他能跑出的速度还要快。”

　　关于宇宙膨胀的方式，为了获得更清楚的概念，我们必须记得，研究它的大尺度特性的适当框架是爱因斯坦的广义相对论，按照这个理论，空间不是“平的”，而是“弯曲”的。爱因斯坦的场方程把宇宙准确的弯曲方式与物质的分布联系在一起，这些方程式是近代宇宙论的出发点，可以用来求出宇宙的整体结构。

　　当我们在广义相对论的框架中讨论膨胀着的宇宙时，我们所涉及的是在更高维中的膨胀。像对于弯曲的空间一样，我们要想象出这样的概念，只能借助于二维的类比。设想一个气球，在它的表面上有大量的斑点。这个气球代表宇宙，它二维的弯曲表面代表三维的弯曲空间，表面上的斑点则代表这个空间里的星系。吹胀气球时，斑点之间所有的距离都将增大。无论你选定在哪个斑点上就座，其他所有的斑点都将离你而去。宇宙也以同样的方式膨胀着；无论观察者碰巧是在哪个星系中，其他的星系都将离它而去。

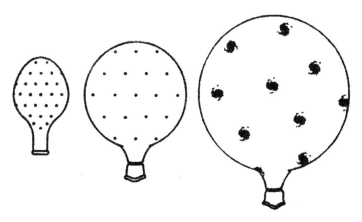

图 13.4　关于宇宙膨胀的设想

　　关于膨胀着的宇宙有一个显而易见的问题：它究竟是怎样开始的？星系的距离与它退移的速度之间的关系称为哈勃定律[10]。根据这个定律可以算出膨胀的起点，换句话说，就是算出宇宙的年龄。假设膨胀的速度不变化（这绝不是确凿无疑的），算出的年龄为 100 亿年的数量级。这就是宇宙的年龄。现在大部分宇宙论学者认为，宇宙大约是在 100 亿年以前，在一次极富戏剧性的事件中开始形成的，在那时它的全部质量都从一个小的原始火球中爆发出来。宇宙在目前的膨胀被看作这次初始爆炸余留的冲击。按照这种"大爆炸"模型[11]，发生大爆炸的时刻标志着宇宙的起始，以及空间和时间的起始。如果我们想要知道在这一时刻之前发生了什么事，那么我们也就会遇到思想上和语言上的严重障碍，用洛弗尔（B. lovell）爵士[12]的话来说：

　　"在这里我们遇到了巨大的思想障碍，因为我们开始努力用自己的日常经验去建立在时间和空间存在以前的时间和空间的概念。我觉得自己仿佛突然冲进了一个巨大的雾障，熟悉的世界在那里不见了。"[①]

　　至于有关膨胀着的宇宙的未来，爱因斯坦方程没有提供唯一的解。它们的几个不同的解对应不同的宇宙模型。某些模型预言膨胀将永远继续下去，而按照另一些模型，它正在慢下来，并最终变为收缩。这些模型描写着一个振荡的宇宙，经过几十亿年的膨胀之后，接着收缩，直到它的全部质量被压缩成一个小的物质球，然后再度膨胀，如此无穷无尽地继续下去。

　　宇宙周期地膨胀和收缩的概念涉及巨大尺度的时间和空间，它不仅出现在近代宇宙论中，也出现在古代印度的神话中。印度教徒把宇宙当作有机的，有节奏地运动着，从而发展出几种演化论的宇宙论，它们与我们近代的科学模型十分接近。这些宇宙论之一的根据，是印度教关于"律则"的神话，即神的表演，"梵"本身在其中转化为世界。[②]"律则"是一种有节奏的演出，它无穷循环地进行下去，一化为众多，众多又复归于一。在《薄伽梵歌》中，大神黑天对天地万物这种有节奏的创造做了如下的描述：

　　"在时间的黑夜尽头，万物复归我的本性；当新的一天开始，我使它们复见光明。

　　于是通过我的本性，我引起了一切的创造，它在时间的周期中循环不已。

---

① A. C. B. Lovell, *The Individual and the Universe*, p.93.
② 参见第五章。

但我并未被这浩繁的创造工作缠身。我注视着这场工作的戏剧。我看到在自然界的创造工作中，它产生了一切运动着的和不动的；世界的周期就是这样循环。"①

印度的贤哲们敢于把神的这种有节奏的表演与宇宙的整体演化相等同。他们把宇宙描绘成有周期地膨胀和收缩着的，并且把每一次创造从开始到结束之间难以想象的时间间隔称为"劫"(13)。这个神话涉及的尺度之大的确令人震惊；人类的思想在两千多年之后才再次提出类似的概念来。

现在让我们从非常大的世界，从膨胀的宇宙返回无限小的世界。深入探索亚微观尺度的世界，直到原子、原子核和它们的组成方面不断地进展，是20世纪物理学的特色。对亚微观世界的这种探索受到一个基本问题的推动，它长时间地占据着和激励着人们的思想，那就是：物质是由什么组成的？从自然哲学诞生之日起到现在，人们一直在思考着这个问题，试图发现构成一切物质的基本材料，然而只有到了20世纪，才有可能进行实验来寻求答案。物理学家们借助于高度复杂的技术，先是由于能够探索原子的结构，发现它们是由原子核和电子组成的，后来又因为能够探索原子核的结构，发现它们由质子和中子（统称核子）组成。最近二十年来，他们又进一步开始研究原子核的组分，即核子的结构，看来它也不是最终的基本粒子，而似乎是由其他实体组成的。

进入越来越深的物质层次的第一步是探索原子的世界，这一步导致了我们对物质的观念上几处深刻的修正，我们已经在前面几章中讨论过

---

① *Bhagavad Gita*, 9.7-10.

了。第二步是深入到原子核世界和它们的组成部分，迫使我们改变自己的观念的深刻程度不亚于第一步。在原子核和核子的世界里，我们涉及的尺度要比原子的尺度小几十万倍，因此被限制在如此之小的范围里的粒子要比被限制在原子结构里的粒子运动快得多。事实上，它们运动得如此之快，以至于只有在狭义相对论的框架中才能适当地描写它们。要理解亚原子粒子的性质和相互作用，必须用一种把量子理论和相对论都考虑在内的框架，而正是相对论迫使我们再次修正自己对于物质的观念。

在前面已经谈到，相对论框架的特点是把以前看起来互相无关的一些基本概念统一起来。其中一个最重要的例子就是质量与能量的等价，爱因斯坦著名的方程式 $E = mc^2$ 用数学表达了这个关系。要了解这种等价的深刻内涵，我们首先必须了解能量和质量的含义。

能量是用来描写自然现象的最重要的概念之一。在日常生活中，如果一个物体有作功的本领，我们就说它具有能量。能量可以以最复杂的方式改变其形式，但是绝不会消失。能量守恒是物理学最基本的定律之一。它制约着所有的自然现象，至今还没有发现过对这条定律的违背。

一个物体的质量是它本身重量的量度，也就是物体所受重力的量度。此外，质量还量度着物体的惯性，也就是它对加速度的抗拒能力。任何推过汽车的人都知道，重的物体要比轻的物体难加速。在经典物理学中进一步把质量与不可消灭的有形物质相联系，也就是与我们认为构成一切的"材料"相联系。和能量一样，它也被认为是严格守恒的，因此任何质量都不会消失。

然而相对论告诉我们，质量只不过是能量的一种形式。能量不仅可以采取经典物理学中已知的各种形式，而且可以被保存在物体的质量里。例如，一个粒子所含有的能量等于粒子的质量 m 乘以光速的平方 c²。

图 13.5

　　质量一旦被看作能量的一种形式，它也就不再需要是不可消失的，而可以转化为能量的其他形式。亚原子粒子互相碰撞时就会出现这种情况。在这样的碰撞中，粒子可以被消灭，它们的质量中所含有的能量可以转化为动能而分配到参与碰撞的其他粒子上。反之，当粒子以极高的速度碰撞时，它们的动能可以被用来构成新粒子的质量。下面的照片示出这种碰撞的一个极端的例子：一个质子从左边进如气泡室，把一个电子从一个原子中撞击出来（螺旋状轨迹），然后与另一个质子相碰撞，在碰撞过程中产生 16 个新的粒子。

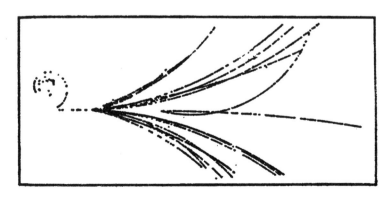

图 13.6

物质粒子的产生和消灭是质量与能量等价的结果,这个结果给人的印象最为深刻。在高能物理学的碰撞过程中,质量不再守恒,参与碰撞的粒子可以消灭,它们的质量中的一部分可以转化为新产生的粒子的质量,另一部分则转化为这些新粒子的动能。在这样的一种过程中,只有所包含的总能量,即总动能与全部质量中所含能量之和才是守恒的。亚原子粒子的碰撞是我们研究它们的性质的主要手段,对于描写这些碰撞过程来说,质量与能量之间的关系是根本的,质量与能量的等价经过了无数次证实,事实上粒子物理学家对它已经熟悉到这样一种程度,以至于他们采用相应的能量单位来量度粒子的质量。

发现质量只不过是能量的一种形式,迫使我们从根本上修正自己关于粒子的概念。近代物理学不再把质量与有形的物质相联系,从而也不把粒子看作由任何基本"材料"组成的,而是把它看作能量的集束。既然能量与活动和过程相关联,这就意味着内在的能动性是亚原子粒子的本性。要更好地理解这一点,我们必须记住,这些粒子只能用相对论来表达,也就是说,用空间和时间融为一体的四维连续区的框架来表达,不应当把粒子想象成像台球或砂粒一样的静止的三维物;与此相反,应当把他们想象为时–空中的四维物体,必须把它们的形态动态地理解为空间和时间中的形态。亚原子粒子既有其空间方面上又有其时间方面上的动态图像。在空间方面上,它们呈现为具有一定质量的物体,在时间方面上,又呈现为包含着等价能量的过程。

这些动态的图像,或者说"能束"构成了微妙的原子核、原子和分子结构,它们组成物体,并赋予它致密的外貌,从而使我们以为物体是由某些有形的物质组成的。在宏观的层次上,这种物质概念是一种有用的近似,但是在原子层次上它不再有意义。原子是由粒子组成的,而这些粒子却不是由任何有形的"材料"组成的。在我们观察它们时，绝不会看到任何物质，所看到的只是不断相互转化着的动态图像——能量的连续"舞蹈"。

量子理论表明，粒子并不是孤立的物质颗粒，而是概率的图像，是不可分割的宇宙网络中的相互联系。可以说，相对论揭示了这些图像内在的动态特性，从而使它们生动地呈现在我们的眼前。研究已经证明，物质的能动性是它们存在的真正本质。亚原子世界的粒子不仅从它们来回运动的速度非常快这一方面来说是有活力的，而且它们本身就是过程！物质的存在与它的能动性是不可分割的，它们只不过是同一时－空实在的不同方面。

在上一章里已经讨论过，对空间与时间"互相渗透"的认识把东方神秘主义者引向了本质上是动态的宇宙观。我们对他们的著作进行研究，发现他们不仅用运动、流动和变化来想象世界，并且似乎对物质对象的时－空特性有着很强的直觉，而这正是典型的相对论物理学概念。物理学家在研究亚原子世界时不得不考虑到空间与时间的统一，其结果是，他们不是静止地，而是动态地，从能量、活动和过程等方面来认识这个世界里的研究对象——粒子。东方的神秘主义者在他们不寻常的意识状态下似乎知道空间和时间在宏观层次上的相互渗透，因此他们认识宏观对象的方式与物理学家关于亚原子的概念十分相似。这一点在佛教中特别显著。佛陀的主要教义之一是"诸行无常。"在这句名言的巴利语原文中[①]，"行"这个词是 Sankhara（梵语：Samskara），它的主要含义是"事件"或者"偶然发生的事"，也有"行为"和"动作"的意

---

① *Digha Nikaya*, II, 198.

思，它的次要含义才是"存在之物"。这就清楚地说明了佛家对事物的观点里具有动态的概念，把它们看作永远变化着的过程。用铃木大拙的话来说：

"佛家把物设想为事件而不是物体或物质。……佛家关于'行'的概念是 Samskara（或 Sankhara），也就是'行为'或'事件'，说明佛家是从时间和运动方面来理解我们的经验的。"[①]

和近代物理学家一样，佛家也把一切事物看成是在宇宙之流中的过程，并且否认任何有形物质的存在。这种否定态度是所有佛教哲学流派的共同特点，也是中国思想的特点。中国发展出一种与之类似的观念，把事物看作永远流动的"道"中短暂的阶段，对于它们的相互关系比对于把它们归结为基本的物质看得更重。李约瑟写道："欧洲的哲学倾向于在物质中发现实在，而中国的哲学则倾向于在关系中发现实在。"[②]

于是，在东方神秘主义和近代物理学的动态宇宙观中没有容留静止的形态或者任何有形的物质的余地。宇宙的基本要素是动态的形式；庄子称之为"转化和变易的不断之流"[③]中短暂的阶段。

按照我们目前关于物质的知识，它的基本形式是亚原子粒子。了解这些粒子的性质和它们的相互作用是近代基础物理学的主要目的。现在我们已经知道二百多种粒子，它们中的大部分是在碰撞过程中被人工地创造出来的，并且只存在极短的时间，比百万分之一秒还要短得多，显

---

① D. T. Suzuki, op. cit., p.55.

② J. Needham, *Science and Civilization in China*.

③ 本书作者自译。

然，这些短寿命的粒子只不过是动态过程的短暂形式。关于这些形式或者粒子的主要问题是，它们显著的特点是什么？它们是复合的吗？如果是，那么它们是由什么组成的，或者更确切地说，它们包含哪些其他形式？它们如何相互作用，亦即它们之间的作用力是什么？最后一个问题是，如果粒子本身就是过程，那么它们是哪种过程呢？

我们已经认识到，在粒子物理学中，所有这些问题都是不可分割地联系在一起的。由于亚原子粒子的相对论性质，如果不了解它们的相互作用，我们就无法了解它们的性质；由于亚原子世界基本的相互联系，我们无法在了解其他所有粒子之前，就了解任何一个粒子。下面几章将说明我们对粒子的性质和相互作用了解到什么程度。虽然我们仍然缺乏关于亚原子世界的完整的量子－相对论，但是已经发展了几种不太完整的理论和模型，它们成功地描述了这个世界的某些方面。对其中最重要的模型和理论的讨论将说明它们都包含着与东方神秘主义概念惊人一致的哲学概念。

第十四章　空与形

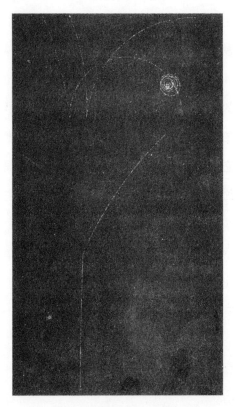

图 14.1

　　经典力学的宇宙观所依据的概念，是在空虚的空间中运动着的不可消灭的致密粒子。近代物理学对这种描述进行了根本的修正，它不仅提出了关于粒子的全新概念，而且深刻地变革了关于空虚的空间的概念，这种变革发生在所谓场论中。它起始于爱因斯坦把引力场与空间的几何相联系的思想，当场论与相对论相结合而被用来描写亚原子粒子的力场时，这种变革就更显深刻了。在这些"量子场论"中，粒子与它们周围的空间不再有明显的区别，而空虚的空间则被看作一种极为重要的动力学量。

场的概念是在19世纪由法拉第和麦克斯韦在他们对电荷与电流之间作用力的描述中引进的。电场是带电物体周围空间中的一种状态，它对这个空间中的其他任何带电物体产生一种力。电场是由带电物体产生的，而且只有带电物体才能感受到它的影响。磁场是由运动中的电荷，即电流造成的，只有其他运动着的电荷才能感受到它所产生的磁力。在法拉第和麦克斯韦所建立的经典电动力学中，场是基本的物理实体，人们可以在不涉及有形物体的情况下对它进行研究。振动的电场和磁场能以无线电波、光波或其他电磁辐射的形式在空间里传播。

相对论统一了电荷与电流，以及电场与磁场的概念，使电动力学的结构更为优美。因为所有的运动都是相对的，所以在电荷相对于观察者而运动的参考系中，每一个电荷看起来都像是电流，它的电场从而也可以被看作磁场。在相对论的电动力学论述中，这两个场统一为单一的电磁场。

场的概念不仅与电磁力有关，而且与大尺度的世界中另一种重要的力，即万有引力有关。与电磁场不同，一切有质量的物体都能产生和感受到引力场，它所产生的力总是引力，而电磁场只能由带电物体产生和感受到，并且产生引力和斥力。适用于引力场的场论是广义相对论，这种理论认为：有质量的物体对周围空间的影响，比电动力学中带电物体相应的影响更深远。此外，物体周围的空间被它所"制约"，使其他物体感受到一种力，并且这种制约还影响着几何，从而影响着空间的结构。

物质与空虚的空间，充实与空虚，是牛顿和德谟克利特的原子论所依据的两个根本不同的概念。在广义相对论中，这两个概念不再能被区分。哪里存在着有质量的物体，哪里就有引力场，这种场的表现是物体周围的空间发生弯曲。但是，我们不应当认为这种场充满着空间，从而使空间"弯曲"。场就是弯曲的空间，二者是无法区分的！在广义相对论中，引力场与空间的结构，或者说几何学，是等同的，爱因斯坦的场方程用同一个数学量来表示它们。于是在爱因斯坦的理论中，物体不能与它的引力场分开，而引力场也不能与弯曲的空间分开。物质与空间就这样被看成是单一整体不可分割和相互依存的两部分。

有形的物体不仅决定着周围空间的结构，而且它们反过来也从根本上受到自己环境的影响。按照物理学家兼哲学家马赫（E. Mach）[1] 的观点，一个有形物体的惯性，即抗拒加速度的能力，并不是物质的内在属性，而是它与宇宙中所有其余部分相互作用的量度。马赫认为，物质之所以具有惯性，只不过是由于宇宙中存在着其他物质。当一个物体转动时，它的惯性会产生离心力（例如在离心干燥机中利用这种力来甩去湿衣物中的水），但是，如马赫所说，这些力只是由于物体"相对于固定的星球"的转动才出现的。如果这些固定的星球突然消失，转动着的物体的惯性和离心力也将随之而消失。

关于惯性的这种概念称为马赫原理，对爱因斯坦有深刻的影响，并且是他建立广义相对论的原动力。由于爱因斯坦理论在数学上的复杂性，物理学家们至今对于这一理论是否实际上包含着马赫原理尚未取得共识。然而大部分物理学家都认为应当以某种方式把爱因斯坦的理论结合到一个完善的引力理论中去。

近代物理学从而再次向我们表明——这次是在宏观的层次上——有形的物体不是彼此截然分开的实体，而是与它们的环境不可分割地联系在一起，我们只能根据它们与世界其余部分的相互作用来了解它们的性质。按照马赫原理，这种相互作用一直达到整个宇宙，达到遥远的恒星和星系。因此，宇宙的基本统一性不仅表现在非常小的世界里，而且表现在非常大的世界里，这是在近代物理学和宇宙论中越来越得到承认的事实。用天文学家霍伊尔（F. Hoyle）[2]的话来说：

"宇宙论当前的发展使得它相当明确地提出，若不是存在着宇宙的遥远部分，我们日常的环境也就无法继续存在；如果脱离了宇宙的遥远部分，我们关于空间和几何的所有概念将变得完全失去意义。我们的日常经验，甚至最小的细节，似乎都与宇宙巨大尺度的特征紧密地联系在一起，以至于几乎不能指望把二者分开。"[1]

在广义相对论中，有形的物体与其环境表现在宏观尺度上的统一和相互联系，在亚原子的层次上甚至以更显著的形式表现出来。经典场论与量子理论在此被结合起来，描述亚原子粒子之间的相互作用。由于爱因斯坦引力理论的数学形式十分复杂，至今尚未能为引力相互作用进行这样的结合；但是，另一种经典场论，即电动力学，已经与量子理论融合为"量子电动力学"[3]，它描述亚原子粒子之间所有的电磁相互作用。这种理论把量子理论与相对论结合在一起，是近代物理学的第一个

---

① F. Hoyle, *Frontiers of Astronomy*, p.304.

"量子相对论"模型，并且至今仍然是最成功的模型。

量子电动力学显著的新特点来自两个概念的结合，即电磁场的概念与光子是表现为粒子的电磁波的概念的结合。由于光子也是电磁波，而且这种波是振动着的场，光子必然是电磁场的表现。关于"量子场"的概念从而就是关于一种可以采取量子的形式，或者说粒子形式的场的概念。这的确是一种全新的概念，已经把它推广到描写所有的亚原子粒子和它们的相互作用上，每一种类型的粒子对应一种不同的场。在这些量子场论中彻底地消除了致密粒子与它们周围的空间之间经典的差别。量子场，被看作基本的物理实体，是一种在空间中到处存在着的连续介质。粒子只不过是场的局部凝聚，是时聚时散的能量集合，因此粒子失去了自己独有的特性而消融在作为其基础的场中。用爱因斯坦的话来说：

"因此，我们可以把物质看作由极强的场所在的空间区域组成的。……在这种新的物理学中所考虑的不是场和物质，因为只有场才是唯一的实在。"[1]

把物质和现象看作潜在的基本实体的暂时表现，这种观念不仅是量子场论的基本要素，而且是东方宇宙观的基本要素。和爱因斯坦一样，东方神秘主义者也把这种潜在的实体看作唯一的实在，它所有可以感知的表现都被看作暂时的和来自错觉的。不应当把东方神秘主义者的这种实在与物理学家的量子场等同起来，因为这种实在被看作世界上所有现

---

[1]　Quoted in M. Capek, *The Philosophical Impact of Contemporary Physics*, p.319.

象的本质，从而是超越一切思想和概念的，而量子场则是一种定义明确的概念，它只能说明某些物理现象。然而，物理学家用量子场对亚原子世界所做解释背后的直觉，却与东方神秘主义者的直觉十分相似，东方神秘主义者用根本的终极实在来解释自己对世界的体验。继场论出现之后，物理学家们试图把各种不同的场统一为单一的基本场，这种场应将所有的物理现象都包括在内。特别是爱因斯坦在他的晚年致力于寻求这样的统一场。印度教的"梵"与佛家的"法身"和道家的"道"一样，或许可以被看作终极的统一场，从这种场中涌现出来的不仅是物理学所研究的现象，而且包括其他一切现象。

按照东方神秘主义者的观点，一切现象所隐含着的实在超越了所有的形式，无法被描述和详细说明。因此，它们常被说成是"无形""无"或"空"。但是不能只是把这种"无"当作空无一物。与此相反，它是一切形式的本质，是一切生命的泉源。因此《奥义书》中说：

> "'梵'是生命。'梵'是欢乐。
>
> '梵'是'空'……
>
> 欢乐无疑就是'空'
>
> '空'无疑就是欢乐。"①

佛家把终极的实在称为"空"（4），即"无"，佛教徒断言它是充满生气的空，由之产生了世界中可以感知的一切形式，它们所表达的是同样的观念。道家则把一种类似的，无穷无尽的创造力归结为"道"，并

---

① *Chandogya Upanishad*, 4.10.4.

且也称之为"无"。《管子》[5]一书中说："虚而无形谓之道"[6]，老子用几种比喻来说明这种"无"。它常把"道"比作空谷，或者一种永远是空的容器，它具有包含无限多事物的潜势。

尽管东方的圣贤们所用的是像"无"或"空"这样的一些名词，仍然明确指出，当他们谈到"梵""空"或"道"时，他们所指的并不是一般的空无一物，与此相反，是一种具有无限创造潜力的"空"。因此，不难将东方神秘主义的"空"与亚原子物理学的量子场相对照。和量子场一样，"空"也产生着无限多样的形式，它维持着这些形式的存在，最后又重新吸收它们。如《奥义书》所说：

"宁静啊，让人崇敬，

因为他来自它，

因为他将溶入它，

因为他在其中生息。"[1]

和亚原子粒子一样，这种神秘的"空"可被感知的表现不是静止和永久的，而是动态和暂时的，在运动和能量永不停息的舞蹈中产生着和消失着。和物理学家的亚原子世界一样，东方神秘主义者的可感知的世界是"轮回"的世界，是不断地诞生和死亡的世界。因为这个世界中的事物是"空"的暂时表现，所以它们不具有任何根本的特性。佛教的哲学特别强调这一点，它否认任何有形物质的存在，并且还认为感受着接连经验的不变"自我"是一种幻觉。佛家常把对有形物质的这种幻觉和

---

① *Chandogya Upanishad*, 3.14.1.

独立的自我比作水波现象，水的上下运动使我们以为有"一片"水在水面上运动。[1] 有趣的是，物理学家在场论的论述中也采用了同样的比喻来说明由运动着的粒子造成的，关于有形物质的错觉。因此，维尔（H. Weyl）[7]写道：

"按照关于物质的场论，一个物质粒子，例如电子，只不过是电磁场的一个小区域，在其中呈现着极高的场强，表明有相当巨大的场能聚集在一个很小的空间中。这种能结与场的其余部分并没有清楚的界限，它在空的空间中传播，就像传过湖面的水波一样，那种在任何时候都构成电子的同一物质是不存在的。"[2]

在中国哲学中，"道"就是"无"和"无形"[8]，场的概念不仅包含在"道"的概念中，而且明确地表达在"气"的概念中。"气"的概念几乎在中国的每一个自然科学学派中都起着重要的作用，新儒家学派试图将儒、佛、道三家融为一体[3]，"气"的概念在这个学派中尤为重要。"气"这个字的字面意义是"气体"或"以太"，古代中国用它来表示生命的气息，或者使宇宙具有生气的能量：人体中的气脉是传统中医学的依据；针灸的目的就是激发"气"在这些通道中的流动；道家的武术，太极拳流畅的动作所依据的也是"气"的流通。

新儒家发展了"气"的概念，使得它与近代物理学中量子场的概念极为惊人地相似。和量子场一样，"气"也被看作一种微妙而不可感知

---

[1] 参见第十一章。

[2] H. Weyl, *Philosophy of Mathematics and Natural Science*, p.171.

[3] 参见第七章注 3。

的物质形式，它存在于整个空间中，并且能聚集成致密的有形物体。用张载[9]的话来说：

"气聚，别离明得施而有形；不聚则离明不得施而无形。方其聚也，安得不谓之客？方其散也，安得遽谓之无？"[1]

"气"就是这样有节奏地聚和散，产生了一切形体，它们最终又散归于"空"。如张载所说：

"太虚不能无气，气不能不聚而为万物，万物不能不散而为太虚。"[2]

在量子场论中，场，或者说"气"，不仅是一切有形物体的潜在本质，而且以波的形式载带着它们的相互作用。下面摘引了瑟林（W. Thirring）的对近代物理学中场的概念的论述，以及李约瑟对中国的物质观所做的描述，这些论述使我们明显地看到这种强烈的相似性：

"近代物理学……把我们对物质本质的看法带到了一个新阶段。它使我们的注意力从可见的粒子转向潜在的实体，即场。物质的存在只不过是场的完美状态在那个位置上的一处扰动，是某种偶然发生的事物，几乎可以说仅仅是一点'瑕疵'。因此，没有任何简单的定律能够描述基本粒子之间的相互作用。……应当在潜在的场中去发现有序性和对

① Quoted in Fung Yu-Ian, *A Short History of Chinese Philosophy*, p.279.
② Quoted in Fung Yu-Ian, *A Short History of Chinese Philosophy*, p.280.

称性。"①

"在古代和中世纪，中国人认为物质世界是一个完美的连续整体。在任何重要的意义上来说，聚集在可感知之物中的'气'都不是颗粒状的，但是个别物体与世界上其他所有物体相互作用和反作用……作为最后的一着，其方式类似于波或振动，取决于两种基本的力——阴和阳，在所有层次上有节奏的交替。个别物体因而有了自己内在的节奏。这些都与……宇宙和谐的图像结合成一个整体。"②

近代物理学以量子场论的概念为一个古老的问题找到了一种出人意料的答案，这个问题就是：物质是由不可分割的原子，还是由一种潜在的连续体组成的？场是一种连续体，它在空间中无处不在，然而，从它表现为粒子这方面来说，它又具有不连续的"颗粒状"结构。这两种显然对立的概念就是这样统一在一起，而且仅仅被看作同一实在的不同方面。正如相对论中经常出现的情况那样，这两种对立概念是以动态的方式统一的：物质的这两个方面永不停息地相互转化着。东方的神秘主义者强调"空"与由之产生的"形"之间类似的动态统一。用戈文达喇嘛的话来说：

"不能把'形'与'空'之间的关系理解为一种相互排斥的状态，而只能把它们理解为同一实在的两个不同方面，它们同时存在，并且不

---

① W. Thirring, "Urbausteine der Materie", *Almanach der Osterreichischen Akademiedr Wissenschaften*, vol.118, p.160.

② J. Needham, *Science and Civilization in China*, vol.IV, pp. 8-9.

停地同时起着作用。"①

　　在一部佛经中有一句名言，表达了这两种对立的概念融为一个统一的整体的含义：

　　"色不异空，空不异色，色即是空，空即是色。"(11)②

　　近代物理学的场论不仅提出了对于亚原子粒子的新观念，而且从根本上改变了我们关于这些粒子之间的作用力的概念。场的概念从一开始就与力的概念联系在一起，即使在量子场论中，它仍与粒子之间的作用力相联系。例如，电磁场能以行波(12)或光子的形式表现为"自由场"(13)，或者在带电粒子之间起着力场的作用。在后一种情况下，力表现为在相互作用着的粒子之间交换光子。举例来说，两个电子之间的斥力就是通过交换光子得以调节的。

　　关于力的这种新概念可能看来难以理解，但是如果把交换一个光子的过程用时－空图表示出来，这种概念就变得清楚多了。下面的图表示两个电子互相趋近，其中一个电子在 A 点发射光子（用 γ 表示），另一个电子在 B 点吸收这个光子。第一个电子在发射光子时，改变自己的方向和速度（可以从它的世界线的不同方向和倾斜度上看出来），第二个电子在吸收光子时也是如此。这两个电子通过交换光子而互相排斥，终于彼此分离，电子之间的全部相互作用都包含着交换一系列光子，其

①　Lama Anagarika Govinda, *Foundations of Tibetan Mysticism*, p.223.

②　*Prajna-paramita-hrdaya Sutra*, in F. M. Muller (ed.), *Sacred Books of the East*, vol. XLIX, "Buddhist Mahayana Sutras".

结果是电子将沿着平滑曲线互相偏离。

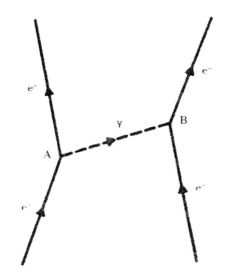

图 14.2　两个电子通过交换一个光子而相斥

　　或许有人会按照经典物理学的观点，认为电子互相施加斥力，然而现在看来，这种方式的描述是很不精确的。当两个电子互相靠近时，它们都"感觉"不到力。它们所做的只是与被交换的光子相互作用，作用力只不过是这种多光子交换的宏观总体效应。因此，力的概念在亚原子物理学中不再有用。力是一种经典的物理学的概念，我们常将它（即使是下意识地）同与牛顿力学有关，可以超距地感受到的力的概念相联系。在亚原子世界里不存在这样的力，存在的只是粒子之间以场为中介的相互作用，也就是通过其他粒子发生的相互作用。因此，物理学家们宁可讨论相互作用，而不讨论力。

　　按照量子场论，一切相互作用都通过交换粒子而发生。在电磁相互作用的情况下，所交换的粒子是光子；核子通过强大得多的核力而相互作用，称为强相互作用[14]；这种力表现为交换一种被称为介子[15]的新粒子。质子与中子之间可以交换许多不同类型的介子。核子互相靠得越近，它们交换的介子就越多、越重。因此，核子之间的相互作用与所交换介子的性质有关，介子也必然通过交换其他的粒子而相互作用。因此，我们如果不了解亚原子粒子的整个谱系，就不能从根本上认识核力。

在量子场论中，一切粒子的相互作用都可以用时－空图来描述，每一幅图都与一个数学表达式相联系，这种表达式可以用来计算发生相应过程的概率，这些图与数学表达式之间严格的对应关系是费曼（R. Feynman）[16] 于 1949 年构建的。从那时起，这些图就称为费曼图[17]。这一理论极重要的特点是粒子的产生和消灭。例如，在前面的图中，光子在 A 点产生，在 B 点被吸收而消灭。要用相对论来想象这种过程，唯有不把粒子看作不可消灭的物体，而是包含着一定能量的动态模式，在形成新的模式时，能量可以重新分配。

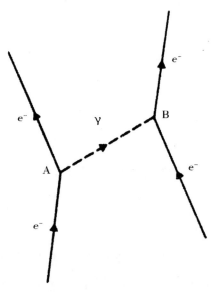

图 14.3

产生有质量的粒子的条件是具备相应于其质量的能量，例如，在一次碰撞过程中。在强相互作用中，并非总像两个核子在原子核中相互作用时那样，能够提供这种能量。在此情况下本应不能交换有质量的介子，然而这些交换作用还是照样发生着。例如，两个质子可以交换一个π介子[18]，其质量约为质子质量的七分之一。

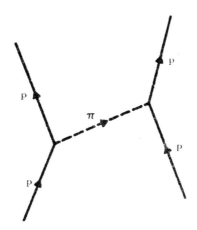

图 14.4　两个质子（p）间交换一个介子（π）

尽管用来产生这种介子的能量显然不足，但是这种交换过程仍然能够发生，其原因在于与测不准原理相关联的"量子效应"。前面已经讨论过[1]，在很短的时间内发生的亚原子事件，其能量具有很大的不确定性。交换介子——即介子的产生和其随后的消灭——就是这一类的事件。它们发生在如此之短的时间里，以至于能量的不确定性大到足以使这些介子有可能产生，这些介子被称为"虚"粒子[19]。与碰撞过程中产生的"真实的"介子不同，它们只能在测不准原理所允许的时间范围内存在。介子越重（也就是要产生它们所需要的能量越多），容许发生

---

① 参见第十一章。

交换过程的时间就越短。这也就是为什么只有在粒子互相靠得非常近的情况下，才能交换重介子，然而，虚光子的交换却可以在无限大的距离上发生，因为以无限小的能量就可以产生没有质量的光子。对核力和电磁力的这种分析，使汤川秀树[20]在1935年，即观测到π介子的12年前，不仅预言了它的存在，而且根据核力的方程大致估计了它的质量。

于是在量子场论中，所有的相互作用都被描述为虚粒子的交换。相互作用越强，即粒子间产生的"力"越强，这种交换过程的概率就越大，虚粒子的交换也就越频繁。然而，虚粒子的作用并不仅限于这些相互作用。例如，单独一个核子也很可能发射一个虚粒子，然后很快地再吸收它。这种过程完全可能发生，其条件是所产生的介子在测不准原理所限定的时间之内消失，下面是描述中子发射和再吸收一个π介子的费曼图。

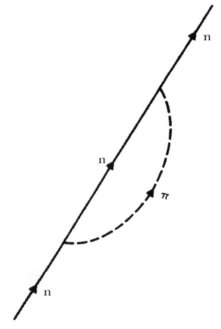

图 14.5　一个中子（n）发射和再吸收一个 π 介子

由于核子有强相互作用，它们发生这种"自相互作用"过程的概率非常高，这就意味着核子实际上是在不断地发射着和吸收着虚粒子。按照场论，必须把核子看作被虚粒子云围绕着，连续活动的中心。虚粒子必须在产生后很短的时间内消失，这就意味着它们不能离开核子很远。因此，介子云是很小的，轻的介子（主要是 π 介子）聚集在它的外层，较重的介子不得不在短得多的时间内就被吸收，所以它们被限制在介子云的内部。

虚介子只能存在极短的时间，每一个核子都被这样的虚介子云包围。但是在某些特殊的情况下，虚介子有可能转变成真实的介子。当一个核子被另一个高速运动着的粒子击中的时候，那个粒子的一部分动能可以转移给一个虚介子，从而把它从介子云中释放出来。真实的介子就是这样在高能碰撞中产生的。另一方面，在两个核子靠得如此之近，以至于它们的介子云互相交叠的情况下，某些虚粒子有可能不返回原来产生它的核子，并被它吸收，而是"跳过去"，被另一个核子吸收。构成强相互作用的交换过程就是这样发生的。

这种描述清楚地说明了粒子之间的相互作用，从而也说明了它们之间的"力"取决于它们的虚粒子云的组成。一种相互作用的范围，即粒子之间开始发生相互作用时的距离，取决于虚粒子云延伸的范围，而相互作用的具体方式则取决于在这种云中存在着的粒子的性质。于是，电磁力是因为带电粒子"内"虚光子的存在而存在，而核子之间的强相互作用则是由于核子"内"虚介子和其他虚介子的存在而存在。粒子之间的力作为粒子的内在性质出现在场论中。在希腊和牛顿的原子论中，力和物质这两个概念截然不同，现在却被看成在动态的模式中有着共同的来源，我们称这种动态模式为粒子。

关于力的这种概念也是东方神秘主义的特征。东方神秘主义把运动和变化看作一切事物的根本内在特性，张载说："凡圆转之物，动必有机；既谓之机，则动作自外也。"[21] 他在这里指的是"天"。我们在《易经》中读到：

"天地絪缊，万物化醇。"[22]

中国古代把力描述为事物内部运动和谐性的表现。从量子场论看来，这种描述是十分恰当的，因为量子场论认为粒子之间的作用力反映着这些粒子内在的动态模式（虚粒子）。

近代物理学的场论迫使我们抛弃物质粒子与真空的经典差别。爱因斯坦的引力场论和量子场论都说明了不能把粒子与它们周围的空间分开。一方面粒子决定着空间的结构，另一方面我们又不能把它们看作孤立的物体，而应当看作存在于整个空间中的连续的场的凝聚。量子场论认为，这种场是所有粒子和它们的相互作用的基础。

"场总是存在，并且到处存在着；它永远也不能被除去。它是一切物质现象的载体。质子就是从'空'中产生着 π 介子。粒子的存在和消退只不过是场的运动形式。"[1]

在不存在任何核子或其他强相互作用粒子的情况下，虚粒子可以自发地从真空中产生，并且再消失到真空中去。在我们清楚地认识到这一事实之后，我们就终于抛弃了物质与真空之间的差别。下面是一个这种

---

① W. Thirling, op. cit., p.159.

过程的"真空图"：

三个粒子——一个质子（p）、一个反质子（p̄）[23] 和一个 π 介子（π）——从真空中产生，又重新消失在真空中。真空远非空无一物。相反地，它含有无数粒子，它们永无休止地产生和消失着。

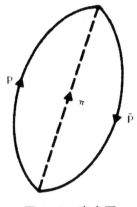

图 14.6　真空图

于是近代物理学在这一点上再次显示出，与东方神秘主义的"空"极为相似。和东方的"空"一样，场论中所谓"物理真空"并不仅仅是空无一物的状态，还潜在地含有粒子世界的一切形态。这些形态也不是独立的物理实体，而不过是潜在的"空"的暂时表现。正如佛经所说："色即是空，空即是色。"

虚粒子与真空之间的关系，在本质上是动态的关系；真空实际上是一种"充满着生气的真空"，它在不断产生和消灭的节奏中脉动着。许多物理学家认为，真空的动态特性的发现是近代物理学中最重要的发现之一。我们对真空的认识已经从现象的容器，转变为最重要的动力学量。从而，近代物理学的结果似乎是证实了中国的贤哲张载的话：

"知太虚即气，则无无。"[24]

211

第十五章　宇宙之舞

图 15.1

在 20 世纪，对亚原子世界的探索揭示了物质内在的动态本性，已经证明组成原子的亚原子粒子是动态的模式。它们不是孤立存在的实体，而是网络整体的一部分，不可分割、相互作用。这些相互作用包括能量的不断流动，表现为粒子的交换。这是一种动态的相互作用，粒子在其中通过能量形式的不断变化，不停地产生着和被消灭着。粒子的相互作用形成了构成物质世界的稳定结构，但它也不是静止的，而是在有节奏的运动中振荡着，参与着能量的一种不停的宇宙之舞。

这种舞蹈具有极其繁多的形式，然而令人惊讶的是，它们可以分成明显的几类。对亚原子粒子和它们的相互作用的研究揭示了大量的有序性。所有的粒子，也包括我们环境中一切形式的物质，都仅仅由三种有质量的粒子组成，这就是质子、中子和电子。第四种粒子，即光子，是没有质量的，它代表着电磁辐射[1]的单位。质子、电子和光子都是稳定的粒子，也就是说，它们如果不因参与碰撞过程而湮灭，就将永远存在。然而中子却会自发地蜕变，这种蜕变称为"β衰变"，是某类放射性的基本过程。它包括一个中子转变为一个质子，伴随着一个电子的产生和一种没有质量的新型粒子，即中微子[2]。和质子、电子一样，中微子也是稳定的。通常用希腊字母丁来代表它。于是，我们可以用符号把β衰变过程写成：

$$n \rightarrow p + e^{-} + \bar{v}$$

在放射性物质的原子里，中子转变为质子使这些原子变成完全不同的一种原子。在这种过程中产生的电子作为一种强辐射而被发射出去。这种辐射被广泛地应用在生物学、医学和工业中。另一方面，虽然同时也发射了同样数量的中微子，却很难探测到它们。因为它们既无质量，又不带电荷。

前面已经提到，对应每一种粒子都有一种反粒子。它们的质量相等，但是电荷相反。光子是它自己的反粒子，电子的反粒子称为正电子，此外还有反质子、反中子和反中微子。在衰变中产生的没有质量的粒子实际上并不是中微子，而是反中微子（用 v 表示）。于是，正确的β衰变过程应当写成：

$$n \rightarrow p + e^{-} + \bar{v}$$

到现在为止，所提到的粒子只是我们今天已经知道的亚原子粒子中的一部分。其他所有的亚原子粒子都是不稳定的，会在很短的时间内衰变为其他粒子,其中一些可能再发生衰变,最后成为一组稳定粒子。研究不稳定粒子所需要的费用非常高,因为每次进行研究时,都不得不在碰撞过程中重新产生它们,而这牵涉到庞大的粒子加速器、气泡室和其他用来探测粒子的极为复杂的设备。

用人类的时间尺度来衡量,大部分粒子只在极短时间里存在,短于百万分之一秒。但是应当把它们的寿命与它们的体积联系起来看,它们的体积也是微小的。以这种方式看问题,就会认为它们之中有不少存在粒子的时间是比较长的,实际上在粒子世界里百万分之一秒是相当长的时间。一个人可以在一秒钟内移过几倍于自己身长的距离。因此,对于粒子来说,对应的时间长度相当于它移过几倍于自己的大小所需要的时间,我们可以称这种时间单位为"粒子秒"。[①]

在碰撞实验中,粒子以接近光速的速度运动,如果粒子以这样的速度穿过一个中等大小的原子核,所需要的时间约为 10 "粒子秒"。在大量的不稳定粒子中,大约有二十几种能在它们衰变之前至少穿过几个原子。这样的距离大约是它们的大小的十万倍左右,相应的时间为几百"粒子秒",这些粒子已被列入上面的表中。表中还列出了已经提到过的稳定粒子。实际上,表中大部分不稳定的粒子在它们蜕变之前能移动达 1 厘米,甚至几厘米,那些寿命最长的能存在百万分之一秒,在衰变之前可以移动几百米,与它们的大小相比,这是很长的距离。

---

① 物理学家把这个时间单位写成 10^{23} 秒,这是在 1 这个数字前面,包括小数点前的零在内,共有 23 个零的十进位数字的简写。1 粒子秒即 0.00000000000000000000001 秒。

名称			符号			
			粒子		反粒子	
光子			γ			
轻子		中微子	ν_e	ν_μ	$\bar{\nu}_e$	$\bar{\nu}_\mu$
		电子	e^-		e^+	
		μ 子	μ^-		μ^+	
强子	介子	π 介子	π^+	π^0	π^-	
		K 介子	K^+	K^0	$\bar{K}^0$	$\bar{K}^-$
		η 介子	η			
	重子	质子	p		$\bar{p}$	
		中子	n		$\bar{n}$	
		Λ 粒子	Λ		$\bar{\Lambda}$	
		Σ 粒子	Σ^+ Σ^0 Σ^-		$\bar{\Sigma}^+$ $\bar{\Sigma}^0$ $\bar{\Sigma}^-$	
		Ξ 粒子	Ξ^0 Ξ^-		$\bar{\Xi}^0$ $\bar{\Xi}^-$	
		Ω 粒子	Ω		$\bar{\Omega}^0$	

表中列举出 13 种不同类型的粒子，其中许多粒子呈现出不同的"电荷态"。例如，π 介子可以具有正电荷（π^+）、负电荷（π^-）或电中性（π^0）有两种中微子，其中一种只与电子相互作用（ν_e），另一种只与 μ 子相互作用（ν_μ）。表中还列出了反粒子，有三种粒子（γ，π_0，η）是它们自身的反粒子。表中粒子以质量递增的顺序排列：光子和中微子无质量，电子是最轻的有质量粒子，μ 子，π 介子和 K 介子比电子重几百倍，其他粒子比电子重 1 至 3 千倍。

目前已知的其他所有粒子都属于所谓"共振态"[3]这一类，在以后几章中将对它们作较详细的讨论。它们存在的时间比较短，经过几"粒子秒"就衰变了。因此，它们移动的距离绝不会超出自己的大小几倍。这就意味着不能在气泡室里看到它们，而只能间接地推断它们的存在。在气泡室照片中看到的径迹只可能是由表中列出的那些粒子造成的。

所有这些粒子都能在碰撞过程中产生和被消灭，它们之中的每一个也都可以作为虚粒子而被交换，从而在其他粒子之间的相互作用中起着作用。不过幸运的是，尽管至今还不了解其原因，但所有这些相互作用都可以归纳为相互作用强度显著不同的四类：

强相互作用
电磁相互作用
弱相互作用[4]
引力相互作用

在这些相互作用中，电磁相互作用和引力相互作用是我们最熟悉的，因为在大尺度的世界里能遇到它们。一切粒子之间都有引力相互作用，但是这种相互作用是那样微弱，以至于不能通过实验来探测到。然而，在宏观世界里，构成有质量物体的极大量粒子把它们的引力相互作用总合在一起，所造成的引力是整个宇宙中占主导地位的作用力。电磁相互作用发生在所有的带电粒子之间。它们在化学过程以及一切原子和分子结构的形成中起着主要作用。强相互作用是已知自然界所有的力中最强的一种力，它构成核力，在原子核中使质子和中子保持在一起。例如，把电子与原子核约束在一起的电磁力，其能量约为 10 个单位（这种能量单位称为电子伏[5]），而使质子和中子保持在一起的核力，其能量约为 1 千万电子伏！

核子并不是唯一有强相互作用的粒子。实际上，绝大部分粒子都是强相互作用粒子。在所有目前已知的粒子中，只有 5 种粒子和它们的反粒子不参与强相互作用。它们就是列在表中最上面的光子和 4 种"轻子"[6][1]。于是所有的粒子可以分成两大类：轻子和"强子"，强子就是强相互作用的粒子。强子又可以分为"介子"和"重子"[7] 两类，它们在各方面都不相同，差别之一就是所有的重子都有其特有的反粒子，而介子却可以是它自己的反粒子。

轻子参与第四种相互作用，即弱相互作用。这种相互作用是如此之弱，其作用范围是如此之小，以至于不能使任何东西保持在一起，而其他三种相互作用都能产生结合力——强相互作用维持着原子核，电磁相互作用维持着原子和分子，引力相互作用维持着行星、恒星和星系。弱相互作用只表现在某些种类的粒子碰撞和衰变中，例如前面提到的 β 衰变。

强子之间所有的相互作用都以交换其他强子为媒介。正是这种交换有质量的粒子的作用，使强相互作用具有如此之短的作用程[2]。它们延伸的距离只相当于几个粒子的大小，所以无法构成宏观的力。因此，人们在日常的世界中体验不到强相互作用。另一方面，电磁相互作用以交换无质量的光子为媒介，所以它们的作用程无限长[3]，这也就是为什么我们能在大尺度的世界里遇到电力和磁力。我们认为引力相互作用也是以一种无质量的粒子为媒介，这种粒子称为"引力子"，尽管没有什么

---

[1]　最近发现了第五种轻子，其符号为希腊字母 τ。它与电子和 μ 子一样，有两种电荷态，τ- 和 τ+。因为它的质量几乎是电子质量的 3,500 倍，所以被称为"重轻子"。已经假设有一种只与 τ 子发生相互作用的中微子[8]，但是至今尚未得到证实。

[2]　参见第十四章。

[3]　参见第十四章。

重要的原因使我们怀疑引力子的存在，但是由于这种相互作用非常弱，我们至今仍然未能观察到它。

最后谈到弱相互作用，它们的作用程极短，比强相互作用的还要短得多，因此我们假设它们是由交换很重的粒子造成的。人们认为，假设中的这种粒子除了具有大质量之外，它们所起的作用与光子在电磁相互作用中的作用相似。事实上，这种类似性就是最近一种新量子场理论发展的基础。这种新理论称为规范场论[9]，它使我们有可能建立一种电磁相互作用与弱相互作用的统一场论。[①]

在很多高能物理学的碰撞过程中，强相互作用、电磁相互作用和弱相互作用结合在一起，造成一连串复杂的事件。最初发生碰撞的粒子常常被消灭了，产生出几个新粒子，它们或者进一步发生碰撞，或者衰变，有时是经过几步，终于变成最后留下的稳定粒子。上面的图示展示的就是这种一连串的产生和消灭的一张气泡室照片。这描绘的是一个给人深刻印象的例子，反映的是物质在粒子层次上的易变性，它显示出能量的一个级联，各种不同的模式，或者粒子，在其中产生和被消灭。

---

① 参见本书中的后记。

图 15.2（a）

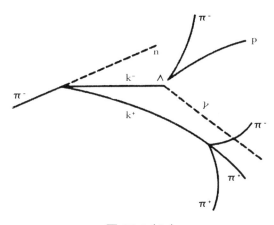

图 15.2（b）

图 15.2　粒子碰撞和衰变的复杂序列：一个负 π 介子（π⁻）从左边进来，与气泡室中的一个质子（即氢原子核）相碰撞，这两个粒子湮灭，产生一个中子（n）和两个 K 介子（K⁻ 和 K⁺）；中子飞离而不留下径迹；K⁻ 与气泡室中的另一个质子相碰撞，这两个粒子互相湮灭，产生一个 Λ 粒子（Λ）和一个光子（γ）。这两个中性粒子都不可见，但是 Λ 粒子在很短的时间内衰变为一个质子（P）和一个 π⁻，它们都产生径迹。从照片上可能清楚地看出 Λ 产生和衰变之间的短距离。在最初的碰撞中产生的 K⁺ 穿行一段时间后，衰变为三个 π 介子。

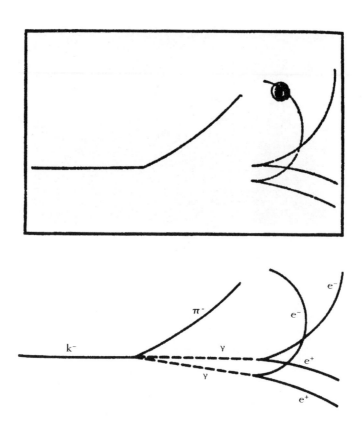

图15.3

图 15.3　包含着产生两组粒子对的事件序列：一个反质子（p）从下面进来，与气泡室中的一个质子相碰撞，产生一个 π⁺（向左飞去），一个 π＋（向右飞去），和两个光子（γ），每个 γ 产生一组电子－正电子对，正电子（e⁺）弯向右边，电子（e⁻）弯向左边。

　　在这些一连串的事件中，物质的产生过程给人的印象特别深刻，当一个没有质量，但是能量很高的光子，爆发式地突然转变成一对带电粒子时——一个电子和一个正电子，它扫描出发散的曲线，但光子本身是看不见的。

　　在这些碰撞过程中的初始能量越高，产生的粒子就越多。图 15.4

显示，在一个反质子与一个质子之间的一次碰撞中产生 8 个 π 介子，图 15.5 是一种极端情况的一个例子，在一个 π 介子与一个质子的碰撞中产生 16 个粒子。

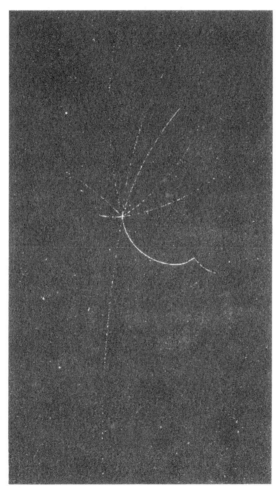

图 15.4（a）

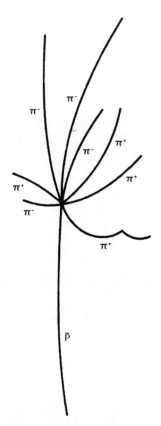

图 15.4（b） 一个反质子（p̄）与气泡室中的一个质子的碰撞中产生 8 个
π 介子［参见图 15.4（a）照片］。

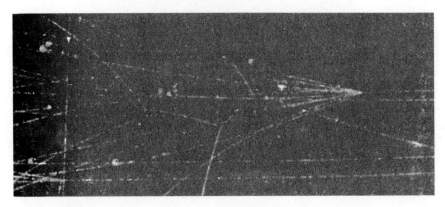

图 15.5 在一次 π 介子 – 质子碰撞中产生 16 个粒子。

　　所有这些碰撞都是用庞大的机器，在实验室里人工地产生的，粒子在这种机器里被加速到所要求的能量，地球上大部分自然现象里的能量都不足以产生有质量的粒子。然而，在外层空间中的情况却完全不同。与我们在加速器实验室里所研究的相似的碰撞过程，在恒星的中心自然地不断发生着，产生着大量的亚原子粒子。在某些恒星里，这些过程产生一种极强的电磁辐射，其形式可以是无线电波、光波或者是X射线，它们是天文学家有关宇宙的信息的主要来源。星际空间和星系之间的空间就是这样充满着不同波长的电磁辐射，也就是说，充满不同能量的光子。但是，它们并不是穿越宇宙的唯一粒子。"宇宙射线"[10]不仅包含光子，还包含着各种有质量的粒子，它们的来源至今仍然是一个谜。它们大部分都是质子，其中一些质子的能量极高，要比在最强大的粒子加速器中所能达到的能量还高得多。

　　当这些高能宇宙线到达地球的大气层时，它们与大气分子中的原子核相碰撞，产生种类繁多的次级粒子；这些次级粒子或者衰变，或者进一步发生碰撞，从而产生更多的粒子；这些粒子再一次碰撞和衰变，如此继续下去，直到它们之中最后的一些粒子到达地面。投射到地球大气层中的单个质子能以这种方式产生整个系列事件的级联，在这种级联中，初始的动能转化为由各种粒子组成的簇射[11]。当它们穿过大气层时，它们多次碰撞，逐渐被吸收。与高能物理学碰撞实验中观察到的一些现象相同的现象，就是这样在地球的大气层中自然地不断发生着，但是其强度较大。能量的连续流动，通过种类繁多的粒子模式，进行着有节奏的产生和被消灭的舞蹈。图15.6（a）中的照片示出这种能量之舞的壮观景象，这是在一次实验中，当一个意外的宇宙射线簇射到达欧洲研究中心CERN[12]的气泡室时，研究者偶然拍摄到的。

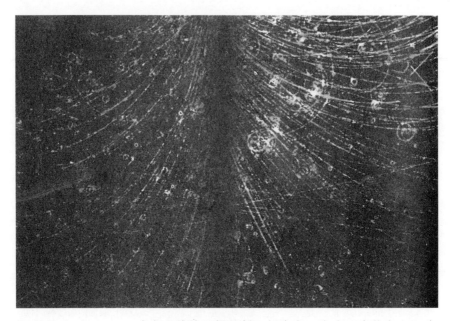

图 15.6（a） ——一个宇宙线粒子偶然射入气泡室，产生了大约有 100 个
粒子中的近于水平的径迹是来自加速器的粒子产生的。

　　在粒子世界里发生着的产生和消灭过程不仅包括那些可以在气泡室
的照片上看到的，还包括在粒子相互作用中交换的虚粒子的产生和被消
灭，这些虚粒子的寿命不够长，所以不能被观察到。例如，在一个质子
与一个反质子之间的碰撞中产生两个 π 介子。这个事件的时－空图如图
15.6 （b）（应记住在这些图中，时间的方向是自下而上！）。

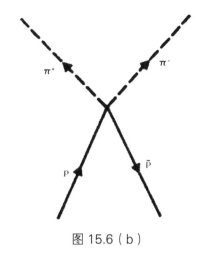

图 15.6（b）

　　图中示出质子（p）和反质子（p̄）的世界线，它们在时间和空间中的某点上发生碰撞，互相湮灭，产生两个而介子（π⁺和π⁻）。但是这个图并没有表示出全部情况，质子与反质子之间的相互作用可以被描述为交换一个虚中子，如图 15.7 所示。

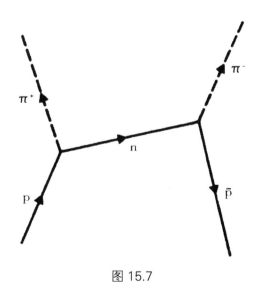

图 15.7

图 15.8（a）示出的过程，是在一次质子－反质子的碰撞中产生 4

个 π 介子。类似地，也可以描述成更为复杂的交换过程，包括三个虚粒子，即两个中子和一个质子的产生和消灭。

图 15.8（a）

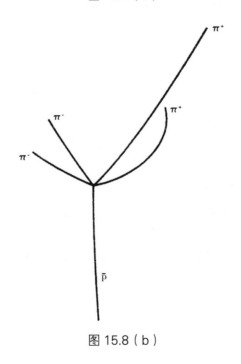

图 15.8（b）

相应的费曼图如图 15.9。^①

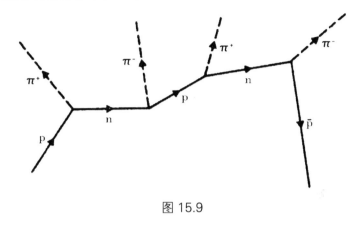

图 15.9

这些例子说明，气泡室照片中的线条仅仅表示出粒子相互作用的大致情况。实际的过程包括复杂得多的粒子交换网络。事实上，当我们想到参与交换的每一个粒子都在不停地发射和再吸收着粒子时，情况就变得无限地复杂了。例如，一个质子会不时地发射和再吸收一个中性 π 介子；在另一些情况下，它可能发射一个 π⁺ 并且转变成中子，中子将在很短的时间内吸收 π⁺，同时自己又变成质子。在这些情况下，我们不得不用图 15.10 中的图形来代替费曼图中的质子线。

---

① 图 15.8（b）仅仅是示意图，没有画出粒子线之间准确的角度。还应注意，在照片上看不到原来就在气泡室里的质子，但是在时－空图中，我们却用一条世界线来表示它，因为它在时间中运动着。

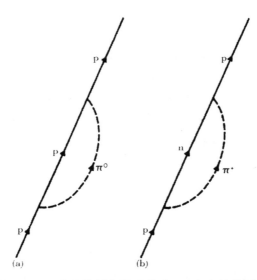

图 15.10 质子发射和再吸收虚 π 介子的费曼图

在这些虚过程中，原来的粒子可能像图 15.11（b）中那样，在短时间内完全消失。再举另一个例子。一个负 π 介子可能产生一个中子（n）和一个反质子（p̄），然后它们互相湮灭，重新构成原来的 π⁻ 介子，如图 15.11 所示。

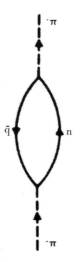

图 15.11 虚中子 – 反质子对的产生

重要的是应当认识到，所有这些过程都遵从量子理论的定律，因此都是倾向性，或者说是概率，而不是现实。每一个质子都潜在地，也就是以一定的概率，作为一个质子加上一个 π^0，作为一个中子加上一个 π^-，并以许多其他方式而存在。上面举出的例子仅仅是一些最简单的虚过程。当虚粒子也产生其他虚粒子，从而形成整个相互作用网的时候[①]，情况还要复杂得多。福特（K. Ford）在《基本粒子的世界》这本书里给出了一个关于这种网络的复杂例子，其中包括 11 个粒子的产生和消灭，他在注释中写道："这幅示意图描绘出了这种事件的一个序列，看起来十分可怕，然而却完全真实。每一个质子不时进行着的，正是这种产生和消灭的舞蹈。"[②]

福特并不是唯一曾经采用"产生和消灭的舞蹈"和"能量的舞蹈"之类的词句的物理学家。当我们试图想象能量的流动是通过那种构成粒子世界的模式而进行着的时候，头脑中就会自然地产生这种关于节奏和舞蹈的概念。近代物理学已经向我们指出，运动和节奏是物质的基本性质，一切物质，无论是地球上的，还是外层空间中的，都参加着一种连续的宇宙之舞。

[①] 应当指出，这种概率并不是完全任意的，而是受到几条普遍规律的限制。下一章将对此进行讨论。

[②] K. W. Ford, *The World of Elementary Particles*, p.209.

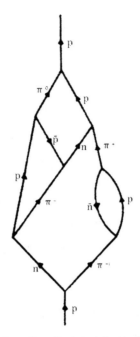

图 15.12　虚相互作用的网络（录自福特《基本粒子的世界》）

东方神秘主义的动态宇宙观与近代物理学的观念相似，他们也用舞蹈的现象来表达自己对自然界的直觉，因而并不使人感到意外。尼尔（A. David-Neel）在她的《西藏之行》一书中举出了一个关于这种节奏和舞蹈的极好的例子。她描述了自己怎样遇见一位自称为"声音大师"的喇嘛，而后者向她讲述了自己的物质观：

"一切事物……都是舞蹈着的原子集团，它们通过自己的动作发出声音。舞蹈的节奏变化时，所产生的声音也发生变化。……每一个原子都永远不停地唱着自己的歌，而这种声音则在每时每刻产生着致密而微妙的形态。"[1]

---

[1]　A. David-Neel, *Tibetan Journey*, pp.186-187.

声音是具有一定频率的波，频率变化时，声音也发生变化；在近代物理学中以粒子的概念取代了有关原子的旧概念，而粒子也是波，它的频率正变于能量，当我们想到这些时，这位喇嘛的观念与物理学之间的相似性就显得更加突出了。按照场论，每一个粒子确实都在"永远不停地唱自己的歌"，"以致密而微妙的形态"产生着有节奏的能量模式（即虚粒子）。

印度教舞蹈之神湿婆的形象最深刻而完美地表现着这种宇宙之舞的隐喻。湿婆是印度最古老和最受崇敬的神之一[①]。在他众多的化身中，有一个舞蹈之王。印度教徒认为，一切生命都是一个产生和消灭、死亡与再生的伟大过程的一部分，湿婆之舞象征着这种无穷循环地进行着的永恒的生—死节奏，用库玛拉斯瓦米（A. Coomaraswamy）的话来说：

"在'梵'的黑夜中，大自然毫无生气，在湿婆驱使它舞蹈之前，一直不会跳舞。湿婆从自己的凝思中复生，舞蹈着向没有生气的物质发出有节奏的声波，呼唤它们觉醒。啊！物质也舞蹈起来，呈现为他周围的荣耀。他以舞蹈维持着它丰富多彩的现象。他一直舞蹈着，在预定的时刻用火消灭一切形式和名称，从而达到新的宁静。这是诗。然而也是科学。"[②]

湿婆之舞不仅象征着宇宙中产生和消灭的循环，还象征着诞生与

---

① 参见第五章。
② A. K. Coomaraswamy, *The Dance of Shiva*. p.78.

死亡的日常节奏，印度的神秘主义把这种节奏看作一切存在的基础。同时，湿婆还使我们想起，世界上多种多样的形式是"幻"，它虽然不是根本的，然而却是使人产生错觉和不断变化着的，因为湿婆在自己无休止的舞蹈之流中不停地生产和消灭着这些存在的形式。如齐默（H. Zimmer）所说：

> "他狂热而十分优美的姿势使人突然陷入对宇宙的幻觉；他舞蹈着的臂和腿，以及他身躯的摆动，的确展现着宇宙中连续的产生－消灭，死亡恰与诞生相平衡，产生常以湮灭为终结。"[①]

图 15.13　湿婆，婆罗门教铜像（南印度，12 世纪）

---

① H. Zimmer, *Myths and Symbols in Indian Art and Civilization*, p.155.

10 世纪和 12 世纪的印度艺术家以壮丽的铜像来表现湿婆的宇宙之舞，这种舞蹈形象的四条手臂既极好地保持着平衡，又是动态的姿势，表现着生命的节奏和统一。这些形象的细节处以复杂的形象化的讽喻手法，表达着这种舞蹈多方面的含义。神像右上方的手握着一面鼓，象征着创造的原始声音；左上方的手托着火舌，象征着消灭的要素。这两只手的平衡，表示着世界上产生和消灭的动态平衡，在两手之间的正中，舞蹈之神平静而超然的面容进一步强调着这种平衡，产生和消灭的两极在其中融合而被超越。右边的另一只手举着，做出"勿惧"的手势，象征着维持、保护与安宁，而另一只左手则向下指向那只没有抬起的脚，象征着摆脱"幻"的迷惑。这位神的姿态是在一个恶魔的身上跳着舞，恶魔象征着人类的无知，要获得解脱就必须克服它。

用库玛拉斯瓦米的话来说："任何艺术或宗教都会夸耀上帝的作为，湿婆之舞则是其最清楚的形象。"[①] 由于这位神是"梵"的化身，他的动作也就是"梵"在世界上的无数表现的形象化。湿婆之舞就是舞蹈着的宇宙，就是能量通过无穷多样的模式不停流动，而这些模式互相融合。

近代物理学说明，产生和消灭的节奏不仅表现在季节的更替，和一切生物的生和死中，而且表现在无机物的本质中。按照量子场论，物质组分之间的一切相互作用都是通过虚粒子的发射和吸收而进行的。此外，产生和消灭之舞也是物质存在的基础，因为所有的物质粒子都通过发射和吸收虚粒子而"自相作用"。近代物理学从而揭示了每一个亚原子粒子不仅进行着能量之舞，而且它们本身就是一种能量之舞，一种产

---

① A. K. Cooaraswamy, op. cit., p.67.

生和消灭的有节奏的过程。

这种舞蹈的模式是每个粒子的基本方面，并且决定着它的许多性质。例如，与虚粒子的发射和吸收中所包含的能量等价的质量，相当于对发生自相作用的粒子起作用的质量。不同的粒子在自己的舞蹈中发展着不同的模式，要求不同的能量，所以具有不同的质量。最后一点，虚粒子不仅是一切粒子相互作用中和大部分粒子的性质中不可缺少的组成部分，而且是由真空产生和消灭的。因此，不仅是物质，真空也参加着宇宙之舞，永无休止地产生着和消灭着能量的各种模式。

于是，对于近代物理学来说，湿婆之舞就是亚原子物质之舞。与印度神话所说的一样，这是整个宇宙都参加着的、不停息的产生和消灭之舞，是一切存在之物和一切现象的基础。几百年以前，印度的艺术家们就以一系列优美的铜像创造了舞蹈着的湿婆形象。在我们的时代，物理学家们用最先进的技术描绘出宇宙之舞的图像。气泡室照片里发生相互作用的粒子证实，宇宙中不停产生和消灭的节奏就是湿婆之舞的生动形象，和印度艺术家的作品一样美，一样含义深刻。宇宙之舞的隐喻从而统一了古代神话、宗教艺术和近代物理学。诚如库玛拉斯瓦米所说，它的确是"一首诗，然而也是科学"。

第十六章 夸克对称性——一则新公案?

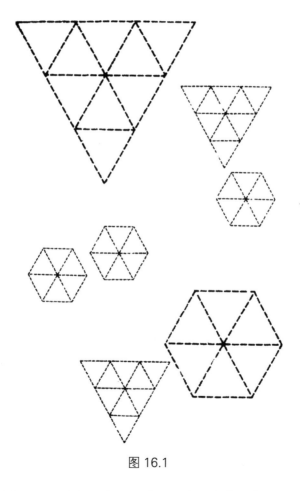

图 16.1

亚原子世界是一种有节奏的运动和连续的变化。但它不是任意和无序的，而是遵循着十分确定和明晰的模式。首先，给定种类的所有粒子都一样，它们具有完全相同的质量、电荷和其他特性。此外，所有带电粒子的电荷都正好等于电子的电荷（电荷符号相同或相反），或者正好是它的一倍。对于粒子的其他特征参量来说，也是如此；它们不能取任意值，而只限于少数数值，这就使我们可以把粒子分成明显的几类，或者说几"族"。从而引起了一个问题：在动态的、永远变化着的粒子世界里，这些确定的模式是怎样出现的。

物质结构中呈现出明显的模式，这并不是一种新现象，而是在原子世界里已经被观察到的现象。和亚原子粒子一样，给定种类的原子都是完全相同的，不同种类的原子，或者说不同的化学元素，被列入周期表中的几个族。现在我们已经很清楚，这种分类的根据是原子核中所含质子和中子的数目，以及电子在原子核周围球状轨道（即"壳层"）上的分布。在前面曾经谈到，电子的波动性限定了它们的轨道之间的距离，而且电子在给定轨道上所能具有的转动量只限于少数几个确定的数值，这些数值与电子波的特定振动相对应。其结果是，在原子结构中出现了一些确定的模式，它们可以用一组具有整数值的"量子数"来表征，反映着电子波在它们的原子轨道上的振动模式。这些振动决定着原子的"量子态"[1]，并且确定了任何处于它们的"基态"或同一"激发态"的两个原子是完全相同的。

粒子世界的模式显得与原子世界非常相似。例如，大部分粒子像陀螺一样绕着一个轴旋转。它们的自旋[2]只限于一些确定的数值，即某种基本单位的整数倍，从而重子只能具有 1/2、3/2、5/2 等数值的自旋，而介子则只能具有 0、1、2 等数值的自旋，这使我们强烈地联想到，电子在原子轨道上的转动也只限于一些确定的整数值。

还有一个事实进一步显示粒子模式与原子模式的相似性，那就是一切具有强相互作用的粒子，或者说强子[3]，似乎都可以排成序列，同一序列的强子除了质量和自旋不同以外，其他性质都相同。这些序列中，序数较高的粒子寿命极短，称为"共振态"。最近十年来发现了大量的共振态。在每一个序列里，共振态的质量和自旋都以十分确定的方式递增，看起来好像可以无限增大下去。这些规律性使人们感到，共振态类似于原子的激发态。因此，物理学家们不把强子序列中序数较高的成员看作不同的粒子，而只把它们看作质量最小的成员的激发态。于是，强子和原子一样，也能以各种短寿命的激发态存在，这些激发态都具有较大的转动量（或自旋）和能量（或质量）。

原子与强子的量子态之间的类似性还说明，它们是具有内部结构的复合物体，并且能够被"激发"，也就是能够吸收能量而构成各种不同的形式，但是我们目前还不知道这些形式是如何构成的。在原子物理学中，可以用原子组分（质子、中子和电子）的性质和相互作用来解释原子的激发态，而在粒子物理学中，至今却尚未有研究能做出这样的解释。我们已经测定了在粒子世界里发现的各种存在形式，并以纯经验的方式对它们进行了分类，却尚未能从粒子结构的详情中推导出这些存在形式。

粒子物理学家们所面临的根本困难是，不能把"'物体'是由一定的'成分'组成的"这种经典概念应用在亚原子粒子上。查明这些粒子的组成的唯一方法，是使它们在高能碰撞过程中撞击在一起而被打碎。然而这样产生的碎片却并不是比原来的粒子"更小的部分"。例如，当两个质子以高速相碰撞时，这两个质子可以碎成多种多样的碎片，但是它们之中没有一种是"质子的一部分"。这些碎片都是完整的强子，它们是从相互碰撞的质子的动能和质量中形成的。因此，粒子分解为其"组分"的方式就远远不是确定的，而是取决于碰撞过程中所包含的能量。我们在此所涉及的是一种极具相对论性的情况。在这种情况下，动态的能量形式在消解之后被重新组合。"复合的物体及其组分"这种静态的概念对这些存在形式来说不适用。亚原子粒子的"结构"只能从过程和相互作用方面，在动态的意义上去理解。

粒子在碰撞过程中破裂成碎片的方式是由某些法则决定的，这些碎片与原来的粒子属于同一类粒子，所以这些法则也可以被用来描述在粒子世界中观察到的规律性。20 世纪 60 年代物理学家们发现了目前已知的大部分粒子，并且开始看出粒子"族"之后，大多数物理学家很自然地转而将力量集中在寻求正在显露出来的规律性，而不是执着于解决粒子存在形式的动态原因这个艰难的问题。他们这种做法，取得了巨大成功。

图 16.2

在这方面的研究工作中，对称性的概念起着重要的作用。物理学家们推广了对称性的一般概念，并赋予它更为抽象的意义，从而把它发展成一种有力的工具，这在粒子的分类中极为有用。日常生活中最常见的对称与镜面反射有关。如果通过一个图形画一条线，能将它正好分成互为镜像的两部分，我们就可以说这个图形是对称的。

图 16.3

对于具有较高级对称性的图形可以画出几条对称线，上图所示佛教的象征图形就是一例：但是反射并不是与对称有关的唯一变换。如果一个图形转过一定的角度以后，看起来还是原样，那么我们就可以说，它是对称的。例如中国的阴阳图就基于这种转动对称绘制而成。

图 16.4

在粒子物理学中，除了反射和转动以外，对称性还与许多其他变换有关；它们不仅可以发生在普通的空间和时间中，而且可以发生在抽象的数学空间中；不但适用于粒子或粒子组，而且由于粒子的性质与它们的相互作用不可分割地联系在一起，也适用于粒子的相互作用，也就是适用于粒子所参与的过程。这些对称变换之所以如此有用，是因为它们与"守恒定律"[4]密切地联系着。当粒子世界中的一种过程显示出某种对称性时，必定存在着一种可以测定的"守恒"量，也就是在过程中保持恒值的量。这些量在亚原子物质复杂的舞蹈中作为恒定性的要素，因此用它们来描写粒子的相互作用是合乎理想的。有些量在一切相互作用中都守恒，另一些则只在某些相互作用中才守恒，于是每一种过程都与一组守恒量相联系。粒子性质中的对称性从而表现为它们相互作用中的守恒律。物理学家们交替地使用着这两种概念，有时是指一个过程的对称性，有时则是指相应的守恒律，要看在具体情况下使用何者较为方便。

有四个基本的守恒律似乎在所有的过程中都可以观察到，其中三个与普通的时间和空间中简单的对称变换相关。所有的粒子相互作用对于在空间中的位移都是对称的，也就是说，无论它们发生在伦敦，还是在纽约，看起来都是完全一样的。它们还对于在时间中的位移对称，这就意味着无论它们是在星期一还是星期三，都将以同样的方式发生。这些对称性中的第一种与动量守恒有关，第二种与能量守恒有关，其含义是，参与一次相互作用的所有粒子的总动量和总能量（包括它们所有的质量）在相互作用前后都严格相同。第三种基本的对称性与在空间中的取向有关。例如在一次碰撞中，无论发生碰撞的粒子互相趋近时所沿的轴的取向是南－北还是东－西，其结果都是一样的。由于存在着这种对称性，一个过程中所含有的转动量（包括每个粒子的自旋在内）总是守恒的。最后还有电荷守恒，它与更为复杂的对称变换相联系，但是用守恒定律表达出来时却甚为简单，这就是：参与一次相互作用的所有粒子的总电荷守恒。

还有其他一些守恒定律，它们对应抽象数学空间中的对称变换，这些变换与电荷守恒律所对应的那种对称变换相似。其中有些守恒定律在一切已知的相互作用中都成立，有些只在一部分相互作用中成立，例如，只在强相互作用和电磁相互作用中成立，在弱相互作用中则不成立。与它们相对应的守恒量可以看作粒子所携带的"抽象载荷"。由于它们总是具有整数值（±1、±2 等），或者半整数值（±1/2、±3/2、±5/2 等），与原子物理学中的量子数相似，因此也称为量子数。于是，每个粒子的特性，除了它的质量以外，还由一组量子数全面标志着。

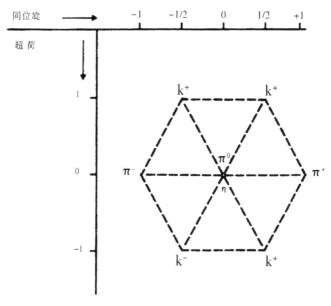

图 16.5　介子八重态

例如，强子带有一定数值的"同位旋"[5]和"超荷"[6]，这两种量子数在所有的强相互作用中都守恒。如果把上一章表中列出的 3 种介子按照它们所具有的这两种量子数排列起来，就会形成一个完美的六角图形，称为"介子八重态"——这种排列显示出多种对称性；例如，粒子与反粒子占据着六角形中相对的位置，而位于中心的两种粒子是它们自身的反粒子。

8 种最轻的重子也正好构成同样的图形，称为重子八重态。但是此时反粒子并不包含在这组八重态中，而是构成了一组与之相似的"反八重态"。我们的粒子表上剩下的粒子，即 Ω 粒子[1]，则属于与此不同的图形；它与 9 种共振态构成的图形称为"重子十重态"。在一个给定的对称图形中全部粒子所具有的量子数，除了同位旋和超荷之外都相同，这两种量子数的不同数值决定着粒子在图形中的位置。例如，介子八重态中所有的介子都具有零自旋，亦即无自旋；重子八重态中所有重子的自旋都是 1/2，而十重态中所有重子的自旋都是 3/2。

于是，可以用量子数把粒子分为族，它们构成了完美的对称图形，还可以用量子数来确定每个图形中个别粒子的位置。同时，粒子的各种相互作用则是按照它们所遵循的守恒定律来分类的。由此可见，对称性和守恒律，这两个互相关联的概念对于表达粒子世界的规律来说极为有用。

---

① 希腊字母 Ω 的读音为"奥米伽"。——译者注

重子八重态

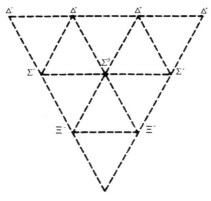

图 16.6　重子十重态

令人惊讶的是，如果假设所有的强子全是由少数几种基本实体组成的，那么大部分规律性就都可以用一种非常简单的方式来表达。然而，我们至今尚未直接观察到这些假设的基本实体。盖尔曼（M. Gell-Mann）[7]给它们取了一个奇特的名字——夸克[8]；在他提出这一假设时，曾把乔伊斯（J. Joyce）所著《芬尼根的守灵夜》[9]一书中的一行字，"以三声'夸克'作为聚会的信号"，指给自己的物理学同行们看。他成功地解释了许多有关强子的情况。例如，只要假设这三种夸克和它们的反夸克具有适当的量子数，并以不同的方式组合成重子和介子，就可以解释前述八重态和十重态，而且只要把组成这些重子和介子的夸克的量子数直接相加,就可以得出它们的量子数。在这个意义上,可以说重子由三个夸克"组成",它们的反粒子由对应的三个反夸克"组成",而介子则由一个夸克和一个反夸克"组成"。

这个模型非常简单和有效,但是如果当真把夸克看作强子的物质组分,我们就会遇到严重的困难。尽管以可能有的最高能量撞击强子,但是目前为止,仍然没有任何强子被击碎以组成它们的夸克,这就意味着夸克是由极强的结合力结合在一起的。按照我们目前对粒子和它们的相互作用的了解,这些作用力必然牵涉到其他粒子,因此夸克和其他强相互作用粒子一样,也应当具有某种"结构"。然而对于夸克模型来说,夸克必须是点状、无结构的。由于存在着这种根本的困难,物理学家们至今尚未能以自洽和动态的方式来表达夸克模型,并对夸克的结合力和对称性做出解释。

在实验方面,过去十年里学者们曾竭尽一切努力,却一直未能成功地"追猎"到夸克。如果存在着单个的夸克,它们就应当是十分显眼的,因为盖尔曼的模型要求它们具有某些不寻常的性质,例如电荷是电子电荷的 1/3 或 2/3,而在粒子世界中任何一处都没出现这种情况。尽管物理学家们进行了最为深入细致的研究,至今却仍然未曾观察到任何具有这些性质的粒子。在实验上探测它们始终不成功,再加上理论上的严重缺陷,使夸克的实在性严重存疑。

另一方面,夸克模型对于解释在粒子世界中发现的规律性这一方面却一直是十分成功的,虽然所用的已不再是它原来的简单形式。在盖尔曼最初的模型中,所有的强子都可以由三种夸克和它们的反夸克组成,但是与此同时,物理学家们都不得不假设另外的夸克来解释多种多样的强子模式。最早提出的三种夸克被相当任意地用 u、d 和 s 等符号,即

"上"（up）、"下"（down）和"奇异"（strange）来表示。在将夸克假说应用到粒子全部数据的细节上去时，对这种模型做了第一步的扩展，这就是假设每一种夸克都可以有三种不同的表现形式，或者说三种"颜色"。当然，采用"颜色"这个词也是相当随意的，它与普通意义上的颜色毫无关系。按照有颜色的夸克模型，重子由三种不同颜色的夸克组成，而介子则由颜色相同的一个夸克和一个反夸克组成。

颜色的引入，使夸克的总数增加到 9。此外，最近又假设了另一种夸克，它也以三种颜色出现。由于物理学家们总是喜爱奇特的名字，他们用 c，即"粲"（charm）来表示这种新的夸克。这就使夸克的总数达到 12——种夸克，每一种夸克又显示出 3 种颜色。物理学家们随即又引入了"味道"这个词来表示夸克的类别，以便将它们的不同种类同不同颜色做区别。于是，我们现在谈论的便是不同味道和不同颜色的夸克。

用这 12 种夸克就能描述大量的规律性，这的确给人深刻的印象[1]。虽然我们目前对于粒子和相互作用的了解排除了有形的夸克的存在，但是强子无疑具有"夸克对称性"，它们常常表现得似乎正是由点状的基本成分组成的。有关夸克模型的这种自相矛盾的情况使人强烈地联想到，在原子物理学的初期同样令人惊讶的悖论曾引导物理学家们在他们对原子的理解上取得了重大的突破。夸克难题具有作为一则新公案的一切特点，它也可能在我们对亚原子粒子的理解上将我们导向重大突破。我们在以后几章里将看到，事实上这一突破已经在发生了。有一些物理学家现在正接近解决夸克公案，从而发现了有关物质实在的本质的新

---

[1]　参见第二版后记中关于夸克模型的最新进展。

观念。

粒子世界里对称形式的发现已使许多物理学家们相信，这些形式反映着自然界的基本定律。在过去 15 年里，他们曾经付出了巨大的努力来寻求一种终极的对称性，它应能将所有已知粒子都包括在内，从而可以用来"解释"物质的结构。这个目标反映着一种从古希腊承袭下来，并在许多世纪中得到发展的哲学观念。对称性和几何学在古希腊的科学、哲学和艺术中起着重要的作用，并被看作等同于美、协调和完善。因此，毕达哥拉斯把对称数的形式看作一切事物的本质，柏拉图相信四种"元素"的原子具有正多面体的形状，而且大多数希腊天文学家认为，天体都沿着圆周运行，因为圆是对称度最高的几何图形。

东方哲学对于对称性的看法与古希腊人截然不同。远东神秘主义的传统常以对称的图形作为符号或沉思的图案，但是对称性的概念在他们的哲学中似乎并不起任何重要的作用。他们把对称性和几何学同样看成是思维的产物，而不是自然界的本性，从而也就不具有根本的重要性。因此，东方的许多艺术形式对不对称有着一种明显的偏爱，并且常常避免完全规则的，或者是几何学的形状。中国和日本的绘画受到禅宗的影响，往往表现出所谓"一隅"的风格，日本庭园里的铺路石板作不规则的排列，都清楚地显示出东方文化的这一方面。

这样看来，在粒子物理学中寻求基本的对称性似乎是我们古希腊传统的一部分，它在某种程度上与近代科学中开始出现的一般的宇宙观不一致。然而，强调对称性并不是粒子物理学的唯一方面。一直存在着一种思想流派，它所持有的"动态的"观点与探索"静态的"对称性的观点相反，不把粒子的模式看成是自然界的基本特征，而试图把它们理解为是由亚原子世界的动态性质和根本相互联系产生的，我们在最后的两章里将说明过去十年中，这一思想流派如何提出了有关对称性和自然定律的根本不同的见解，而且这种见解与迄今所描述的近代物理学宇宙观相协调，并与东方哲学完全一致。

图 16.7　日本京都市桂离宫中的铺路石板

图 16.8　湖边的鸟梁楷(南宋)[10]

第十七章　变化的模式

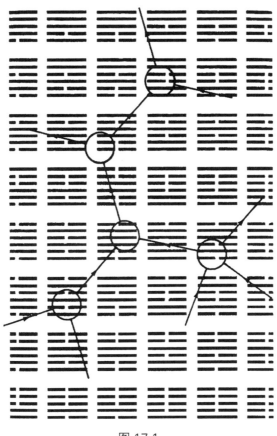

图 17.1

用动态的模型来解释粒子世界中的对称性，也就是描述粒子之间的相互作用，是对 20 世纪物理学的一次重大挑战。归根结底，这个问题指的是如何才能同时将量子理论和相对论都考虑在内。粒子的模式似乎反映着粒子的"量子性质"，因为在原子世界里也存在着类似的模式。但是，在粒子物理学中却不能用量子力学的框架把它们解释为物质波的模式，因为所涉及的能量是如此之高，以至于必须采用相对论。因此，我们只能期望用"量子相对论"的粒子理论来解释所观察到的对称性。

量子场论是这类模型中的第一个。它出色地描述了电子与光子之间的电磁相互作用，但是对于描述粒子的强相互作用来说，却要不适用得多[①]。由于发现了越来越多的粒子，物理学家们很快就认识到，把每一种粒子都与一种基本的场相联系，这种做法令人极不满意；当粒子世界呈现为相互关联着的过程之间越来越复杂的结构时，物理学家们不得不寻求另外的模型来表达这种永远变化着的动态的实在。他们需要有一种数学表达形式能够以动态的方式描写种类繁多的强子模式：它们不断地相互变换，通过交换其他粒子而相互作用，两个或更多的强子形成"束缚态"，并且蜕变为不同粒子的组合。我们通常将所有这些过程统称为"粒子反应"，它们是强相互作用的基本特征，而且只有用强子的量子相对论模型才能对它们做出解释。

有一种似乎最适于描述强子和它们的相互作用的框架，称为"S矩阵理论"[(1)]。它的主要概念"S矩阵"，最初是由海森伯在1943年提出的，并且在过去二十几年里发展成复杂的数学结构，看上去非常适于描述强相互作用。S矩阵是概率的集合，它把强子可能参与的所有反应都包括在内。我们可以设想把一切可能的强子反应排成一个无穷的阵列，数学家把这种阵列称为矩阵[(2)]。字母"S"来自最初的名称"散射

---

① 本书第二版后记比较详细地讨论了这个问题。

（Scattering）矩阵"，它所指的是碰撞（亦即散射）过程，粒子的主要反应就是这种过程。这便是 S 矩阵名称的由来。

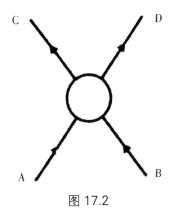

图 17.2

当然，实际上人们感兴趣的并不是强子过程的整个集合，而常是几种特定的反应，因此并不去研究整个 S 矩阵，而只研究它的某些部分，或者说，"矩阵元"。这些矩阵元对应考虑范畴里的那些过程，可以用像图 17.2 那样的图形来表示。

这个图形表示出一种最简单和最常见的粒子反应：A 和 B 这两个粒子发生了一次碰撞，形成两个不同的粒子，C 和 D。比较复杂的过程涉及比较多的粒子，可以用如下的一些图形来表示：

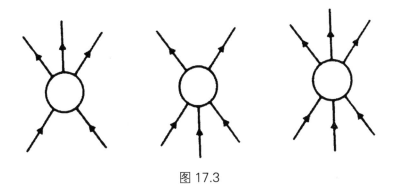

图 17.3

应当强调指出的是，这些 S 矩阵图与场论中的费曼图十分不同，它们并不描述反应的具体机制，只说明最初和最终的粒子。例如，在场论中，标准的过程 A+B → C+D 可能被描述为交换一个虚粒子 V（图 17.4），而在 S 矩阵理论中，我们只画一个圆圈，却不去说明在其中发生了些什么。

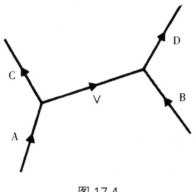

图 17.4

此外，S 矩阵图并不是时－空图，而是粒子反应更具普遍性的符号表示法。我们并不假设这些反应发生在空间和时间中某些一定的点上，而只用入射粒子和出射粒子的速度（更确切地说，是用动量）来描述它们。

这当然意味着 S 矩阵图含有的信息要比费曼图少得多。但是另一方面，S 矩阵理论避免了场论所特有的困难。量子理论和相对论的联合效应使我们不可能精密地确定一定的粒子之间发生相互作用的位置。由于测不准原理，一个粒子发生相互作用的区域定位越精确，它速度的不确定性就越大[①]，因而，它的动能的不确定性也越大。按照相对论，当

---

① 参见第十一章。

这种能量终于大到足以产生新粒子时，我们也就不再能确信所研究的是原来的粒子了。所以，在量子理论与相对论相结合的理论中，我们不可能精确地描述个别粒子的位置。如果采取场论中那样的做法，就不得不容忍数学上的不一致性，这的确是所有量子场论中的主要问题。S矩阵理论绕过了这个问题，只指明粒子的动量，而容许发生反应的区域足够模糊。

S矩阵理论中重要的新概念是把重点从物体转向事件；它主要考虑的不是粒子，而是它们的反应，这种转移是量子理论和相对论的共同要求。同时量子理论还表明，只能把一个亚原子粒子理解为各种测定过程之间相互作用的表现。它不是一个孤立的物体，而是一个发生，或者说事件，并以特定方式与其他事件相联系。用海森伯的话来说：

"（在近代物理学中），我们不是把世界分成不同组的物体，而是把它分成不同的关联。……我们所能识别的只是在某个现象中最为重要的那种联系。……世界因而表现为事件的复杂结构，不同类型的联系在其中交错、重叠或者结合，从而决定着整体的结构。"[①]

另一方面，相对论迫使我们借助于时－空来想象粒子，把它们设想为四维的模式，设想为过程，而不是物体。S矩阵方法把这两种观点结合在一起。它采用相对论四维的数学形式，基于反应（或者更确切地说，基于反应的概率）来描述强子的所有性质，从而把粒子与过程密切地联系在一起。每一个反应都牵涉到粒子，这些粒子又把这一反应与其

---

① W. Heisenberg, *Physics and Philosophy*, p.107.

他反应相联系，从而构成了过程的整个网络。

例如，一个中子可能参与包含着不同粒子的两个相继的反应，假定第一个反应包含着一个质子和一个 π^-，第二个反应包含着一个 Σ^- 和一个 K^+。这样，中子就把这两个反应联系在一起，并且把它们综合在一个大的过程中［参见图 17.5（a）］。这个过程中的每一个初始粒子和终了粒子又将被包含在其他反应中；例如，质子可以从一个 K+ 和一个 Λ 之间的相互作用形成［参见图 17.5（b）］。

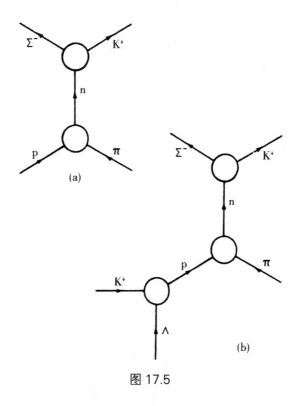

图 17.5

原先反应中的 K^+ 可以与一个 K^- 和一个 π^0 相联系；π^- 与另外的三个 π 介子相联系。于是，原来的中子被看作整个相互作用网络的一部分，即 S 矩阵所描述的那些"事件的结构"的一部分。我们不能确切地测定这种相互作用网中的那些相互关系，而只能把它们与一定的概率相联系。每种反应都以某种概率发生，取决于可利用的能量和反应的特性，而这些概率则是由 S 矩阵的各个矩阵元给定的。

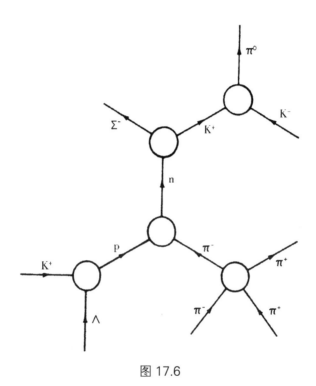

图 17.6

这种方法使我们能够以彻底的动态方式来定义强子的结构。例如，在我们的网络中，我们可以把中子看成是质子与 π 介子的"束缚态"[3]，因为中子能从这两种粒子中产生；也可以看成是 Σ⁻ 和 k⁺ 的束缚态，因为中子能衰变为这两种粒子。这两种强子组合中的任何一种，以及许多其他的强子组合，都能形成一个中子，所以它们都可以说是中子"结构"的组分。由此可见，不能把强子的结构理解为一定的组成部分的组合，所有能够通过相互作用而形成这种强子的粒子组合都可以被看作它的结构。因此，质子潜在地以中子－π介子偶、K介子－Λ粒子偶等形式存在。若有足够的能量，质子也能衰变为这些粒子的组合。反应的概率反映着强子以各种不同形式存在的倾向，所有的反应都可以看作强子内部结构的某些方面。

S矩阵理论把强子的结构定义为它经历各种反应的倾向，从而使结构概念具有本质上是动态的含义。同时，这种结构的概念完全符合实验事实。当强子在高能碰撞中碎裂时，它们蜕变为其他强子的组合，因此我们就可以说它们潜在地是由这些强子的组合"组成"的。在这种碰撞中形成的每一种粒子也要经历各种反应，从而构成整个事件的网络，我们可以在气泡室里把整个网络拍摄下来。图17.7和第十五章中的气泡室照片就是这种反应网络的例子。

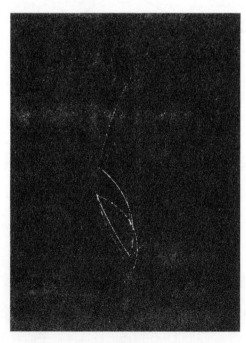

图 17.7（a）

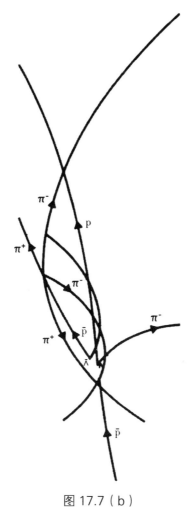

图 17.7（b）

图 17.7（b） 有质子、反质子、一对 Λ 粒子和几个 π 介子参与的反应网格

　　虽然在一个特定的实验中究竟会出现哪种网络，是与机会有关的问题，但是每一种网络都是按照一定的规律构成的。这些规律就是前述各种守恒律；有可能发生的只是有明确定义的一组量子数在其中守恒的那些反应。首先，在每个反应中必须保持总能量为恒值。这就意味着，只有在反应中所含能量足以提供某种粒子组合所需质量的情况下，这种组

合才有可能在反应中出现。此外，形成的粒子组总体的量子数必须恰好等于原初发生反应的粒子所具有的量子数。例如，一个质子和一个 π^- 介子的总电荷为零，可能在一次碰撞中消失后重新组合成一个中子和一个介子再出现，但是不可能以一个中子和一个 π^+ 介子的形式出现，因为这对粒子的总电荷为 +1。

那么，强子反应显示着能量的一种流动，粒子在其中产生和消灭。然而，能量只能通过某些"通道"流动，这些通道的特点是：强相互作用中的量子数守恒。在 S 矩阵理论中，反应通道的概念要比粒子的概念更为根本。通道的定义是一组量子数，它们是各种不同的强子组合所具有的，而且常常也是单个强子所具有的。流过特定通道的究竟是哪种强子的组合，则是一个概率问题，它首先取决于可利用的能量。例如，图 17.8 示出一个质子与一个 π^- 介子之间的相互作用，在其中生成的一个中子作为中间态。于是，这个通道先是由两个强子组成的，然后是单个强子，最后是原先的那对强子。如果有更多的能量可供利用，同样的通道还可以由一对 Λ - K^0、一对 Σ - K^+，或者各种其他组合构成。

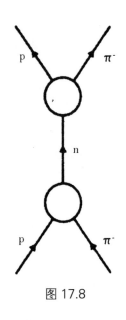

图 17.8

反应通道的概念特别适于用来研究共振态，亦即寿命极短的强子态，它们是一切强相互作用的特征。共振态是如此短暂的现象，以至于物理学家们当初只是勉强把它们算作粒子；直到现在，阐明它们的性质仍然是实验高能物理学中的一项重要任务。共振态是在高能碰撞中形成的，并且几乎是一出现就衰变。我们无法在气泡室里看到它们，但是可以根据反应概率很特殊的表现来进行探测。两个互相碰撞的强子发生反应的概率，亦即相互作用的概率。取决于碰撞中包含的能量。如果这个能量发生变化，那么反应概率也将变化；当能量增大时，反应概率可能随之而增大，或者减小，这取决于反应的具体情况。然而，当能量为某些数值时，我们可以观察到反应概率急剧地增大；在这些能量下发生反应的可能性要比在其他任何能量下大得多。这种急剧的增大与短寿命中间强子的形成有关，它们的质量与观察到的这种急剧增大时的能量成正相关。

把这些短寿命的强子态称为共振态的原因是，它们类似于我们熟知的与振动有关的共振现象。以声波为例，一个空腔中的空气对于从外面进来的声波一般只是微弱地响应，但是声波的频率达到某个被称为共振频率的数值时，就会开始"共鸣"，或者说非常剧烈地振动。强子反应的通道可以与这样的共振腔相类比，因为发生碰撞的强子的能量与相应的概率波频率有关。当这一能量，或者说频率，达到某一定值时，反应通道就开始共振；概率波的振动突然变得很大，从而导致反应概率急剧增大。大多数反应通道都具有几个共振能量，每一个共振能量对应一种短暂的中间强子态的质量，这些中间态是在发生碰撞的粒子能量达到共振值时生成的。

在 S 矩阵理论的框架中，不存在是否应当把共振态称为"粒子"的问题。所有的粒子都被看作反应网络中的中间态，至于共振态存在的时间比其他强子短得多，这并不构成根本的差别。事实上，"共振"是一个非常恰当的名词，它既适用于反应通道中的现象，也适用于发生这一现象时生成的强子，从而说明了粒子与反应之间的密切联系。共振态是粒子，而非物体；最好把它描述为事件，或者是（事件的）发生。

粒子物理学中对强子的描述，使我们回想起前面引述过的铃木大拙的话[①]："佛家把物设想为事件，而不是物体或物质"。佛家通过自己对自然界的神秘体验所认识到的，现在已经通过现代化科学的实验和数学理论而被再度发现。

为了把所有的强子都描述为反应网络中的中间态，我们必须能够对它们赖以发生相互作用的力做出解释。这些力都是强相互作用力，它们能使碰撞的粒子偏移方向，或者说，"散射"，使它们消解并重新组合成不同的模式，并且使它们成组地结合成中间束缚态。在 S 矩阵理论中和在场论中一样，也把相互作用力与粒子相联系，但是不采用虚粒子的概念，而是认为力与粒子之间的关系基于 S 矩阵的一种被称为"交叉"的特性。为了说明这种特性，让我们看图 17.9。图中所示是一个质子与一个 π^- 介子之间的相互作用：如果把这个图转动 $90°$，并且假定我们仍然保持前面采用的约定[②]，以朝下的箭头表示反粒子，那么新的图就将表示一个反质子（$\bar{p}$）与一个质子（p）之间的反应，从中生成一对 π 介子，是原来反应中的反粒子（图 17.10）。

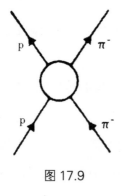

图 17.9

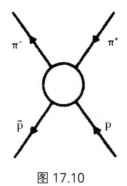

图 17.10

①　参见第十三章。
②　参见第十二章。

于是 S 矩阵的"交叉"性质所涉及的事实就是，这两种过程都由同一个 S 矩阵元描写，也就是这两个图形代表的只是同一个反应的两个不同方面，或者说"通道"[1]。粒子物理学家们在进行计算时，常从一个通道转换到另一个通道，他们不是转动图形，而只是自下而上，或者从左向右来看它们，并分别称它们为"直接通道"和"交叉通道"。这样，我们例子里的反应在直接通道中便被看作：$p + \pi^- \rightarrow p + \pi^-$，而在交叉通道中则被看作：$\bar{p} + p \rightarrow \pi^+ + \pi^-$。

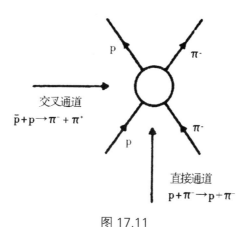

图 17.11

力与粒子之间的联系是通过这两个通道中的中间态建立起来的。在这个例子里的直接通道中，质子与 π^- 可以生成一个中间中子，而交叉通道则可以由一个中间的中性 π 介子（π^0）构成。这个 π 介子就是交叉通道的中间态，它被解释成一种力的表现；在直接通道中，这种力把质子和束缚在一起而形成中子。因此，这两个通道都需要将力与

---

[1] 实际上还可以进一步转动这个图形，并且可以使每一条线都"交叉"而得到各种不同的过程，它们仍然由同一个 S 矩阵元描写。每个矩阵元一共代表着 6 种不同的过程，但是只有上面提到的两种与我们对相互作用的讨论有关。

粒子相联系；同一事物在一个通道中表现为力，在另一个通道中则表现为中间粒子。

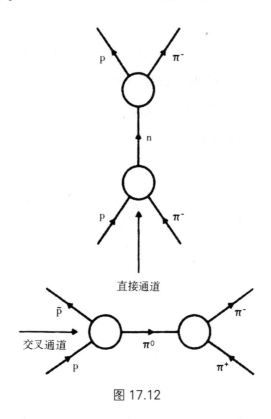

图 17.12

虽然在数学上从一个通道转换到另一个通道是比较容易的，但是要形成这种情况的直观图像，如果确有可能，也是极端困难的。因为"交叉"这本质上是一种相对论的概念，是从相对论的四维表述中产生的，所以很难形象化。在场论中也有类似的情况，相互作用力被描写成虚粒子的交换。实际上，在交叉通道中显示出中间 π 介子的图形，使人联想到表示这些粒子的交换的费曼图[①]。因此可以说，大致上质子和 π 是"通

① 但应记住，S 矩阵图不是时－空图，而是粒子反应的符号表示法，从一个通道到另一个通道的转换发生在一个抽象的数学空间中。

过交换一个 π^0 而相互作用的。物理学家们常常采取这种说法，但是这并不是一种全面的描述。只有用直接通道和交叉通道的说法，也就是用抽象的概念，才能做出适当的描述，而这些概念几乎是不可能形象化的。

尽管表达方式各有不同，但是 S 矩阵理论中关于相互作用力的一般概念仍然与场论中的概念十分类似。在这两种理论中，力都表现为粒子，它们的质量决定着力程[①]，而且这两种理论都把力看作相互作用的粒子所固有的性质。在场论中，力反映着虚粒子云的结构，而在 S 矩阵理论中，力则是由相互作用的粒子的束缚态产生的。因此，两种理论都与前面讨论过的东方观念相似[②]。此外，关于相互作用力的这种观念还包含着一个重要的结论，这就是一切已知的粒子必定具有某种内部结构，因为只有这样，它们才能与观察者相互作用，从而被探测到。丘（G. F. Chew）是矩阵理论的主要缔造者之一，他说："一个真正的基本粒子，即完全没有内部结构的粒子，是不可能接受任何力的作用而使我们能够探测到它的存在的。这也就是说，有关粒子存在的知识本身就意味着粒子具有内部结构！"[③]

S 矩阵理论表述的特殊优点是，它能够描写整个强子族的"交换"。正如前一章提到的，所有的强子似乎都可以分成序列，同一序列的成员所具有的性质除了质量和自旋以外都相同。雷吉（T. Regge）[(4)]首先提出一种表达式，使我们能够把这些序列中的每一个都作为以各种不同激

---

① 参见第十四章。

② 参见第十四章。

③ G. F. Chew, "Impasse for the Elementary Particle Concept", *The Great Ideas Today* (William Benton, Chicago, 1974), p.99.

发态而存在的单个强子来处理。近年来，已经有可能把雷吉表达式纳入
S矩阵理论的框架，并且非常成功地用来描写强子反应。这是S矩阵理
论最重要的发展，而且可以看成是朝着粒子模式的动态描述迈出的第
一步。

于是，S矩阵的框架就能够以一种彻底动态的方式来描述强子的结
构，它们利用的是发生相互作用的力，以及它们形成的某些模式。在这
种描述方式下，每一个强子都被看成是一个不可分割的反应网络整体的
组成部分。S矩阵应解决的主要问题，是用这种动态的描述去解释我们
上一章中讨论过的对称性，强子的模式和守恒律都是从对称性中产生
的。在这种理论中，S矩阵的数学结构应当以如下方式来反映强子的对
称性，即它只含有那些与守恒律所容许的反应相对应的矩阵元。这些守
恒律从此便不再是经验的规律，而是来源于S矩阵结构的，因此也就是
来源于强子的动态性质的规律。

现在物理学家们正在试图达到这一雄心勃勃的目的，他们提出了几
项普适的原则来限制在数学上构造S矩阵元的可能性，从而使S矩阵
具有一定的结构。到目前为止，他们已经提出了三项普适原则，其中第
一项是根据相对论和我们对空间和时间的宏观经验提出来的，它说明反
应的概率应与实验仪器在空间和时间中的位移，以及观察者的运动状态
无关，从而与反应相对应的S矩阵元也与它们无关。正如在前一章讨
论过的，粒子反应对于在空间和时间中的取向和位置的无关性，意味着
反应中的总转动量、总动量和总能量守恒。这些"对称性"对于我们的
科学工作来说十分重要，如果一个实验的结果随着它是在何时、何地进
行的而变化，那么科学就不可能是它目前的形态。这项原则中的最后一
个要求是相对性原理，即实验结果与观察者的运动无关，这是相对论的

基础。[①]

第二项普适原则是根据量子理论提出来的。它指出，只能预测特定反应的结果的概率，而且所有可能的结果的概率之和（包括粒子之间不发生反应的情况在内）应等于1。换句话说，我们可以确信，粒子之间可以发生或者不可以发生相互作用，这一论述看起来似乎不重要，然而事实上却是一条起着非常大的作用的原理，称为"幺正性"[（5）]，它严格地限制着构造 S 矩阵元的可能性。

第三项，也就是最后一项原则，与因果的概念有关，称为因果关系原理。它指出，能量和动量只有通过粒子才能在空间中传递，其传递方式必定是一个粒子在一个反应中产生，在另一个反应中消失，而且只有在后一反应发生在前一反应之后的情况下，才可能发生这种传递。因果关系原理的数学表述意味着，除了在那些有可能产生新粒子的数值上以外，S 矩阵依变于参与反应的粒子的能量和动量的方式，都是平滑的。S 矩阵的数学结构在那些数值上发生突变，数学家称之为"奇点"[（6）]。每个反应通道都含有几个这种奇点；这也就是说，每个通道中的能量和动量都有几个特定的数值，在这些数值上能够产生新的粒子。前面提到的"共振能量"就是这种数值的例子。

S 矩阵显示出奇点，这一事实来源于因果关系原理，但是奇点的位置却不由它确定。能够产生粒子的那些能量和动量的数值因反应通道不同而异，取决于所产生粒子的质量和其他性质。因此，奇点的位置也就反映着这些粒子的性质，而且由于所有的强子都可以在粒子反应中产生，S 矩阵的奇点也反映着强子的所有形式和对称性。

---

① 参见第十二章。

于是，S 矩阵理论的主要目的就是从普适的原则推导出 S 矩阵的奇点结构。到目前为止，仍然未能构造出一个能够满足所有三项原则的数学模型，很可能这三项原则足以单值地决定 S 矩阵的所有性质，从而也决定着强子的全部性质①。如果情况真是如此，那么这样的一种理论在哲学上的含义将是非常深刻的。所有三项普适原则都与我们进行观察和测定的方法有关，也就是与科学的框架有关。如果它们足以决定强子的结构，就意味着物质世界的基本结构最终是由我们观察世界的方式决定的。我们观察方式上的任何根本的变化都意味着普适原则的改变，从而造成一种不同的 S 矩阵结构，这也就意味着一种不同的强子结构。

有关亚原子粒子的这种理论说明，要将科学观察者与被观察的现象分开是不可能的，我们已经结合量子理论，就其最为极端的形式进行过讨论②。归根结底，它意味着我们在自然界观察到的结构和现象，只不过是我们进行测定和分类的思维的产物。

这也是东方哲学一个基本信条。东方神秘主义者一再述说，我们观察到的一切事物都是思维的产物，它们从特定的意识状态中产生，而如果我们超越了这一状态，它们将再度消失。印度教认为，我们周围的一切形状和结构都是精神受到"幻"的迷惑而产生的，并且把我们赋予它们以深刻含义的这种倾向看成是人类的根本错觉。佛家称这种错觉为"无明"或"无知"，并且把它看作一种"被玷污"的精神状态。马鸣说：

"当人们认识不到事物的整体性时，他们就会产生无知和成见，从

①　这个假设称为"靴襻"假说，我们将在下一章中作较详细的讨论。
②　参见第十章。

而各种受到玷污的精神状态就会发展起来。……世界上的一切现象只不过是思想上的错觉的表现，它们本身并不具有实在性"。[1]

这也是佛教瑜伽宗[7]一再论述的主题，他们认为，我们观察到的一切形式都"仅仅是精神"、精神的投影或"影像"：

"从我们的思想中涌现出无教的事物，它们取决于我们的辨别力。……人们把这些事物看作外部世界。……那些看起来像是外界的，实际上并不存在。我认为，我们的身体、特性和上述所有的一切，都只不过是精神"。[2]

在粒子物理学中，从 S 矩阵理论的普适原则出发来推导强子的模式，是一项长期而艰巨的任务，到目前为止，物理学家们只朝前迈出了几小步。但是我们应当认真地看待这种可能性，总有一天能够从普适的原则推导出亚原子粒子的性质，从而看出是我们的科学框架决定了它们。这可能是粒子物理学的普遍特征，而且它也可能出现在电磁相互作用、弱相互作用和引力相互作用将来的理论中，这是一种令人感到兴奋的设想。如果真是这样，那么近代物理学还必须走过漫长的道路才能与东方圣贤们的认识相一致，即物质世界的结构是"幻"，或者说"仅仅是精神"。因此，拉达克里希南写道：

[1]　Ashvaghosha, *The Awakening of Faith*, pp.79, 86.

[2]　Lankavatara Sutra, in D. T. Suzuki, *Studies in the Lankavatara Sutra*, p.242.

"我们怎样才能思考这个绝对变动中的事物，而不是思考其中的过程呢？那就是闭眼不看接连发生的事件。这是一种武断的态度，它把变化之流分成段，并称它们为事物。……我们把一系列连续不断的变化中的孤立产物奉为永恒和真实的，当我们知道了事物的真相时，我们将会认识到这是何等的荒谬可笑。生命既不是事物，也不是事物的状态，而是连续的运动或变化。"①

近代物理学家和东方神秘主义者都已经认识到，在这个变动和转化的世界里，一切现象都动态地相互联系着。印度教徒和佛教徒们把这种相互联系看作一种宇宙规律，"业"的规律，但是他们一般并不关心普遍的事件网络中的特定模式。中国的哲学也强调运动和变化，另一方面还发展了关于动态模式的概念，认为这些模式在"道"的宇宙之流中不断地形成和再度消解。在《易经》中，东方先贤用一系列精心设计的卦象，即所谓六爻⁽⁸⁾来说明这些模式。

图 17.13

在《易经》中，这些图形排列的基本原则是阴阳两极的相互作用。连续的线条（——）代表阳，断开的线条（- -）代表阴，整个六爻系统是由这两种线条自然地组成的。把它们结合成对，就形成 4 种构型，再对每种构型加上第三条线，就产生了 8 种三爻⁽⁹⁾。

---

① S. Radhakrishnan, *Indian Philosophy*, p.369.

图 17.14

在古代中国，人们认为，这些三爻代表着宇宙和人的一切可能情况，给予它们的名称反映着它们的基本特点，例如"乾""坤""震"[10]等等，并且把它们与自然界和社会生活中的许多概念相联系，象征着诸如天、地、雷、水等等，以及由父、母、三个儿子和三个女儿组成的家庭。此外，还把它们与基本方位[11]和一年四季相联系，并且常常作如图 17.15 的排列。

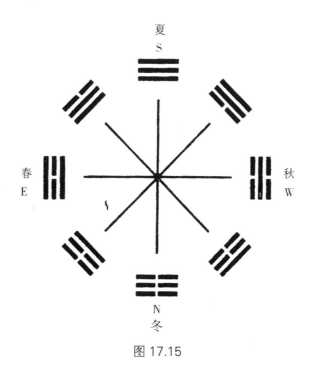

图 17.15

在这种排列中，8 种三爻以它们形成的"天然顺序"排成一圈，从上方开始（中国人常把南放在上方），前 4 个三爻位于圆的左边，后 4 个三爻位于右边。这种排列显示出高度对称性。

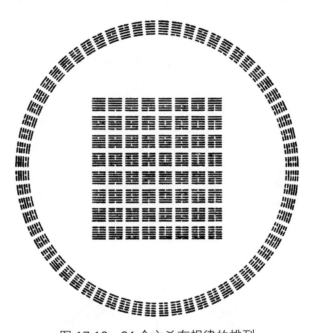

图 17.16　64 个六爻有规律的排列

为了进一步增加可能的组合数，8 种三爻上下叠置，组合成对，就得到了 64 种六爻，每一种都由 6 条连续的或断开的线条组成。六爻被排成几种有规则的图形，图 17.16 中示出的两种是其中最常见的：一种是 8 乘 8 的六爻方阵，另一种是圆形的阵列，它们都显示出和三爻的圆形阵列一样的对称性。

64 种六爻是把《易经》用作卜书所依据的卦象。要解释任何一种六爻，必须考虑到它的两个三爻的各种含义。例如，三爻"震"位于三爻"坤"之上的六爻被解释成"活动"与"顺从"相遇，象征着热情，所以称为"豫"[12]。

震　　　　　　坤　　　　　　豫

图 17.17

再举一个例子，象征前进的六爻"晋"是"离"在"坤"之上，解释为太阳普照大地，象征着迅速而从容的前进。[13]

离　　　　　　坤　　　　　　晋

图 17.18

在《易经》中，三爻和六爻代表着"道"的各种形式，它们由"阴"和"阳"动态的相互作用产生，并且反映在宇宙和人的一切境况中。因此，《易经》的基本思想就是，不把这些境况看作静止的，而看作连续的流动和变化中的一些阶段，这也就是这本书的书名的含义。世界上的一切事物和情况都经历着变动和转化，三爻和六爻作为它们的映象，也是如此。它们处于一种不断变迁的状态之中，从一个变成另一个，连续的线条向外伸展，断成两段分开的线条，它们向内伸展，从而又连接在一起。

由于《易经》具有由变动和转化而产生动态模式的概念，在东方思想中，它可能是与 S 矩阵理论最为接近的。这两种思想体系所强调的都是过程，而不是物体。在 S 矩阵理论中，这些过程就是造成强子世界中一切现象的粒子反应。《易经》把基本的过程称为"易"[14]，并且认为它对于理解一切自然现象来说都是重要的：

"夫易，圣人之所以极深而研几也。"[15]

在《易经》中不把这些变化看作强加在物质世界上的基本定律，用威尔赫姆（H. Wilhelm）的话来说，变化被看成是"一种内在倾向，它的发展是自然而自发地发生的。"[1]粒子世界里的"易"也可以说是这样，它们也反映着粒子内在的倾向性，在 S 矩阵理论中我们用反应概率来表示这些倾向性。

强子世界中的变化产生着结构和模式，人们用反应通道来象征地表示它们。无论是结构还是对称性都不被看作强子世界的基本特征，而被看成是来自粒子的动态性质，也就是说，来自它们变动和转化的倾向。

《易经》中三爻和六爻等结构也是由变化产生的，它们和粒子反应通道一样，也是变化模式的象征性表示，能量流过反应通道对应"易"流过六爻的线条：

"变动不居，周流六虚，上下无常，……唯变所适。"

按照中国的观点，我们周围的一切事物和现象都由变化的模式产生，并且可以用三爻和六爻的不同线段来表示，因此，它们就不把物质世界中的事物看作静止的孤立物，而只是把它们看作宇宙过程的短暂阶

---

① H. W. Helm, *Change*, p.19.

段，也就是"道"的短暂阶段：

"道有变动，故日爻；爻有等，故日物。"[16]

和粒子世界中的情况一样，爻的变化所产生的结构也可以排列成各种对称的图形，例如8个三爻组成的八卦。在八卦中相对位置上的三爻内，阴爻和阳爻的位置互换。这种图形甚至大致与上一章中讨论过的介子八重态相似。在八重态中，粒子和反粒子占据着相对的位置。但是重要的并不是这种偶然的相似性，而是近代物理学和古代的中国思想都认为变动和转化是自然界最本质的方面，并且把从变化中产生的结构和对称性看作第二位的。威尔赫姆在他的《易经》英译本前言中指出，这就是《易经》一书的基本概念：

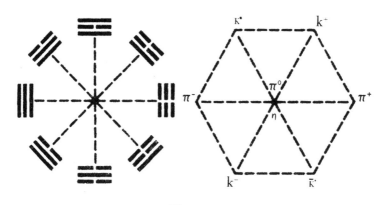

图 17.19

"八卦……保持着不断变化的状态，从一种图形变成另一种，就像在物质世界中连续发生的一种现象变成另一种现象一样。这就是《易经》的基本概念。8个三爻是变化着的过渡状态，是不断变化着的映象。

《易经》不像西方思想那样，主要把注意力集中于事物存在的状态，而是集中于它们在变化中的运动。因此，八卦所代表的不是事物本身，而是它们在运动中的倾向。"[1]

在近代物理学中，我们已经开始以与之大致相同的方式来认识亚原子世界中的"事物"，着重于运动、变化和转变，并且把粒子看成是不断进行着的宇宙过程中的短暂阶段。

[1]　R. Wilhelm, op. cit., p.1.

第十八章　相互渗透

到目前为止，我们在近代物理学的带动下，对宇宙观所做的探索一再表明，关于物质"基本结构单元"的概念不再成立。我们以前曾经极为成功地用这种概念以一些原子来解释物质世界，以一些被电子所围绕的原子核来解释原子的结构，并以原子核的两种"基本结构单元"，即质子和中子，来解释原子核的结构。因此，原子、原子核和强子先后都曾经被看作"基本粒子"。但是它们都未能满足期望。每一次的结果都是认识到原来这些粒子本身都具有复合的结构，于是物理学家们又指望下一个层次的组成部分最终会显示出物质的终极成分。

另一方面，原子物理学和亚原子物理学的理论表明，未必存在着基本粒子。它们揭示出物质的一种基本的相互联系说明。运动的能量可以转化为质量，并且粒子是过程而不是物体。所有这些理论上的发展都强烈地表明了必须抛弃关于基本结构单元的简单设想，然而许多物理学家却至今不愿意这样做。把复杂的结构分解为比较简单的组成部分，以便对它们做出解释，这种古老的传统方法在西方思想中是如此根深蒂固，以至于到现在人们仍在继续寻求着这些基本成分。

但是，粒子物理学中有一种截然不同的学派，它的基本思想是，不能把自然界归结为一些基本的实体，例如基本粒子或基本场。这一学派认为，自然界的各种成分既互相组成，又组成它们自己，我们不得不完全通过自然界本身的自洽性来认识自然界。这种观念是在 S 矩阵理论中产生的，被称为"靴袢"（bootstrap）假说。它的创始人和主要倡导者是丘，他一方面把这种思想发展成一种普适的、关于自然界的"靴袢"哲学；另一方面又与别人合作，建立了一种以 S 矩阵语言阐述的，关于粒子的特殊理论。丘在几篇论文中描述了这种靴袢假说[①]，下面论述的根据就是这些论文。

靴袢哲学终于使近代物理学抛弃了机械的宇宙观。牛顿的宇宙是由一组具有某些根本性质的实体构成的，它们被认为是上帝的造物，因此，不能对它们做进一步的分析。这种观念以各种形式被包含在所有的自然科学理论中，直到靴袢假说明确指出，不应把世界理解为不可做进一步分析的实体的集合。这种新的宇宙观把宇宙看作相互关联的事件的动态网络。这个网络中任何一部分的性质都不是根本的，它们都是从其他部分的性质导出的，而且它们共有的相互关联的总体一致性决定着整个网络的结构。

因此，靴袢哲学代表着一种极端的自然观，它来源于量子理论，从而认识到根本而普遍的相互联系；它的动态内容来自相对论，并且依据 S 矩阵理论中的反应概率来表述。同时，这种自然观本来就与东方的宇宙观非常接近，现在则在它一般的哲学观点和对物质的具体认识上都与东方思想一致。

靴袢假说不仅否认物质基本成分的存在，而且不承认任何根本的实

---

① G. F. Chew, "'Bootstrap': A Scientific Idea," *Science*, vol.161 (May 23, 1968), pp.762-765; "Hadron Bootstrap: Triumphor or Frustration?", *Physics Today*, vol.23. (October 1970), pp.23-28; "Impasse for the Elementary Particle Concept," *The Great Ideas Today* (William Benton, Chicago, 1974).

质，也就是不承认任何根本的定律、方程式或原理，从而抛弃另一个概念，即关于自然基本定律的概念，而这种概念几百年来一直是自然科学必不可少的一个部分，它来源于对神圣的立法者的信仰，深深植根于犹太教与基督教所共有的传统之中。阿奎那（T. Aquinas）说：

"有一种永恒的法则，就是理性[1]，它存在于上帝的心中，并支配着整个宇宙。"①

这种永恒的神圣自然法则的概念对于西方的哲学和科学有很大的影响。笛卡尔论述过"上帝赋予自然的法则"，而牛顿则相信自己的科学工作的最高目标是为"上帝赋予自然的法则"作证。在牛顿之后的三个世纪中，自然科学家的目标仍然是去发现自然界最基本的定律。

现在近代物理学发展出一种十分不同的观点。物理学家们已经开始认识到，他们所有关于自然现象的理论，包括他们所描述的"法则"，都是人类思维的产物，是我们关于实在的概念图的性质，而不是实在本身。这种概念性的图像和它所含有的一切科学理论与"自然法则"一样，必然是有局限的和近似的②。一切自然现象归根结底都是互相联系的，要解释其中任何一种现象，我们都必须了解其他所有现象，而这显然不可能。科学之所以能够如此成功，是因为人们发现可以采用近似的方法。如果我们满足于近似地"了解"自然，就可以采用忽略关系较小的其他现象的办法，来描述所选定的一组现象。这样就能够用少数现象

---

①　Quoted in J. Needham, *Science and Civilization in China*, vol.11, p.538.

②　参见第二章。

来解释许多现象，以一种近似的方式来了解自然界的不同方面，而无须同时了解一切事物。这就是科学方法；所有的科学理论和模型都是对于事物真实性质的近似，而这种近似所包含的误差常常小到足以使这样的处理方法富有意义。例如，在粒子物理学中我们常常忽略粒子之间的引力相互作用，因为它们要比其他相互作用弱许多数量级。虽然这种省略造成的误差极小，但是将来更准确的粒子理论显然不得不把引力相互作用也包括在内。

粒子物理学家们从而建立了一系列局部的近似理论，其中每一种都比前一种更为精确，但是它们中没有一种能够最终全面地解释自然现象。和这些理论一样，它们所描述的"自然法则"也是可以改变的。在理论得到改进之后，这些"法则"最终将被更为准确的定律所取代。一种理论的不完善性通常反映在它的任意参数上，或者说"基本常数"上。理论并未对这些物理量的数值做出解释，而是不得不在经验地确定了这些数值之后，将它们插入到理论中去。量子理论不能解释被采用的电子质量的数值，场论不能解释电子的电荷大小，相对论也不能解释光速的数值。按照经典的观点，这些数值都被看作自然界的基本常数，无须对它们做进一步的解释。然而，近代的观点认为，这些数值只是暂时地起着"基本常数"的作用，它们反映着现有理论的局限性。靴袢哲学的观点是，在这些理论的准确性和适用范围得到提高和扩展之后，应当逐一对这些常数做出解释。在理想的情况下，理论应不含任何未经解释的"基本常数"，并且它的全部定律都是从总的自洽要求得出的。这种理想情况我们应当逐步地去接近，但是永远也达不到。

重要的是应当认识到，即使是这样一种理想的理论，也必然有某些未加解释的部分，虽然它们不一定以常数的形式出现。凡是科学理论都要求接受某些不加解释的概念来构成科学语言。靴袢理论的进一步发展将导致对科学的超越：

> "在广义上说，靴袢思想虽然既吸引人又有用，但却是非科学的。……我们知道，科学需要一种语言，它以某种不容置疑的框架为依据。因此，企图解释所有的概念，在语义学上很难被说成是'科学的'。"①

彻底的靴袢自然观认为，宇宙中所有的现象都唯一地取决于共有的自洽性，这种自然观显然与东方的宇宙观非常接近。在不可分割的宇宙中，一切事物都互相联系，所以它如果不是自洽的，就没有意义。靴袢假说的依据是自治性，而东方神秘主义则非常强调一切现象的统一和相互联系，在某种意义上说，这只不过是同一种观点的不同方面。道家对于这种密切的关系解释得最为清楚。他们认为世界上所有的现象都是宇宙的道路，即"道"的一部分，而且"道"所遵循的法则并非由任何神圣的立法者制定，而是它本性中所固有的;《道德经》中写道：

> "人法地，地法天，天法道，道法自然。"(2)

李约瑟在他对中国的科学和文化所做的透彻研究中，以很大的篇幅讨论了西方关于基本自然定律的概念起初就牵涉到神圣的立法者，而在中国的思想中如何也找不到与这种概念相似之处。李约瑟写道："在

---

① G. F. Chew, "'Bootstrap': A Scientific Idea?", op. cit., pp.762-763.

中国的宇宙观中，一切存在之物的和谐协调不是来自它们之外的上级权威，而是受着它们自身内在本性的支配，因为它们都是构成宇宙模式整个层系的部分。"[1]

李约瑟认为，在中文里甚至没有一个词是与西方经典思想中的"自然法则"相当的。与它含义最接近的词是"理"[3]，新儒家[2]哲学家朱熹[3]把它描述为"'道'中无数脉络状的图像"。[4][4] 李约瑟把"理"译为"组织的原理"，并且做了如下的注释：

"'理'的最古老的含义是指物体中的图像，玉石的纹路或肌肉中的纤维组织。……在字典上一般解释为'原理'。但是常常保留着'图像'的含义。……它含有'法则'的意思，而这种法则是整体的部分所不得不遵从的法则，正是因为它们作为整体的部分而存在。……与'部分'有关的最重要的一点就是，它们不得不精确地与它们所组成的整个有机体中的其他部分相适配。"[5]

不难看出，这样的观点是如何使中国的思想家们认识到自洽性是一切自然法则的要素的，而这种概念直到最近才在近代物理学中发展起来。陈淳[5]生活在公元 1200 年前后，是朱熹门下的弟子之一，他对这种概念所做的说明非常清楚，可以当作对靴袢理论中的自洽性概念的完美解释：

---

[1]　J. Needham, op. cit., vol.II, p.582.

[2]　此处"新儒家"指的宋代理学。——编者注

[3]　参见第七章。

[4]　J. Needham, op. cit., vol.II, p.484.

[5]　J. Needham, op. cit., vol.II, p.558, 567.

　　"'理'乃是一个当然之则……'当然'意为（人）事正当合做处。'则'意为恰好，无过亦无不及。古之人究事至极，循其理以阐（人）事（与自然之）物，意即顺其自然。"(6)

　　东方的观点和近代物理学的观点一样，认为宇宙中的每一个事物都与其他一切事物相联系，没有哪一部分是基本的。任何部分的性质都不取决于某种基本法则，而取决于其他所有部分的性质。物理学家和神秘主义者都认识到，其结果不可能对任何现象做出彻底的解释，然而他们对此采取了不同的态度。前面已经谈到，物理学家满足于近似地了解自然，但是东方神秘主义者对于近似的，或者说"相对"的知识，不感兴趣，他们关心的是"绝对"知识，包括对于整个人生的理解。他们清楚地认识到宇宙在本质上是相互联系的。由此认识到，要想解释某种事物，首先要去说明它如何与其他一切事物相联系。但是这不可能，所以东方神秘主义者坚决认为，不可能对任何单独的现象做出解释，马鸣说：

　　"一切事物就其本质来说都是不可名状，不可解释的。不能以任何形式的语言对它们做适当的描述。"[1]

　　因此，东方的贤哲们感兴趣的一般不是解释事物，而是获得关于一切事物的统一体非理性的直接经验。这就是佛陀的看法。他对于有关

---

[1]　Ashvaghosha, *The Awakening of Faith*, p.56.

人生的意义、宇宙万物的起源或"涅槃"的本质等一切问题的回答都是"崇高的沉默"。在要求禅宗大师们解释某一事物时，他们所做的荒谬的回答似乎也具有同样的意图，就是使弟子认识到每个事物都是其他一切事物的结果。"解释"自然界仅仅意味着说明它的整体性，归根结底，是没有什么可解释的。正在洞山⁽⁷⁾给一些麻称重时，一个僧徒问："何谓佛？"他答道："麻三斤。"① 有人问从谂禅师，"达摩为何来到中国？"他答道："庭前柏树子。"②

东方神秘主义的主要目的之一，就是把人的思想从词句和解释中解放出来。佛家和道家都谈到"词句的网络"或"概念的网络"，从而把"相互联系的网络"这一概念推广到思维的范畴中去。只要我们试图去解释事物，我们就是为"业"所束缚，陷入自己概念的网络中。超越词句和解释，意味着打破"业"的束缚而得到解脱。

东方神秘主义的宇宙观，和近代物理学的靴袢理论一样，不仅在于强调一切现象的相互联系和自洽性方面，而且在于否认物质的基本成分方面。它把宇宙看作一个不可分割的整体，其中一切皆流，一切皆变。在这样的宇宙观中，不存在任何固定不变的基本实体。于是，在东方思想中一般不出现物质基本结构单元的概念。中国的思想中从未发展出物质的原子理论。这种概念虽然曾经出现在某些印度哲学学派中，但并非印度神秘主义的核心思想。在印度教的耆那教⁽⁸⁾体系中，原子的概念占有重要的地位。但是这一教派被认为不是正宗的，因为它不承认"梵"的权威。在佛教哲学中，原子理论曾经出现在小乘佛教的两个宗

---

① In P. Reps, *Zen Flesh, Zen Bones*, p.104.

② In P. Reps, *Zen Flesh, Zen Bones*, p.119.

派中，但是比它更为重要的大乘佛教却把它看作"无明"的虚幻产物。因此，马鸣说：

"当我们分割某种粗大的（或复合的）物质时，我们能够把它分解为原子。但是在进一步分割原子时，一切物质的存在形式，无论它们是粗大的还是细微的，都只不过是特定情况下的影像，因此，我们无法将任何程度的（绝对的或独立的）实在性归之于它们。"[1]

所以，东方神秘主义的主要流派与靴袢哲学的观点一致，都认为宇宙是一个相互联系的整体，其中没有任何部分比其他部分更为根本。因此，任何一个部分的性质都取决于其他所有部分的性质。在这种意义上，我们可以说，每一个部分都"含有"其他所有部分，对于相互包含的这种想象似乎的确是对自然界神秘体验的特点。奥罗宾多说：

"对于超思维的意识来说，没有什么真正是有限的，它所依据的是对于每个部分都包含着全体，而又在全体之中的感知。"[2]

关于"每个部分都包含着全体，而又在全体之中"这一概念，在大乘佛教[3]华严宗中阐述得最为充分。华严宗常被看作佛家思想的顶峰，它所依据的华严经传说是佛陀觉悟之后，在他的深度沉思中讲述的，这部浩瀚的佛经至今尚未译成任何西方语言。它详细地描述了，在觉悟的

---

[1]　Ashvaghosha, op. cit., p.104.

[2]　S. Aurobindo, *The Synthesis of Yoga*, p.989.

[3]　参见第六章。

意识状态下，"当个人独立存在的坚实外廓不复存在，而且对有限性的感觉不再压抑着我们"时①，世界看起来会是什么样。这部佛经的最后部分称为《普贤行愿品》⁽⁹⁾，其中讲述了一个年轻的朝山进香者苏达那的故事，极为生动地说明了他对宇宙的神秘体验。在他看来，宇宙是一个相互联系的完美网络，其中一切事物以这种方式相互作用，以至于每一种事物中皆含有其他事物。铃木大拙意译的这部佛经中有一段用一座壮丽的城堡形象来表达苏达那的体验：

"这座城堡像天空一样的宽阔广大。地上铺着（无数的）各种宝石，城堡中有（无数的）宫殿、游廊、窗户、楼梯间、栏杆和过道，它们都由七种珍贵的宝石做成。……在这座装饰华丽的城堡里还有千百座高楼，每座高楼都像主堡本身一样装饰华丽，像天空一样广阔，所有这些数不清的高楼全然不互相妨碍，每座高楼都在与其他所有高楼完美的协调中保持着各自的独立存在，这里没有什么妨碍着一座高楼与其他所有高楼单独地或者集体地相融合；这里存在着一种完美混合，而又极为有序的状态。年轻的朝山进香者苏达那看见他自己既在整个城堡中，又在每一座高楼中，其中每个部分都包含着全体，而又在全体之中。"②

这段话中谈到的城堡当然是对宇宙本身的隐喻，大乘佛教把宇宙各部分之间完美的相互融合称为"相互渗透"。华严经说明了这种相互渗透是本质上是动态的一种相互联系，它不仅出现在空间中，而且出现在

---

① D. T. Suzuki, *On Indian Mahayana Buddhism*, p.150.

② D. T. Suzuki, *On Indian Mahayana Buddhism*, pp.183-184.

时间中——前面曾经提到①，空间和时间也被看作相互渗透的。

在觉悟状态下对相互渗透的体验，可以看作完全是"靴袢"情境的神秘想象，在此情境中，宇宙内一切现象都和谐地相互联系着。在这种意识状态下，人超越了思维领域，因果关系的解释变得没有必要，而代之以对一切事物相互依存的直接体验。因此，佛陀关于相互渗透的概念远远超出了任何科学的靴袢理论。然而近代物理学中还是有一些以靴袢假说为依据的亚原子粒子模型显示出与大乘佛教的观点惊人相似。

靴袢概念在科学上的表述必然是受限和近似的，它所做的近似主要在于忽略强相互作用以外的一切相互作用。强相互作用力比电磁相互作用力强一百倍，比弱相互作用和引力相互作用强许多数量级，所以这种近似似乎合理。于是，科学的靴袢理论就只讨论强相互作用粒子，或者说强子，从而常被称为"强子的靴袢"。它是在 S 矩阵理论的框架下表述的，其目的是单单从自洽性的要求出发，推导出强子的所有性质和它们的相互作用。它所承认的唯一"基本定律"，是上一章中讨论过的 S 矩阵的一般原理，这是我们进行观察和测量的方法所要求的，从而构成了对于所有科学来说都是必要的、毋庸置疑的框架。我们可能不得不暂时假设 S 矩阵的其他性质是"基本原理"，但是预期它们将作为自洽性的必然结果而出现在完备的理论中。关于强子形成雷吉表述所描写的序列的假设，也许就是这种类型的理论。

于是，靴袢假说以 S 矩阵理论的语言提出，整个 S 矩阵，从而强子的所有性质都可以由一般原理单独确定，因为只可能有一种 S 矩阵与所有三项一般原理都一致。物理学家们从未能接近于建立一种同时满足

———————

① 参见第十二章。

这三项一般原理的数学模型，这一事实也支持上述假设。如果像靴袢假说所假设的那样，唯一自洽的 S 矩阵是一个描写着强子的所有性质和相互作用的 S 矩阵，那么物理学家们未能构造出一个自洽的局部 S 矩阵，就是可以理解的了。

　　亚原子粒子的相互作用是如此之复杂，以至于难以确定我们究竟是否能够构造出一个完全自洽的 S 矩阵，但是可以设想一系列能在较小范围内取得部分成功的模型。其中每一种都只打算对粒子物理学的一个局部适用，因此含有某些未做解释的参数，表现出这些模型的局限性，而一种模型的参数却又可能由另一种模型做出解释。这样就有可能通过一些互相关联的模型的拼接，逐渐以越来越高的准确性，把越来越多的现象包括在内，而这些模型中未做解释的参量的总数将不断地减少。因此，"靴袢"这个形容词对于任何单个的模型来说都是不恰当的，而只能用在一组互相一致的模型上，其中没有哪种比其他的更为根本。正如丘所说："一个物理学家要是能够同等地看待许多取得局部成功的不同模型，他自然就是一个靴袢论者。"①

　　现在已经有几种这种局部的模型，它们表明有可能在不太遥远的未来实现靴袢方案。夸克结构是强相互作用的特征。因此，就强子而论，要对夸克结构做出解释，常是 S 矩阵理论和靴袢所遇到的最大难题。直到最近，靴袢方法仍然未能解释这些显著的规律性，这是物理学界没有十分认真地看待这种方法的主要原因。大部分物理学家宁可去研究夸克模型，因为虽然它不能提供自洽的解释，但是至少能够做出现象的描述。然而最近 6 年来，这种情况已经发生了很大的变化，S 矩阵理论中

――――――――――

①　G. F. Chew, "Hadron Bootstrap: Triumphor Frustation?", op. cit., p.7.

几个重要的发展造就了一次比较重要的突破，从而使我们有可能无须假设存在着物质的夸克[①]，就能推导出夸克模型所特有的大部分结果，这些结果极大地鼓舞了 S 矩阵理论家们。并且有可能迫使物理学界彻底地重新评价自己对亚原子物理学靴袢方法的看法。

有这样一句发人深思的话常被用来概括从靴袢理论中产生的强子图像，就是"每个粒子都由其他所有粒子组成"。但是，我们不应当在静态的经典意义上来理解每个强子含有其他所有强子。在 S 矩阵动态的概率意义上，与其说强子互相"含有"，不如说它们互相牵连，每个强子都是其他所有各组粒子潜在的"束缚态"，这些粒子相互作用而形成所研究的强子[②]。在这种意义上，所有的强子都具有复合的结构，它们的组分也是强子，而且其中没有一种组分比别的组分更为根本，使这种结构保持在一起的结合力是通过粒子交换表现出来的，这些被交换的粒子也是强子。因此，每个强子都起着三重作用：它是一个复合的结构，它可能是其他强子的组分，它还可能在组分之间被交换，从而成为使结构保持在一起的力的一部分。对于这种图像来说，"交叉"的概念极为重要。使每个强子保持在一起的力都与其他强子在交叉通道中的交换有关，而每一个强子又对于使这些被交换的强子中的每一个保持在一起的力有贡献。因此，"每个粒子都有助于产生其他粒子，而其他粒子又反过来产生它。"[③]这一整群强子就是以这种方式产生着它们自己，或者可以说，拉着自己的"靴袢"把自己提起来。因此，其概念就是，这

---

① 参见第十七章。

② 参见再版后记。

③ G. F. Chew, M. Cell-Mann and A. H. Rosenfeld, "Strongly Interacting Particles", *Scientific American*, vol.210 (February 1964), p.93.

种极为复杂的靴袢机制是自洽的，亦即只有一种方式能够实现它。换句话说，可能存在的自洽强子只有一组，就是我们在自然界中看到的那一组。

按照强子靴袢，所有粒子都以一种自洽的方式动态地互相组成。在这种意义上，可以说是互相"含有"。大乘佛教对于整个宇宙也采取一种十分类似的看法。在华严经中用因陀罗[10]之网的隐喻来说明事物相互渗透的宇宙网络。这是一张用珍宝联结成的巨大网络，悬挂在因陀罗神的宫殿上。用义律（C. Eliot）爵士[11]的话来说：

"据说在因陀罗的天国里有一张珍珠的网，它的编排使你在看着一粒珍珠时，就能从它的反射中看到其他所有的珍珠。同样地，世界上每个物体也不仅是它自身，还包含着其他所有物体；实际上，它也就是其他物体。每一粒尘埃中都存在着无数的佛。"[①]

这种图像与强子靴袢确实相似到令人吃惊的程度。理应把因陀罗之网的隐喻称为第一个靴袢模型，它是东方的贤哲们在粒子物理学创建约2500年之前构思的。佛家坚持认为，相互渗透的概念无法用理性去理解，而只能在沉思的状态下，依靠觉悟了的心智去体验。因此，铃木大拙说：

"觉悟成道[12]了的佛陀不再是生存在可以在空间和时间里想象出的世界上的佛陀。他的意识已不是可以按照知觉和逻辑来调节的普通意

---

① C. Eliot, *Japanese Buddhism*, pp.109-110.

识。……觉悟成道的佛陀生存在一个有其自身规律的精神世界里。"①

近代物理学中的情况与之十分相似。每个粒子都含有其他所有粒子，这种概念在普通的空间和时间里无法想象。它所描绘的实在和佛陀的一样，有其自身的规律。在强子靴袢的情况下，这些规律就是量子理论和相对论的定律，其基本概念是，使粒子保持在一起的力，本身就是在交叉通道中被交换的粒子。我们可以使这种概念具有精确的数学意义，然而却几乎不可能使它形象化。它是一种特别具有相对论性特征的靴袢，因为我们对四维时空没有任何直接的体验，所以很难想象单个粒子如何能包含着其他所有粒子，同时又是它们之中每一个的一部分；然而，这正是大乘佛教的观点。

"当将其中一个与所有其他的相对照时，这一个被看成是充满了其他所有的，同时又把其他所有的都包含在自己之中。"②

每个粒子都含有其他粒子，这种观念不仅出现在东方神秘主义中，而且出现在西方的神秘主义思想中，例如，在布莱克（W. Blake）(13)的著名诗句中就隐含着这种观念：

"从一颗沙粒看见一个世界，
从一朵野花看见一个天国，

① D. T. Suzuki, op. cit., p.148.
② D. T. Suzuki, *The Essence of Buddhism*, p.52.

将无限把握在你的手掌中，

在一个时刻内占有永恒。"

这种神秘主义的想象也引出一种靴袢类型的概念。如果说诗人在一颗砂粒中看见整个世界的话，那么近代物理学家就是在一个强子中看见整个世界。

在莱布尼茨（G. W. Leibniz）[14]的哲学中也有类似的概念，他认为世界是由一种被称为"单子"的基本物质组成的，而且每个单子都反映着整个宇宙。这种看法使他的物质观与大乘佛教和强子靴袢的物质观相似[①]。莱布尼茨在其所著《单子论》中写道：

"物质的每个部分都可以看成是一座长满植物的花园，一口充满鱼的池塘。但是植物的每一根枝条、每一个动物，和它们的每一滴汁液，也是这样的一座花园，或者是这样的一口池塘。"[②]

令人感兴趣的是，这些话与前面提到的《华严经》中的一些段落相似，这可能是由于莱布尼茨确曾受到佛家的影响。李约瑟曾经论证过[③]，通过研读耶稣会[15]修道士的译文，莱布尼茨十分了解中国的思想和文化，很熟悉朱熹的新儒家学派，他的哲学思想很可能受到这一学派的启发。新儒家学派思想的根源之一是大乘佛教，特别是大乘佛教的华

---

① 最近有人讨论了莱布尼茨的物质观与强子靴袢之间的相似性。请参阅 G. Gale 所著《丘的单子论》，*Journal of Ideas*，1974 年，35 卷，339 页。

② P. P. Wiener, *Leibnitz Selections*, p.547.

③ J. Needham, op. cit., vol.11, p.496.

严宗。事实上，李约瑟指出，因陀罗的珍珠网这一比喻显然是与莱布尼茨的单子有关的。

但是，更仔细地将莱布尼茨关于单子之间的"反映关系"这一概念与大乘佛教关于相互渗透的概念相比较，可以看出二者相当不同，而且佛家的物质观要比莱布尼茨的物质观更为接近近代物理学的思想实质。单子论与佛家观点的主要差别似乎在于莱布尼茨的单子是基本物质，并被看成是物质的终极组分。莱布尼茨在《单子论》中的第一句话就是，"我们在此谈到的单子仅仅是一种组成复合体的简单物质，所谓简单就是不含有部分。"他继续写道："这些单子就是自然界真正的原子，一言以蔽之，它们就是一切事物的元素。"[①] 这种"原教旨主义"[(16)] 的观点与靴袢哲学形成成鲜明的对比，而且与大乘佛教否认一切基本实体或物质的观点完全不同。莱布尼茨的原教旨主义思想方式也反映在他对力的观点上，他认为力与物质根本不同，是神的旨意所决定的法则。他写道："力和活性不可能是像物质一样的被动事物的状态。"[②] 在这一点上，他的观点也与近代物理学和东方神秘主义的观点不同。

就单子之间的实际关系来说，与强子靴袢的主要差别似乎在于单子之间没有相互作用，按照莱布尼茨的说法，它们"没有窗户"，而只是互相反映。但是，强子靴袢和大乘佛教则强调所有粒子之间的相互作用，或"相互渗透"。此外，靴袢和大乘佛教的物质观都是"时－空"观，把物体看作事件，认为只有认识到空间与时间也是相互渗透的，才能理解事物的相互渗透性。

[①]　In P. P. Wiener, op. cit., p.533.

[②]　In P. P. Wiener, op. cit., p.161.

强子的靴袢理论远非完备，在对它进行表述时我们所遇到的困难仍然相当大。然而，物理学家们却已经开始把自洽的方法推广到描写强相互作用粒子之外。这种推广最后将不得不超出目前 S 矩阵理论的范围，而 S 矩阵理论本来是特意为描述强相互作用而发展起来的，我们不得不寻求一种更具普遍性的框架，在这种新的框架中，某些目前不作解释就被接受的概念将不得不“用靴袢拉着”，也就是我们不得不从总体的自洽性出发来推导它们。按照丘的说法，这类概念可能包括我们关于时－空的宏观概念，甚至连同我们关于人的意识的概念也包括在内。

“靴袢达到它逻辑上的极端，必然意味着意识的存在以及自然界的其他所有方面对于整体的自洽性来说是必要的。”[1]

这种观点与东方神秘主义的传统思想完全一致，东方思想常把意识看作宇宙整体的必要部分。按照东方的观点，人类和其他一切生命形态一样，都是一个不可分割的有机整体的部分。因此，人类的智慧就意味着这个整体也是有智慧的。人类被看作宇宙智慧的明证；宇宙在我们身上一再体现着它具有产生这样的形态的能力，它通过这些形态可以有意识地去认识它自己。

在近代物理学中，关于意识的问题是与对原子现象的观察相联系而产生的。量子理论阐明了如下道理，只能把这些现象理解为过程链中的环节，人类观察者的意识位于这条锁链的末端[2]。用威格纳（E. P.

---

[1]　G. F. Chew, "'Bootstrap': A Scientific Idea?", op. cit., p.763.

[2]　参见第十章。

Wigner）的话来说：“要以完全自洽的方式来阐述（量子理论的）定律，就不可能不涉及意识。”[1]科学家们在自己的工作中所采用的量子理论的实际表述并不明显地涉及他们的意识。但是，威格纳和其他物理学家曾经论证过，将来关于物质的理论的一个重要方面有可能就是把人类意识明确地包括在内。

这样的一种发展可能为物理学与东方神秘主义直接地互相影响开拓了令人兴奋的可能性。认识到人的意识和它与宇宙其余部分之间的关系，是一切神秘主义经验的起点。许多世纪以来，东方神秘主义者已经探讨了意识的各种形式，他们得到的结论常常与西方所持的观点根本不同。如果物理学家们真想把人类意识的本质纳入自己研究的范围，那么对东方思想的研究完全有可能为他们提供起激励作用的新观点。

因此，强子靴袢未来的发展可能需要将时－空和人类意识“用靴袢拉起”（即自洽化），将开阔前所未有的可能性，或许会大大超出常规的科学框架：

“将来的这样一步可能比构成强子靴袢的任何部分都要深刻得多；我们将不得不面对难以理解的观察的概念，甚至可能不得不面对意识的概念。我们目前对强子靴袢所做的一切工作，可能只不过是人类智慧全新方式的努力的初步尝试，它将超出物理学，甚至不能被看成是‘科学的’。[2]

---

[1]　E. P. Wigner, *Symmetries and Reflecitons: Scientific Essays*, p.172.

[2]　G. F. Chew, “‘Bootstrap’, A Scientific Idea?”, op. cit., p.765.

那么，靴袢思想究竟将把我们引向何方？这一点当然谁也不知道，但是推测它最终的结局却是令人着迷的。我们可以设想一个未来理论的网络，它以越来越高的准确性，适用于范围越来越大的自然现象。这个网络所含有的未做解释的特征将越来越少，并且将越来越多地从它各部分之间的相互一致性推导出它的结构。这样，总有一天，它会达到一种境界，就是这个网络中只有那些尚未得到解释的特征才是科学框架的要素。超过这一境界以后，这种理论将不再能以言词或理性的概念来表达它的结果，从而超越科学。它将不再是关于自然界的靴袢理论，而成为关于自然界的靴袢想象。它将超越思维和语言的范围，把我们引向科学之外，从而进入不可思议（acintya[18]）的世界。这样的想象所包含的知识将是完备的，但是无法通过言词来交流——它将是老子头脑中的那种知识，他在两千年以前曾经说过：

"知者不博，

博者不知。"[19]

后　记

东方的宗教哲学涉及永恒的神秘主义知识，这是一种超出了理性的范围，无法用语言恰当表述的知识。这种知识与近代物理学的关系只不过是它的许多方面之一，这一个方面和其他方面一样，也无法明确说明，而只能靠直觉去体验。因此，我希望达到的目的，在某种程度上，与其说是作严格的说明，不如说是使读者有机会不时地重温一种体验；对我来说，它已成为乐趣和灵感的不竭源泉，这种体验就是，近代物理学的主要理论所建构的宇宙观与东方神秘主义的观点有内在的一致性，并且完全互相协调。

对于那些已经体验到这种和谐性的人来说，物理学家与神秘主义者宇宙观的相似性是毫无疑问的。于是，他们感兴趣的问题就不是这些相似性是否存在，而是它们为什么存在，以及它们的存在意味着什么。

人们在试图了解人生的奥秘时，采用了多种不同的方法，有科学家的方法、神秘主义者的方法，以及许多其他方法，包括诗人的、儿童的、愚昧无知的人的和巫师的方法等等，不胜枚举。这些方法产生了对世界的描述，包括言词的和非言词的描述。它们强调着不同的方面，在各自的产生和发展中都有根据和作用。但是，它们都只是对实在的描写或表述，因此带有局限性，不能描绘出世界的完整图像。

经典物理学机械论的宇宙观对于描写我们在日常生活中所遇到的那类物理现象来说是有用的，所以也适用于研究我们的日常环境。现已证实，对于作为技术的基础来说，它是极为成功的，然而却不适于用来描写亚微观领域的物理现象。与机械论的宇宙观相反，神秘主义者的宇宙观可以用"有机的"这个词来概括，因为它把宇宙中一切现象都看成是一个不可分割的和谐整体的组成部分。在神秘主义的传统中，这种宇宙观是从沉思的意识状态里产生的。神秘主义者在描写世界时所用的概念来自这些不寻常的体验。因此，一般说来，它不适于对宏观现象做科学的描述。在一个人满为患的世界上，这种有机的宇宙观无论是对于建造机器，还是对于解决技术问题来说，都没有什么帮助。

于是，在日常生活中，机械论的和有机的宇宙观都是正确而有用的，前者用于科学和技术，后者则用来使精神生活充实和保持平衡。然而，超出了我们的日常环境之外，机械论的概念就失去了它们的正确性，而我们不得不代之以有机的概念，这种有机的概念与神秘主义者所采用的概念十分相似。这就是近代物理学的主要经验，也是我们已经讨论的主题。二十世纪的物理学表明，有机的宇宙观虽然对于人类尺度上的科学和技术来说意义不大，但是在原子和亚原子层次上却是极为有用的。因此，有机的观点看来要比机械论的观点更为根本。经典物理学所依据的是后者，量子理论则隐含着前者；可以从量子理论推导出经典物理学，然而却不可能从经典物理学推导出量子理论。这一点似乎初步说明了，为什么我们可以预期近代物理学的宇宙观与东方神秘主义的宇宙观相似。这两种宇宙观都是在我们探究事物的本质时产生的，当我们在物理学中研究更深的物质领域，在神秘主义中研究更深的意识领域，也就是当我们在日常生活表面的机械外貌的背后发现有一个不同的实在时，这两种宇宙观便应运而生了。

物理学家与神秘主义者研究问题的具体方法虽然不同，但是在其他许多方面相似。我们回想起这一点时，他们的观念之间的相似性就显得更为可信了。首先，他们的方法都是纯经验的。物理学家们从实验中获得知识，神秘主义者则通过沉思下的顿悟获得知识。这两种方法都是观察，他们都认为观察是知识的唯一来源。在这两种情况下，观察的对象当然十分不同。神秘主义者在不同的层次上内观和探究自己的思想意识，并且把身体当作精神的有形的体现而包括在内。事实上，许多东方传统都强调个人身体的感受，并且常常把它看作对世界的神秘主义体验的关键。在我们健康的时候，我们不会感觉到自己身体里任何个别的部分，只是知道它是一个完整的整体，这种认知产生的是一种幸福和愉快的感觉。同样，神秘主义者意识到整个宇宙的整体性，并把它当作自己身体的外延来体验。用戈文达喇嘛的话来说：

"觉悟了的人……的意识领会着宇宙，对于他来说，宇宙成为他的'身体'，他有形的身体成为宇宙精神的体现，他内心的想象表现着最高的实在，而他的话语则表达着永恒真理和彻悟的力量。"[①]

与神秘主义者相反，物理学家从研究物质世界着手来探索事物的本质。他越深入物质世界，就越认识到一切事物在本质上的统一。不仅如此，他还认识到，他自己和他的意识都是这个统一体的部分。这样，神秘主义者和物理学家得出了同样的结论，前者从内部世界出发，后者则从外部世界出发。他们在观点上的和谐一致，进一步证实了古代印度人的智慧：外部的终极实在，即"梵"，与内部的终极实在，即"大我"，

---

① Lama Anagarika Govinda, *Foundations of Tibetan Mysticism*, p.225.

是同一的。

物理学家与神秘主义者所用方法的相似性，还在于他们进行观察时所处领域都是普通的知觉达不到的；在近代物理学中是原子和亚原子世界的领域，在神秘主义中则是超越了感觉世界的，不寻常的意识状态。神秘主义者常常谈论对更高维的体验，意识的不同中心在其中结合成一个和谐的整体。近代物理学中也存在着类似的情况，物理学家们发展了一种四维时空的表达方式，它把普通三维世界中属于不同范畴的概念和观察结果统一起来。在这两个领域中，多维的经验都超越了感觉的世界，因而几乎不可能以普通的语言来表达。

我们看到，近代物理学和东方神秘主义的方法初看起来似乎完全没有联系，但是实际上却有许多共同之处。因此，它们对世界的描述有着惊人的相似性是不太令人感到意外的，一旦承认了西方科学与东方神秘主义之间的这些相似性，一些有关它们的含义的问题就产生了：现代科学虽然用了许多很复杂的仪器，是否只不过是重新发现了东方的贤哲们几千年前就已经领悟了的古代智慧？物理学家们是否因此就应当抛弃科学的方法而开始沉思？科学与神秘主义是否互相影响，甚至合而为一？

我认为所有这些问题的答案都是否定的，并且认为科学和神秘主义是人类精神两种互补的表现，一种是理性的天赋，另一种是直觉的天赋。近代物理学家通过理性智能极端的专门化去体验世界，而神秘主义者则通过直觉智能极端的专门化去体验世界。这两条途径完全不同，它们所涉及的，要比某一种物质观丰富得多。然而，我们在物理学中得知二者是互补的。它们既没有哪一个包含另一个，也没有哪一个可以归结为另一个，对于更充分地认识世界来说，二者都是必要的和互补的。有一句古代中国格言的大意是：神秘主义者了解"道"的根本，而不是它的枝节；科学家则了解它的枝节，而不是它的根本。科学不需要神秘主义，神秘主义也不需要科学，但是人们却同时需要这两者。神秘主义的体验对丁认识事物最深刻的本质来说是必要的，而科学则对于现代生活来说是必要的。因此，我们所需要的并不是神秘主义直觉与科学分析的综合，而是它们之间动态的相互作用。

我们的社会迄今尚未达到这一点。用中文的词汇来说，目前我们的观念过分偏重于"阳"，过分富于理性、男性和进取性。科学家们本身就是典型的例子。虽然他们的理论造就了与神秘主义者相似的宇宙观，然而令人惊讶的是，这对于大部分科学家的观念的影响却是多么微弱。按照神秘主义的观点，知识是无法与一定的生活方式分开的，后者生动地体现着前者。要获得神秘主义的知识就意味着要进行一种变革。甚至可以说，知识就是这种变革。但是科学知识往往停留在抽象和理论上。因此，大部分 20 世纪物理学家似乎并没有认识到自己的理论在哲学、文化和精神方面的含义。他们之中许多人在积极支持着一个仍然以机械论的，碎片化的宇宙观为基础的社会，却无视科学正在超越这种宇宙观，朝着宇宙整体性的观点发展。在宇宙整体中不仅包含着我们的自然环境，而且包含着人类自身。我认为，近代物理学所含有的宇宙观与我们当前的社会是不协调的，这种社会并没有反映出我们在自然界中观察到的那种和谐的相互联系。要达到这样一种动态平衡的状态，就需要一种根本不同的社会和经济结构，需要一次真正的文化革命。整个人类文明的延续，可能就取决于我们能否进行这种变革。归根结底，取决于我们对东方神秘主义某些"阴"的观点的接受能力，体验自然界的整体性的能力，以及与之和谐共存的艺术。

再谈新物理学
——再版后记

从《物理学之"道"》初版以来，亚原子物理学的各个领域都有了相当大的进展。我在再版前言中已经谈到，新的进展并没有否定与东方思想的任何相似性，与此相反，它进一步肯定了它们。在这篇后记中，我将讨论原子物理学和亚原子物理学中，直到 1982 年夏为止与它关系最密切的新成果。

近代物理学与东方神秘主义之间最强的相似性之一，是认识到物质的组成和与它们有关的基本现象都是相互联系的；它们不能被看成是一些孤立的实体，而只是被看作一个统一整体不可缺少的部分。玻尔和海森伯在量子理论的发展过程中一直强调基本的"量子相互联系性"，我在第十章中曾对这一概念进行了很详细的讨论。然而在最近 20 年里，物理学家们终于认识到，实际上宇宙万物可能是以比他们以前所想象的微妙得多的方式互相联系着的，这时上述见解又重新引起了注意。最近才出现的一种新的相互联系，不仅增强了物理学家与神秘主义者在观念上的相似性，而且产生了将亚原子物理学与荣格心理学[1]，甚至与灵学[2]相联系的诱人的可能性；同时还对概率在量子物理学中的基本作用提出了新的解释。

在经典物理学中，当事件的详情未知时，我们就采用概率的概念。例如，在掷骰子时，如果我们知道与这一动作有关的全部力学上的细节，包括骰子和它投落的表面的准确组成等等，原则上是能够预测结果的。这些细节称为局部变量，因为它们存在于有关的物体之内。在亚原子物理学中，用那些在空间中互相分隔的事件之间通过信号（即粒子和粒子的网络）的联系来表达局部变量，这些信号服从通常的空间分隔定律。例如，没有任何信号能够传播得比光还快。但是物理学家们最近认识到，除了这些局部的联系之外，还有其他非局部的联系，它们是瞬时的，目前还不能用精确的数学方法来预测。

有些物理学家把这些非局部的联系看作量子实在的本质。量子理论认为，个别的事件不一定总有明确的原因。例如，一个电子从原子的一个轨道跃迁到另一个轨道，或者一个亚原子粒子的衰变，都可能自发地发生，而不是由任何个别事件引起。我们永远无法预测这种现象将在何时、如何发生，而只能预测它的概率。这并不意味着原子事件以完全任意的方式发生。而只是表明它们不是由局部的原因引起的。任何一个部分发生变化都取决于它与整体的非局部联系，既然我们无法准确地知道这些联系，也就不得不以较广泛的统计学意义上的因果关系概念，来取代经典狭义的因果概念。原子物理学的定律都是统计的定律，按照这些定律，整个体系的动力学决定着原子事件的概率。经典物理学认为，各个部分的性质和发生作用的情况决定着整体，与此相反，量子物理学却认为，是整体决定着各个部分发生作用的情况。

于是，经典物理学和量子物理学都出于类似的原因而采用概率的概念。在这两种情况下，都存在着某些未知的"隐蔽"变量，知识上的这种欠缺使我们不能做出准确的预测。然而，它们之间存在着一种极重要的差别，经典物理学中的隐蔽变量是局部的机制，而量子物理学中的则是非局部的机制，是与整个宇宙的瞬时联系。在日常的宏观世界中，非局部的联系没那么重要，因此，我们能够谈论各个物体，并且明确地表述那些描写它们发生作用的情况的定律。但是当我们走向较小的维度时，非局部的影响就变得比较强，确定性为概率所取代，并且越来越难以将任何部分与整体相分离。

非局部联系的存在，以及由它引出的概率的主要作用，这些观点是爱因斯坦所不能接受的。这也就是 20 世纪 20 年代，他与玻尔之间历史性的争论的主题。在这场争论中，爱因斯坦以著名的比喻，"上帝不玩骰子"[①]，来反对玻尔对量子理论的解释。争论到最后，爱因斯坦不得不承认玻尔和海森伯所解释的量子理论构成了一个自洽的思想体系，但是他仍然确信，将来总有一天会找到一种用局部隐蔽变量做出的决定论的解释。

爱因斯坦与玻尔的争论的本质是，他确信存在着某种外部的实在，它是由在空间中互相分隔的独立要素组成的。爱因斯坦在试图证明玻尔对量子理论的解释自相矛盾时，设计了一个思想实验，后来它被称为爱因斯坦－波多斯基－罗森[(3)]（EPR）实验[②]。30 年后，贝尔（J. Bell）[(4)]根据 EPR 实验推导了一条定理，它证明局部隐蔽变量的存在与量子理论的统计学预测不一致[③]。贝尔的定理说明，把实在看成是由互相分隔的部分组成的，这种观念与量子理论不相容，从而使爱因斯坦的见解遭受了毁灭性的一击。

近年来，关心量子理论的解释的物理学家们反复地讨论和分析了 EPR 实验，因为它非常适于用来揭示经典概念与量子概念之间的差

---

① A. Schilpp (ed.), *Albert Einstein: Philosopher Scientist*.

② D. Bohm, *Quantum Theory*, New York, Prentice Hall: 1951. p.614.

③ H. P. Stapp, op. cit.

别[①]。对于我们的目的来说，只需要描述这个实验的简化形式；它以玻穆（D. Bohm）[②]所做的广泛讨论为依据，只涉及两个旋转着的电子。要理解这个问题的实质，必须对电子的自旋有所了解。旋转着的网球，这种经典的图像不完全适于用来描写旋转着的亚原子粒子。在某种意义上说，粒子的自旋是绕其自身轴的转动，但是在亚原子物理学中，这种经典的概念总是具有局限性的。电子的自旋只限于两个值，它的数值一定，但是电子可以绕给定轴，朝顺时针或逆时针两种不同的方向旋转。物理学家常用"朝上"或"朝下"来表征这两种自旋值。

一个旋转着的电子的极为重要的性质是，我们常不能确定它的转动轴，在经典物理学中这是无法理解的。正如电子显示出存在于某处的趋势一样。它们也显示出绕某个轴而旋转的趋势。然而在对任一转动轴进行测定时，将会发现电子以逆时针或逆时针方向绕着某个轴而旋转。换句话说，测定行动决定着粒子的转动轴，但是在进行测定之前，一般无法说它绕某个一定的轴旋转，它只具有某种倾向或趋势绕该轴旋转。

对电子的自旋有了这样的了解之后，我们就可以检验 EPR 实验和贝尔定理。这个实验涉及两个朝不同方向旋转着的电子，所以它们的总自旋为零。有几种实验方法可以使两个电子处于这样一种状态，即单个电子的自旋方向是不确知的，但是两个电子的总自旋一定是零。现在假设有某种过程使这两个粒子互相漂离，而且这种过程并不影响它们的自旋。当它们朝相反的方向分开时，它们的总自旋仍将是零；在它们隔开了一大段距离以后，再分别测定它们的自旋。这个实验的一个要点是，

① B. d'Espagnat, "The Quantum Theory and Reality", *Scientific American*, November 1979.

② D. Bohm, *Quantam Theory*, p.614.

两个粒子之间的距离可以任意地大；一个粒子可能在纽约，另一个在巴黎，或者一个在地球上，另一个在月球上。

现在假定沿垂直轴测得粒子1的自旋"朝上"。因为两个粒子的总自旋为零，所以由这次测定可以得知粒子2的自旋必定"朝下"。于是，测定粒子1的自旋，就可以间接地测定粒子2的自旋，而不会对那个粒子有任何干扰。EPR实验的荒谬之处在于观测者可以自由地选择测定轴。量子理论告诉我们，两个电子绕任何轴旋转的方向总是相反的，但是在进行测定之前，它们只是一种倾向或趋势，观测者一旦选定一个轴并且进行测定，这个行动就将为两个粒子给定转动轴。极为重要的一点是，在两个电子已经互相远离的情况下，我们可以在最后一分钟选定测定轴。在我们对粒子1进行测定的一瞬间，可能处于几千英里之外的粒子2将获得绕所选定的轴的一定自旋。粒子2怎样会知道我们选定了哪一个轴？它没有时间通过任何常规的讯号获得这一信息。

这就是EPR实验提出的难题，也是爱因斯坦不同意玻尔之处。爱因斯坦认为，既然没有任何讯号能够传输得比光速还快，对一个电子进行的测定也就不可能立即决定几千英里之外另一个电子的自旋方向。玻尔认为，即使在粒子之间隔着很大的距离的情况下，两个粒子组成的体系也还是一个不可分割的整体，不能通过独立的诸部分来对体系进行分析。两个电子即使在空间中分离得很远，它们也仍然被瞬时的非局部关系联系着，这些关系不是爱因斯坦心目中的讯号，它们超越了我们关于信息传输的传统概念。爱因斯坦把物质的实在看作由在空间中互相分离的独立要素组成的；贝尔的定理则支持玻尔的见解，并且严格地证明了爱因斯坦的这种看法是与量子理论不相容的。换句话说，贝尔的定理[4]表明，宇宙万物在根本上是互相联系，互相依赖和不可分割的。正如佛

教的哲学家龙树在几百年以前所说：[①]

　　"事物从相互依存性中派生出自己的存在和性质，而就它们本身来说却什么也没有。"

　　物理学当前的研究工作力求使两种基本理论，即量子理论和相对论，统一成亚原子粒子的完备理论。我们至今还不能明显而有系统地陈述这样一种完备的理论。但是已经有了几种局部的理论和模型，它们能够很好地描述亚原子现象的某些方面。目前，粒子物理学中有两类不同的量子相对论，它们已经在不同的范畴获得了成功。第一类理论是一组量子场论（参见第十四章），适用于电磁相互作用和弱相互作用；第二类理论是 S 矩阵理论（参见第十七章），成功地描述了强相互作用。一个有待解决的重要问题是，如何将量子理论与广义相对论统一成引力的量子理论。虽然超引力理论[②][(5)]最近的发展可能是迈向解决这个问题的第一步，但是至今仍然研究没有提出令人满意的理论。

　　曾在第十四章中详细讨论过的量子场论所依据的是量子场的概念，即基本实体既能以连续的形式，作为场而存在，也能以非连续的形式，作为粒子而存在，不同的粒子与不同的场相联系。这些理论以量子场的概念取代了把粒子看作基本物体的概念，前者要比后者微妙得多。然而，它们所讨论的都是基本实体，因此在某种意义上说，它们都是半经典的理论，都不能最大限度地反映亚原子物质的量子——相对论本质。

---

① 　参见第十章。

② 　D. Z. Freedman and P. van Nieuwenhuizen, "Supergravity and the Unification of the Laws of Physics", *Scientific American*, April 1981.

量子电动力学是最先提出来的一种量子场理论，它之所以能获得成功，是因为电磁相互作用非常弱，从而可以在很大程度上保留物质与相互作用力之间的经典差别[1]。在用场论来研究弱相互作用时，情况也是如此。新的量子场理论，即规范理论[6]最近的发展，实际上极大地增强了电磁相互作用与弱相互作用之间的相似性，使我们有可能将这两种相互作用统一起来。由此产生的统一场理论称为温伯格–萨拉姆理论，是以它的两位主要的创立者温伯格（S. Weinberg）和萨拉姆（A. Salam）[7]的名字来命名的。在这一理论中虽然保留了这两种相互作用的差别，但它们在数学上已是不可区分的，统称为电弱相互作用[2][8]。

一种称为量子色动力学（QCD）[9]的场论的发展，把规范理论的方法推广到强相互作用上，现在有许多物理学家正试图完成 QCD 与温伯格–萨拉姆理论的"大统一"[3][10]。然而，要用规范理论来描写强相互作用粒子是相当成问题的。强子之间的作用是如此之强，以至于粒子与力之间的差别都变得不明显了，因此 QCD 在描写有强相互作用粒子参与的过程这方面不是很成功，它只能用在某些被称为深度非弹性散过程[11]的少数特例上。在这类过程中，由于某些不很清楚的原因，粒子有点像经典的物体。尽管物理学家们做了很大的努力，但是仍然未能将 QCD 用于这一小类现象之外，并且至今还未能以它作为理论框架推导

---

① 用专业语言来说，就是电磁耦合常数很小，以致微扰展开可以很好地近似。

② G.'t Hooft, "Gauge Theories of the Forces between Elementary Particles", *Scientific American*, 5 June 1980.

③ H. Georgi, "A Unified Theory of Elementary Particles and Forces", *Scientific American*, April 1981.

出强相互作用粒子的性质[1]。而这正是学者们当初对它的期望。

量子色动力学代表着目前对夸克模型的数学表述（参见第十六章），它将场与夸克相联系，"色"指的是这些夸克场的颜色特征。像所有的规范理论一样，QCD也脱胎于量子电动力学（QED）。按照QED，电磁相互作用是由带电粒子之间交换光子传递的；而按照QCD，强相互作用则是由带色的夸克之间交换"胶子"[12]传递的。胶子并不是实在的粒子，而是某种量子，它们把夸克"胶合"在一起，形成了介子和重子[2]。

最近10年来，由于在能量越来越高的碰撞实验中发现了许多新粒子，夸克模型得到了相当大的发展和改进。如第十六章所述，最初假设的三类夸克分别以"上""下"和"奇异"三种"味道"为标记；其中每一种又分成三种不同的"颜色"；后来提出了第四类夸克，它们以"粲"为标记，也可以分成三种不同的"颜色"最近又给这种模型增加了两种新的"味道"，即"顶"和"底"（或者用更富于诗意的字，"真"和"美"）[13]，分别用t和b来代表。这样夸克的总数就达到了18种——6种味道，3种颜色。并不使人感到意外的是，有些物理学家已经注意到，有这样多的基本结构单元是颇为不妙的；他们指出，现在已经到了应该想一想组成夸克的，更小的"真正基本的成分"的时候了。

在进行所有这些提出理论和建立模型的工作的同时，实验家们继续寻找着自由的夸克，但是从未探测到任何一个。始终找不到自由的夸克，已经成为夸克模型的主要问题。在QCD的框架下，这种现象被称

---

[1]　T. Appelquist, R. M. Barnett, and K. Lane, "Charm and Beyond", *Annual Review of Nuclear and Particle Science*, 1978.

[2]　H. Georgi, *Scientific American*, op. cit.

为夸克禁闭，个中之意就是，由于某种原因，夸克被永久地禁锢在强子中，所以永远也不会被观测到。物理学家已经提出了几种机制来解释夸克禁闭，但是至今仍然未能提出一种自洽的理论。

夸克模型的现状是：要解释测得的强子谱，似乎至少需要 18 种夸克和 8 种胶子，它们之中没有任何一种曾经作为自由粒子而被观察到，而且以它们作为强子的物质成分，将造成严重的理论困难。物理学界已经发展出各种机制来解释它们的永久禁闭，但是没有一种机制可以被认为是令人满意的动力学理论，作为夸克模型的理论框架，QCD 也只能应用在很少的几种现象上。然而，尽管存在着这些困难，大部分物理学家们仍然持有物质的基本结构单元的观念。在我们西方的科学传统中，这种观念是非常根深蒂固的。

粒子物理学中，令人印象最为深刻的，或许是最近出现在 S 矩阵理论和靴袢处理方法中的进展（参见第十七章和第十八章）。靴袢理论不承认任何基本实体，而是试图完全通过自然界的自洽性来认识自然界。我在这本书里说明了，我认为靴袢哲学是现代科学思想的顶峰，并且强调，它无论是在总的哲学方面，还是在有关物质的具体图像方面，都最为接近东方思想。同时，它在物理学上是一种很困难的处理方法，目前只有很少的物理学家在进行探索。对物理学界的大部分人来说，靴袢哲学与他们传统的思想方法之间的差距太大，以至于难以认真地评价它，S 矩阵理论也是如此。虽然所有的粒子物理学家在分析散射实验结果，并将它们与理论预测相比较时，都采用 S 矩阵理论的基本概念，但是至今没有一项诺贝尔奖颁给最近 20 年来对 S 矩阵的发展做出贡献的杰出物理学家。这是难以理解，并且十分值得注意的。

对 S 矩阵理论和靴袢的最大挑战是解释亚原子粒子的夸克结构。虽然我们目前对亚原子世界的认识排除了夸克作为有形的粒子而存在的看法，但是强子无疑具有夸克对称性，任何成功的强相互作用理论都应对此做出解释。直到最近，靴袢方法仍然不能解释这些显著的规律性；但是最近6年以来，S矩阵理论的研究有较大的突破，其结果是提出了一种粒子的靴袢理论，无须假设存在着有形的夸克，它就可以解释已经观测到的夸克结构。此外，这种新的靴袢理论还说明了一些以前大家无法理解的问题。[1]

要了解这一新进展的实质，必须阐明夸克结构在S矩阵理论中的含义G在夸克模型中，粒子基本上被描写成像含有小弹球一样的台球。S矩阵理论是彻头彻尾的动力学理论，它把粒子看成是正在进行着的宇宙过程中相互联系的能量模式，或者是一个不可分割的网络中不同部分之间的相互联系。在这样的框架下，"夸克结构"一词所指的是这样的事实，就是在这个事件的网络中，沿着确定的路线传输着能量和信息，产生着与介子有关的二元性和与重子有关的三元性，这也就是在动力学上对于夸克组成强子的论述。在S矩阵理论中，既没有明显的实体，也没有基本结构单元，只显示出某种确定图像的能量流动。

于是问题可归结为：特定的夸克图像是怎样产生的？新的靴袢理论的要旨是把"有序"的概念看作粒子物理学的一个新的重要方面。在此，有序指的是亚原子过程相互联系性的有序，粒子反应可以通过各种不同的方式相互联系，因此我们可以定义各种不同类型的有序性。拓扑学[15]是数学家们所熟悉的，以前从未用在粒子物理学中，但现在已经

---

① F. Capra, "Quark Physics without Quarks, American Journal of Physics", January, 1979; *Bootrap Theory of Particles*, Re-Vision, Fall/Winter 1981.

用它来对各种有序性进行分类。把这种有序性的概念纳入 S 矩阵理论的数学框架的结果是,只有少数几类特殊的有序关系不与熟知的 S 矩阵特性相矛盾,而这几类有序性正是我们在自然界观察到的夸克图像。因此,夸克结构是作为有序性的必然结果而出现的,完全不需要假设夸克是强子的物质成分。

有序性在粒子物理学中作为一个新的重要概念而出现,不仅实现了 S 矩阵理论上较重大的突破,而且将对整个科学有着深远的含义。目前,有序性在亚原子物理学中的意义仍然有几分难以理解,而且人们没有对它进行过充分的探讨。然而,使人感兴趣的是,像 S 矩阵的三项原理[①]一样,在对实际存在的事物进行科学研究时,有序性的概念起着十分重要的作用,并且是我们的观察方法中至关重要的一个方面。对有序性的认识能力似乎是理性智能的一个根本的方面;从某种意义上说,一种认识图像的能力,就是一种认识有序性的能力。因此,在越来越认识到物质的图像与精神的图像彼此互相反映的研究领域中,阐明有序性的概念有可能开辟出极为吸引人的知识新疆界。

丘是靴袢概念的创始人,并且在过去 20 年中一直是 S 矩阵理论的权威和哲学上的带头人,他认为存在着这样一种前所未有的可能性,就是把靴袢理论推广到描述强子之外,将迫使我们把对人类意识的研究也明确地包括在未来关于物质的理论中。丘写道:

"将来的这样一步可能比构成强子靴袢的任何部分都要深刻得多;……我们目前对强子靴袢所做的一切工作,可能只不过是人类智慧

_____

① 参见第十七章。

全新方式的努力的初步尝试"。[1]

　　从丘在大约 15 年前写下这些话以来，S 矩阵理论的新进展已经使他更加倾向于明确地对人类意识进行研究。此外，他并不是朝着这个方向思考的唯一的物理学家。最近的研究工作中最激动人心的进展之一是波穆提出的新理论，在从科学的角度来研究意识与物质之间的关系方面，他或许比任何人都走得更远。波穆的理论比现在的 S 矩阵理论全面得多，更具雄心，而且可以看作把时－空与某些基本的量子理论概念用"靴袢"系在一起，以便推导出关于物质的自洽的量子相对论的一种尝试。[2]

　　我在第十章已经指出，波穆的出发点是"完好的整体性"概念，他把非局部联系看作这种整体性的基本方面，EPR 实验是非局部联系的例证。现在看来，非局部联系是量子物理学定律统计学表述的根源，但是波穆想要超越概率的概念，去探讨有序性。他相信有序性是宇宙的关系网在较深而不外露的层次上所固有的，并称之为"内含的"或"包藏的"有序性；在其中，总体的各种相互联系与时间和空间中的位置无关，但具有一种全然不同的特性，即包藏特性。

　　波穆以全息图[(15)]与这种包藏的有序性作类比，因为在某种意义上，它的特性是每个部分都包含着总体[3]。虽然不如整个全息图所显示的图像那样细致，如果全息图的任何一部分被照明，就会再现整个图像。波

[1]　参见第十八章。

[2]　D. Bohm, "Wholeness and the Implicate Order", London: Routledge & Kegan Paul, 1980.

[3]　R. J. Collier, "Holography and Integral Photography", *Physics Today*, July 1968.

穆认为，真实的世界也是按照同样的普适原理构成的，即总体被包藏在它自己的每个部分之中。

波穆当然认识到，全息图的类比过于局限，不足以用作亚原子层次上含有序性的科学模型。他为所有关于显在实体的论题创造了一个新词，"全息运动"（holomovement），以便表达亚原子层次上的实在的动态本质。按照波穆的观点，全息运动是一种动态的现象，物质世界的所有存在形式都是由它产生的。他所做探讨的目的是，不涉及物体的结构，而通过研究运动的结构，从而将宇宙的整体性和动态本质都考虑在内，来研究这种全息运动所包藏的有序性。

波穆认为，空间和时间也都作为全息运动所产生的存在形式而被包藏在宇宙的有序性之中。波穆认为，对包藏的有序性的认识，不仅将使我们能更深刻地理解量子物理学中的概率，而且将使我们有可能推导出相对论的时－空基本特性。因此，关于包藏的有序性的理论应当为量子理论和相对论提供共同的基础。

波穆发现，要认识包藏的有序性，就必须把意识看作全息运动的一个基本特征，并且必须在自己的理论中明确考虑它。他认为，较高层次的实在既非物质，又非精神，精神和物质都是这一实在的投影，它们相互包藏，相互依赖，相互联系，但是并非因果关系的联系。

目前，波穆的理论尚处于尝试的阶段，虽然他正在发展一种涉及矩阵和拓扑学[16]的数学形式，但是他的大部分论述仍然是质性的，而不是量性的。然而，即使在这个初级阶段，他关于包藏的有序性的理论与丘的靴袢理论之间也似乎具有引人注意的相似性。这两种理论都依据同样的宇宙观，把宇宙看作动态的关系网；它们都认为有序性的概念十分重要，都用矩阵来表示变化和转换，用拓扑学对有序性进行分类。最后一点是，两种理论都认识到，意识可能是宇宙的一个基本方面，未来关于物理现象的理论必须将它包括在内。波穆和丘的理论代表着对物质世界的两种最富于想象力，在哲学上最为深刻的探讨，未来的理论完全可能从它们的汇合中产生。

新物理学的未来
——第四版后记

瞻 望

《物理学之"道"》一书缘起于 1969 年夏我在圣大克鲁斯[①]海滩上经历的一次强烈感受，我已在本书的开始部分予以描述。一年后，我离开加利福尼亚，到伦敦帝国学院去继续我的研究工作。临行前，我设计了一帧集成照片——一位舞蹈着的湿婆像被叠印在气泡室中碰撞粒子的径迹上，以此来阐明我在海滩上关于宇宙之舞的感受。对于我来说，这帧美妙的照片表征着那时我刚刚开始发现的物理学与神秘主义之间的对应性。1970 年深秋的一天，当我坐在帝国学院附近的寓所里看着这幅图画的时候，我突然获得一种非常清晰的认识。我极为明确地认识到，在未来的某一天，近代物理学与东方神秘主义之间的相似性将会成为众所周知的事实。我还感到自己是彻底探索这些对应性，并且写作一部关于它的书的最佳人选。

五年以后，1975 年秋，伦敦 Wildwood House 出版了《物理学之"道"》；1976 年 1 月，香巴拉出版社在美国出版了它。现在已是 25 年之后，我想要提出几个问题：我的瞻望成为现实了吗？近代物理学与东方神秘主义之间的相似是否确实成为众所周知的，或者至少正在为众人

---

① Santa Cruz，西班牙 Canary 群岛中 Tenerife 岛的一个海港。——译者注

所知？我当初的论点是否仍然成立，或者需要重新设立？对我的论点主要的批评性意见是什么，我目前应当如何作答？最后，我现在自己的观点是什么，它们是如何逐渐形成的，以及我认为将来工作的可能性何在？在这篇后记中，我将尽可能谨慎和忠实地表述我对这些问题的回答。

本书的影响

在过去 25 年内，《物理学之"道"》一书所获得的认可超出了我最狂妄的料想。当我写这本书时，在伦敦的朋友们告诉我，如果能售出 1 万册，那就会是一个巨大的成功，而我内心却希望它能售出 5 万册。现在在全世界销售的总数已经超过一百万册，《物理学之"道"》已被译成二十多种语言，还有一些翻译工作已有计划，各种版本仍在印刷，并且继续畅销。

如此惊人的反响对我的生活造成了强烈的冲击。在过去的 25 年里，我广泛地旅行，在美国、欧洲和亚洲为专业的和非专业的听众做报告，并且与各界的男士和女士们讨论"新物理学"的内涵。这些讨论对于我理解自己的工作在更为广泛的文化语境有很大的帮助。现在我认识到，这种文化语境正是本书得到热情认可的主要原因。我能够一次又一次地见证本书和我的报告如何在群众中引起强烈的反响。人们总是一再地写信给我，或者在报告会之后告诉我："你表达了我曾经长时间地感觉到，却未能用言语或文字来表达的某些事物。这些人一般既不是科学家，也不是神秘主义者。他们是普通、却又非凡的人：艺术家、祖母、商人、教师、农场主、护士；各种年龄的人，50 岁以上和以下的各占其半。有不少是老人，那些最令人感动的来信正是出自年龄在 70 岁以上，80

岁以上的女士、男士们之手，其中有两三位来信者的年龄甚至超过了
90 岁！

《物理学之“道”》在这些人心中激起了什么？他们自己曾经体验
到的是什么？我已经开始相信，对于近代物理学与东方神秘主义之间的
相似性的认识是科学上和社会上一场大得多的世界观根本变革运动的一
部分，或者是其范例。这场运动正在发生，遍及欧洲和北美，并且相当
于一次深刻的文化上的变革。这场变革，思想意识上的这一深刻变化，
正是如此之多的人们在过去二三十年里已经直觉地感受到的，这也就是
为什么《物理学之“道”》已撞击了一根如此敏感的线索。

范式的更迭

在我的第二本书《转折点》里，我探讨了当前范式更迭的社会意
义。对于这一探讨，我的出发点是认为我们时代所有主要问题都不能被
孤立开来理解，它们是系统性问题——互相联系和互相依存的。只有在
世界范围内贫困减少时，稳定世界人口才有可能；只要第三世界担负着
沉重的债务，动植物物种的大规模灭绝就将持续下去；只有当我们停止
武器的国际交易时，我们才有资源防止生态圈和人类的毁灭。

事实上，越是研究情势，我们就越发认识到，最终，这些问题只是
同一个危机的不同侧面，它在本质上是观念的危机。它派生于这样一个
事实，那就是我们大多数人，特别是我们一些大的社会机构，赞同一种
过时的世界观的概念和价值观，赞同一种范式，而这种范式却是不适于
处理我们这个人口过剩，全球相互关联的世界上的问题的。与此同时，
处于科学、各种社会运动和众多可选网络前沿的研究工作者们正在发展
着一种对于现实的新见解，它将形成我们未来技术、经济体系和社会机

构的基础。

现在正在退缩的范式曾经主宰着我们的文化达数百年之久，在这几百年里，它塑造了我们现代的西方社会，并且对世界其余的部分产生过重要影响。这个范式由一些概念和价值观组成，其中的宇宙观是把宇宙看成一个由一些基本建筑构块组成的机械体系，人生观是把人生看作一场生存竞争，相信通过经济的增长和技术的进步，人类能够取得物质上无限的进步，最后我们不得不提的是，相信一个"自然"的社会应是女性处处从属于男性的社会。最近几十年以来，人们已经觉察到所有这些假设都是极为狭隘的，需要进行根本的变革。

这样的变革的确正在发生。正在浮现的新范例可以用多种方式来描述。我们可以称它是一种全局的世界观，把世界看作一个整体，而不是相互分离的局部的集合。也可以称它是一种生态学的世界观，如果"生态学"这个词是在比一般应用中要广泛得多和深刻得多的意义上。这一"生态学"更广更深的意义同一种特殊的哲学学派相联系，而且同一个全球性的、草根的、被称为"深生态学"（deep ecology）的快速崛起运动相联系。区分了"浅"和"深"的生态学，这一哲学学派是（二十世纪）七十年代早期由挪威哲学家阿恩·纳斯（Arne Naess）创立的。目前这一区分作为一个十分有用的术语被广泛接受，用来指当代环保思想的主要分界。

"浅生态学"（shallow ecology）是人类中心主义的。它视人类于自然之上或自然之外，是所有价格的源头，赋予自然仅是机械的价值或"使用价值"。深生态学不把人类与自然环境分开，也不从自然中分离其他任何东西。它不视世界为孤立物体的集合，而是将其视为本质上相互联系、相互依存的现象的网络。深生态学承认所有生命的内在价值，视人类只是生命之网的特殊一环。它承认我们存在于，并根本上依赖于周而复始的自然界过程。现在这种深刻的生态学意识正显现于我们社会的各个领域，既在科学领域，也在其他领域。

生态学的范例受到近代科学的支持，但是它植根于这样一种对现实的认识，这种认识超出了科学的框架，意识到所有生命的同一性，它的多种表现形式之间的相互依存，以及它周而复始的变化和转换。归根结底，这种深刻的生态学认识是一种超世越俗的认识。当人类精神的观念被理解为这样一种觉悟时，那就是个体感觉到与宇宙联成一个整体，到那时就会明白生态学的认识在其最深刻的本质上是超世越俗的，也就在那时才不会对这种新的现实观与宗教上传统观念的和谐一致感到惊讶。

那么，现在我可以清楚地说明《物理学之"道"》更为广泛的来龙去脉。新物理学是构成一种新世界观整体的一部分。现在正浮现于所有的科学中和社会上的新世界观，是一种生态学的世界观，穷源溯流，它基于宗教的意识。因此，出现在物理学和其他科学中的新范例与宗教传统的和谐一致也就不足为奇了。

于是，我当初的论点仍然成立，而且在更为广阔的概念渊源关联下，经过系统地重新阐述以后，变得更为明确了。与此同时，其他科学，特别是生物学和心理学的最新进展也肯定了这一点，从而使我现在有了更为坚实可靠的依据。显而易见的是，神秘主义，或者称之为持久常在的哲学，为新科学的范例提供了最为牢靠的哲学基础。

这种认识尚未成为常识，但是它确实是在科学之内以及其外传播。随着《物理学之"道"》一书之后，世界范围内至少已经出版了十二本有关近代科学与神秘传统之间的关系的很有影响的书，并且已经举行了几次有关这一主题的大型国际会议，与会者包括若干位诺贝尔奖奖金获得者等杰出的科学家，以及宗教传统方面的著名代表人士。我当初的寓意已因这些事件大大扩大了它的影响。

海森伯和丘的影响

我现在将转而讨论科学中的新范例和它的主要特征。最近我曾试图提出识别科学中新的范例思想的一套判据。我提出了 6 条判据，其中前两条涉及我们的自然观，其余 4 条则与我们的认识论有关。我认为这 6 条判据是一切科学的新范例思想的共同特征。但由于本文是《物理学之"道"》一书的后记，我将举物理学中的一些例子来加以说明，而且我还将扼要地提到它们是如何在东方神秘主义传统中得到反映的。

在讨论这 6 条判据之前，我愿向两位杰出的物理学家海森伯和丘致以深沉的谢意，他们曾经是我灵感的主要来源，并且决定性地影响了我的科学思维。在我还是一个年轻的学生，最初读到海森伯写的《物理学与哲学》一书时，他关于量子物理学的历史和哲学的论述使我受到了巨大的影响。在我作为一个物理学家的学习和工作中，这本书一直伴随着我，现在我认识到，正是海森伯播下了《物理学之"道"》一书的种子。我有幸在 70 年代初结识了海森伯，并曾与他做了几次长谈。在写完《物理学之"道"》以后，我和他一起逐章审阅了这本书的手稿。当我在发展和表述一种全新的过程中面临困境时，正是海森伯本人的支持和鼓励才使我度过了那些艰难的岁月。

G. 丘与海森伯和量子力学的其他奠基者不属于同一代人。我确信未来的科学史学者们将会把他对 20 世纪物理学的贡献评价得与这些奠基者们同等地重要。当爱因斯坦的相对论理论使科学思维发生了一场革命时，玻尔和海森伯对量子力学的解释所引起的变革是如此彻底，以至于爱因斯坦都拒不承认，丘则在 20 世纪的物理学中迈出了革命性的第三步，他关于粒子的靴袢理论，使量子力学与相对论统一为一个理论，这个理论标志着整个西方对基础科学的根本突破。

自从大约 20 年前我认识丘以来，他的科学理论和哲学思想一直强烈地吸引着我，我有幸与他保持着密切的联系，并且不断地交换意见。我们之间经常的讨论是我不竭的灵感来源，决定着我在科学上观点的形成。

科学上新的范式见解

现在让我转而讨论科学上新范例见解的 6 条判据。第一条判据涉及局部与整体的关系。在机械论的经典科学范例中，人们认为在任何复杂的体系中，整体的动力学都可以通过其局部的性质来推断。一旦得知局部的基本性质和它们相互作用的机制，我们就能够至少在大体上推断出整体的动力学。因此，我们所遵循的法则是：想要理解任何复杂的体系，就把它分解为部分。这些部分除了可以被分解为更小的部分以外，对它们本身不能做出进一步的解释。然而，继续这一进程，最后总会终止于某一基本构块的层次：元素、物质、基本粒子等等，它们所具有的性质再也不能得到解释。这些基本构块具有它们相互作用的机制，可以由它们构成较大的整体，并且能够试着以这些部分的性质来解释它们所构成的整体的动力学。这一法则为古希腊的德谟克利特所创，由笛卡尔和牛顿规范化，并且直到 20 世纪仍然是得到承认的科学观。

在新的范例中，部分与整体之间的关系不再是对称的。我们认为，一方面，了解部分的性质的确有助于我们了解整体，同时另一方面，只有通过整体的动力学才能彻底了解部分的性质，整体是第一性的，一旦了解了整体的动力学，我们就能够至少在大体上推断出部分的性质和相互作用的模式。对部分与整体之间关系的认识的改变首先在量子理论得到发展时，出现在物理学中。在那些年代里，物理学家们非常惊讶地发现，他们不再能在经典的意义上来应用如原子、粒子等关于部分的概念。

部分不再能被明确地定义。它们会由于实验情况的不同而表现出不同的性质。物理学家们开始逐渐认识到，在原子层面上看来，自然界并不像是一个由基本构块组成的机械的世界，而更像一个关系的网络，说到底，在这个互联网中根本不存在着部分。我们称之为部分的仅仅是一种构象，它们由于具有一定的稳定性而引起了我们的注意。部分与整体之间的新关系给予海森伯的印象是如此之深，以至于他以之作为自传的标题："Der Teil und das Ganze"（"部分与整体"）。

对所有事物的统一性和相互关联的认识，对所有现象都是一个基本整体的表现形式的体验，这也是各种东方世界观最重要的共性。我们可以认为，事实上这正是所有神秘的传统观念的要旨。把一切事物都看成是相互依赖，不可分割的，并且都是同一终极实在的暂时构象。

科学上新范例见解的第二条判据，牵涉到从着眼于结构，转变为着眼于过程来进行思维。在旧的范例中，人们认为存在着基本结构，而且存在着力以及它们相互作用的机制，从而引起了过程。在新的范例中，我们认为过程是第一性的，我们观察到的每一种结构都是一种基本过程的表现。

这一过程的看法进入物理学始自爱因斯坦的相对论。对于质量是能量的一种形式的认识，从科学中消除了关于实质性的物质和基本结构的概念。亚原子粒子并不是由任何实质的物料组成的，它们是能量的图像。可是，能量与活动、过程相关联，这就意味着亚原子粒子的性质在本质上是动态的。当我们观察它们时，我们既看不到任何物质，也看不到任何基本结构，我们所看到的只是一些不断地相互变换着的动态图像——能量持续不断的舞蹈。

过程的看法也是东方神秘传统的特征。他们大部分的概念、图像和神话都把时间和变化当作基本要素。对印度教、佛教和道教的经文研究得越多，就越清楚地了解到，在所有这些经文里都以运动、流动和变化来构想世界。所有的形态都从湿婆宇宙之舞的图像中不断地产生和消失，实际上正是这一图像启发了我对于近代物理学与东方神秘主义之间的相似性的认识。

在近代物理学中，把宇宙看作一台机械，这种观念已经被一个相互联系的整体观所取代，它的部分在本质上相互依存，并且不得不被认为是一个宇宙过程的图像。为了界定这个互联关系网中的一个客体，我们在概念上与实际上割裂同我们的观测工具之间的相互联系，我们采取这种做法孤立出某些图像，并把它们看作客体。不同的观测者可能以不同的方式来做此事。例如，当你要识别一个电子时，你可能以不同的方式来切断它与世界其余部分的联系，并且采用不同的观测技术。因此，电子可能看起来像是粒子，或者看起来像是波。你所看到的取决于你如何对它进行观测。

正是海森伯将观测者的这一决定性作用引入了量子物理学。海森伯指出，我们在谈论自然界时一定会涉及我们自己。这一点将是我关于科学中的新范例见解的第三条判据。我认为它适用于所有的近代科学，并称之为由客观的科学向达谬的科学的转变。在旧的范例中，人们认为科学的描述是客观的，也就是独立于观察者及其认识过程的。在新的范例中，我们认为认识论——对认识过程的理解——必须被明确包括在对自然现象的描述中。在这一点上，科学家们对于什么是正确的认识论尚无一致意见，但是有一种一致的看法正在形成，这就是认为认识论应是构成每种科学理论的必要部分。

认识过程是构成人们对实在的认识的必要部分，这种观念是任何神秘主义的研究者都熟知的。神秘的认识从来不能靠独立的客观观察来获得，它总是包含着人们全身心的投入。实际上，神秘主义者们远远超越了海森伯的见解。在量子物理学中，观察者与被观察的对象再也不能被分开，但是它们仍然可以被区别。神秘主义者们在深度的沉思中所达到的境界是观察者与被观察对象之间的区别完全消除，物我不分。

新范例见解的第四条判据可能是所有判据中意义最为深远的，也是科学家们最难以适应的。它牵涉到把知识看作一座建筑物这一古老的比喻。科学家们谈到基本定律时，指的是知识建筑的基础或根基知识必须在坚实而牢固的基础上被建筑起来，其基础包括物质的基本构块，基本方程和基本原理。把知识看作有坚实基础的建筑物，这一比喻在西方的科学和哲学中已沿用了几千年。

然而，科学知识的基础并不一定总是坚实的。它们曾屡经变换，有几次是彻底推倒重建。每当发生较重大的科学革命，总使人感到科学的基础在动摇。因而，笛卡尔在他受到赞誉的《谈谈方法》一书中，关于他那个时代的科学，他写道：“我认为没有什么坚实的东西可以建筑在这样一些变动着的基础之上。”于是笛卡尔试图在牢固的基础上建立起一个新科学，但是三百年之后，爱因斯坦在他的自传中关于量子物理学的发展写了如下的评论：“就像是已经从一个人的脚下撤去了立足地，在任何地方都看不到可以进行建设的坚实基础。”

这样，贯穿着全部科学史，人们一次又一次地感到知识的基础在变换，甚至崩溃，但是这一次可能是最后的一次；这并非由于不会再有更高程度的进展和变化，而是由于在未来不会有任何基础。在未来的科学里，我们可能不认为知识必须建立在牢固的基础上，并且将以网络的比喻来代替建筑物的比喻。正如我们把自己周围的实在看作一个关系网一样，我们的描述，我们的观念、模型和理论也都构成一个表达着所观察到的现象的互联网。在这样一个网络里，不存在第一性和第二性，也不会有任何基础。

科学家们对于把知识看作不具有牢固基础的网络这种新的比喻感到极为不自在。30 年前 G. 丘在所谓基本粒子的靴袢理论中，首先明确陈述了这一点。按照靴袢理论，自然界不能被还原为任何像基本构块那样的基本实体，而是不得不通过自洽来理解。事物凭借它们相互之间融洽的关系而存在，全部物理学都不得不毫无例外地遵从这样的定则，那就是，它的组成部分相互融洽，并且自洽。

在过去的 30 年里，丘和他的合作者们已经用靴袢方法发展了一套内容丰富的亚原子粒子理论和一种更具总括性的自然哲学。这种靴袢哲学不仅抛弃了关于物质基本构块的观念，并且不承认存在着诸如基本常数、基本定律或基本方程之类的基本实体。物质世界被看作一个相互关联的事件的动态网络。这个网络中没有任何部分是基本的，它们都继随着其他部分的性质，它们之间相互关系的总体一致性决定着整个网络的结构。

在我看来，靴袢哲学不承认任何基本实体，这种论点使它成为西方思想中意义最为深远的一种思想体系。同时，对于我们传统的思想方法来说它是如此之陌生，以至于只有少数人在从事研究。然而，在东方思想中，拒绝承认任何基本实体则是相当普遍的事，在大乘佛教中尤为明显。实际上，我们可以说，在粒子物理学中"基本论者"与"靴袢论者"之间的对比，类似于西方与东方流行思潮之间的对比。把自然界还原为基元，这基本上是希腊的思想方法，在希腊哲学中，它是与精神和物质之间的二元论同时出现的。另一方面，把宇宙看成一个不具有任何基本实体的关系网，这种观点则是东方思想的特征。在大乘佛教中，这种观点表达得最为清楚，阐述得最为深刻和详尽。在我写《物理学之"道"》时，我把靴袢物理学与佛教哲学之间的一致性看成是它的高光点和终局。

到目前为止，我已经陈述的新范例见解的四条判据都是相互独立的。自然界被看作相互关联的动态关系网，它把观察者作为构成整体所必要的组成部分包括在内。这个网络中的任何一部分都仅仅是相对稳定的图像。与此相应，自然现象都以概念网的思想方法来描述，在这个概念网中，没有哪一个部分是比其他部分更为根本的。

这种新的概念网络体系直接提出了一个重要问题。如果所有事物都与其他任何事物相关联，那么我们如何能够指望了解任何事物？既然所有的自然现象归根结底都是相互关联的，那么要了解其中任何一个事物，我们就必须了解其他所有事物，而这显然是不可能的。靴袢哲学或者说网络哲学得以成为一种科学理论是因为这样一个事实，那就是存在着近似的知识。如果一个人满足于对自然界的近似的了解，那么他就可以在描述一组选定的现象时，忽略与之关系较少的其他现象。于是他就能够以少数现象来解释许多现象，从而以近似的方式来了解自然界的不同方面，而无须同时了解一切事物。

这一见识对于所有的近代科学来说都是至关重要的，它表达了我的

第五条判据：由真理转向近似的描述。笛卡尔曾经陈述得很清楚，他的范例基于相信科学知识的确定性。在新的范例中我们认识到，所有的科学概念和理论都是有限的和近似的。科学永远不能提供任何完备而确定的认识。科学家们并未论及真理（在此是指所做描述与被描述的现象之间的精确符合），他们所讨论的是对真理有限性和近似性的描述。我所看到的对这一判据最完美的表达是由路易·巴斯德作出的："科学取得进展是通过对一系列越来越微妙的问题给出暂时的答案，这些问题越来越深地探入自然现象的本质。

将近代科学的看法与神秘主义的看法做比较是另一件有趣的事，在此我们遇见了科学家与神秘主义者之间的一个重大差别。神秘主义者们一般对近似的知识不感兴趣，他们所关心的是绝对知识，它牵涉到对实在总体的了解。他们完全知道宇宙所有方面在本质上的相互联系，认识到要解释某个事物，归根结底就意味着说明它是如何与其他所有事物相联系的。由于不可能做到这一点，神秘主义者常常坚信，没有任何单个的现象是可以被充分地解释的。他们一般对于解释事物不感兴趣，相反地，却关心对所有事物的统一性的直接、非理性的经验。

最后要谈到的是，我的最后一条判据所表达的，与其说是一种观察结果，不如说是一种主张。面对着核屠杀的威胁和自然界的破坏，我认为只有在我们能够从根本上改变构成我们科学和技术基础的方法和价值观的情况下，人类才有可能生存。作为最后一条判据，我主张从一种主宰和控制包括人类在内的自然界的态度，转变为一种合作和非暴力的态度。

我们的科学和技术基于这样一种信念，那就是认为对自然界的了解意味着男人对自然界的统治。在此我故意用"男人"这个词，因为我谈到的是科学中机械论的宇宙观与意欲控制一切事物的男性倾向，这种家长式的价值观体系之间的重要关系。在西方科学和哲学的历史中，弗朗西斯·培根（Francis Bacon）把这一关系拟人化了。他在17世纪以激昂的，并且常常是坦率的恶言提出了科学的新经验方法。培根写道，自然界必须"在她的游荡中被追猎"，"迫使她服务"，并使她成为"奴隶"。要将她置于约束之下，而科学家的目的就是"从自然界拷问出她的秘密"。于是科学家们不得不借助机械设备从她那儿拷问出她的秘密，这些凶暴的形象强烈地使人联想到17世纪的女巫审判中，对妇女的拷问。培根对这些审判很熟悉，他曾任詹姆斯一世国王的首席检察官。因而我们在此看到了机械论的科学与家长式的价值观之间严酷可怖的联系，它对科学和技术的进一步发展曾有过巨大的影响。

在17世纪以前，科学的目标是学问，了解自然界的规律，并与之和谐共存。这种可以称作是生态学的态度，在17世纪转变为它的反面。从培根以来，科学的目标是可以用来主宰和统治自然界的知识，而在今天，科学和技术两者都主要被用于危险的、有害的和反生态的目的。

现在正在发生的世界观的变化让我们不得不把价值观的深刻改变包括在内；实际上是一次情感的彻底变化——从主宰和控制自然界的意图转变为一种合作和非暴力的态度。这样一种态度是极为生态学的态度，而并不令人惊讶的是，这正是宗教传统所特有的态度。中国古代的圣贤们美妙地表达了这种态度："遵从自然规律的人随着道的潮流而流动。"①

---

① 《老子》第二十三章："故从事于道者，同于道"；《庄子·大宗师》："彼方且与造物者为人，而游乎天地之气。"皆此意。——译者注

对《物理学之“道”》的评论

现在我想转而讨论这些年来《物理学之“道”》所受到的评论。我经常被询问的一个问题是：物理学界的同仁们是如何对待我的基本论点的？可以想见，大部分物理学家最初都颇感怀疑，有许多人甚至被这本书吓着了。那些被吓着的人的典型反应是愤怒。他们会在评论文章或私人交谈中做出相当无礼，并且常是直率而有带有恶意的批评，反映了他们自己的不安全感。

《物理学之“道”》会被看成是一种威胁的原因在于对神秘主义本质流传甚广的误解。在科学界，神秘主义一般被看作某种十分含混、模糊、朦胧并且很不科学的学问。看见自己所珍爱的理论被拿去与这种含混、模糊而且可疑的活动相比较，对于许多物理学家来说，自然会为颇感威胁。

神秘主义的这种错误观点实在是非常不幸的，因为当你阅读神秘传统的经典著作时，你会发现深刻的神秘主义经验从不被描述得含混或朦胧，与此相反，它总是明晰的。描写这种经验的典型比喻是“揭起无知的面纱”“斩断迷惑”“擦亮心镜”“看见明光”“超凡彻悟”——所有这些都意味着超乎寻常的明晰。神秘经验的确超出理智分析的范围，因而是另一种明晰，但是这些经验也的确并无任何含混或模糊之处。我们用“开悟”一词来描写 18 世纪欧洲的科学方法，即新笛卡尔哲学时代，实际上它是用来描写神秘主义经验的最古老，应用最普遍的词语之一。

所幸，对神秘主义与模糊不清的事物的错误联想现在正在改变。由于已经开始有更多的人对东方思想感兴趣，并且不再以嘲笑和怀疑的眼光来看待沉思，即使是科学界，也在更为认真地对待神秘主义。

现在让我回顾在过去25年中我一再遇到的对《物理学之"道"》的某些最常见的批评。首先，我不得不说，在物理学同行们对我的所有批评中，没有一个人曾在我对近代物理学概念的表述中发现过任何错误，对此我感到很高兴——有些人可能不同意我对某些当前发展的看重之处，但是就我所知，没有人在《物理学之"道"》中发现任何事实错误。如此看来，这一部分已经很好地坚持了25年。

在对我基本命题的批评中，有两个论点我听到的次数比其他论点为多。第一个论点是，断言未来的研究工作将使现在的科学事实变得没有价值。这些批评者问道，假定神秘经验万世永存，那么，像近代物理学中的模型或理论那样暂时存在的东西如何能与之做比较？难道这不是意味着神秘主义的真实性也将与近代物理学的理论共存亡吗？

这个论点听起来似乎很有说服力，但是它基于对科学研究的性质的一种误解。这个论点的正确之处是，科学中没有绝对真理。科学家们所说出的，都是以有限和近似的描述来表达，然后这些近似的描述再逐步在随后的发展中得到改进。可是，当理论或模型在相继的几步发展中被改进时，认识并不以任意的方式发生变化。每一种新理论都将以一定的方式与它之前的理论相联系，虽然在科学革命中这一点可能在长时间内都不外显。新理论并不会使旧理论完全作废，它只是改进了近似。例如，量子力学并不说明牛顿力学是错误的，它只是说明牛顿力学是受到限制的。

现在重要的是注意到这样一点，那就是当一种理论扩展到新的领域，当新理论改进了近似，并非旧理论的所有概念都被抛弃掉。我认为，与神秘传统的概念相联系的恰恰是那些在我们现行的理论中不会被作废，而将保留下来的那些概念。

即使对于牛顿物理学来说，我也认为如此。牛顿的诸多重要发现之一，可能是关键性的发现，也的确是他最著名的发现之一，就是发现宇宙中存在着到处都一样的常规。如传说所说那样，当苹果从树上落下时，牛顿在直觉的突然闪念中认识到，把苹果引向地面的力和把行星引向太阳的是同一种力。这就是牛顿重力学说的起点，在宇宙中存在着到处都一样的常则，这一洞识并未被量子力学或者相对论废弃。与此相反，新的理论肯定并且发展了它。

类似地，我认为宇宙基本的统一性和相互联系，以及它的自然现象内在的动态性质，近代物理学的这两个最重要的主题也不会被未来的研究工作所废弃。它们将会被重新阐述，我们现在持有的许多概念未来将被一套不同的概念所取代。但是这种取代将以有序的方式发生，我相信，在我所做的比较中用到的那些基本主题会被加强，而不是被废弃。这一信念不仅已经被物理学中的新发展肯定，而且被生物学和心理学中重大的新发展肯定。

我还曾一再听到的第二个意见是论证物理学家们与神秘主义者们所讨论的是两个不同的世界。物理学家们涉及的是量子的实在，它与普通的日常现象几乎完全无关；进一步论证道，神秘主义者们涉及的则恰恰是那些大尺度的现象和平常世界里的事物，几乎与量子世界全然无关。

那么，首先我们应当认识到，量子的实在根本并非与大尺度的现象无关。例如，在平常世界里最重要的物理现象，物质的致密特性，就是某种量子效应的直接结果。我们应当为这一论点重新措辞，应当这么说，神秘主义者们并不明显涉及量子实在，而物理学家们则不然。

现在，在论及两个不同的世界的概念时，如卡洛斯·卡斯特奈达所称，我的观点是只有一个世界，一个可畏而神秘的世界；但是，这一个实在具有多个方面，多个维度和多个层次。物理学家们和神秘主义者们涉及的是实在的不同方面。物理学家们探索物质的层次，而神秘主义者们则探索精神的层次。他们的探索共同之处是，在这两种情况下，这些层次都超出了寻常感官的知觉。因此，正如海森伯所指出的，如果感觉是不寻常的，那么实在也就是不寻常的。

这样，我们就有物理学家们借助于复杂的仪器探索着物质，神秘主义者们借助于微妙的沉思探索着精神。双方都达到了知觉的非寻常层次，在这些非寻常的层次上，他们观察到的图像和结构原则似乎十分相像。对于物理学家们来说的微观图像相互关联方式，反映着对于神秘主义者们来说的宏观图像相互关联方式。只有在我们将平常的感知方式下的那些宏观图像孤立出来时，我们才能将它们识别为寻常的独立客体。

另外一个常被提出的批评意见对于物理学家们和神秘主义者们致力于研究实在的不同层次这种看法表示肯定，但是批评家们争辩说，神秘主义者们的层次是较高的精神层次，它包括属于物理现象的较低层次，而物理学的层次则并不包括精神的层次。

那么，首先，我会注意到，称一个层次是较高的层次，另一个层次是较低的层次，这种看法是旧范例见解的残余，它再次采用建筑物的隐喻，而不是网络的隐喻。然而，我同意这样一种看法，那就是物理学家们不涉及实在的其他层次或维度，例如生命、意志、知觉、精神等等。物理学不涉及这些层次，但是科学涉及它们！

我已为科学中的新范例提出了6条判据。我终于相信科学中新范例的最恰当的阐述出现在生存、自组织系统（living, self-organizing systems）的新理论中，它是在最近几十年中，从控制论里形成的。伊里亚·利戈金、格里高里·贝特森、亨伯托·马特兰纳和弗朗西斯科·瓦里拉[①]是这一理论的主要贡献者。这一理论适用于个别的生存组织、社会体系和生态系统，它有指望导向一种生存、精神、物质和进化的统一理论。它肯定了物理学与神秘主义之间的相似性，并增添了一些其他的内容。这些内容超出了物理学的层次：自由意志的概念、生与死的概念、精神的本性等等。正如自我组织系统的理论和神秘传统中相应的概念所表述的那样，这些概念之间是非常和谐一致的。

当前的发展和未来的可能性

我接着要谈到的是，在新科学范例的阐述方面的新发展和未来的可能性。自从写了《物理学之"道"》以后，我对于物理学在这一发展中的作用的观念发生了重大的变化。在我开始研究各种不同的科学中范例的转变时，了解到它们都基于牛顿物理学机械论的世界观，认识到新物理学对于其他学科的新概念和新方法来说，是理想的模型。然而同时我还认识到，这样一种观点意味着出于某种原因，物理学的层次，要比其他学科更基本一些。现在我看到，新物理学，特别是靴袢理论，作为系统方法的特例，它所涉及的是无生命的系统。虽然物理学中的范例转变，因为它是在近代科学中首先出现的，仍然特别令人感兴趣，但是物理学还是失去了它作为其他科学的模型的作用。

因此我认为，要进一步阐明我在《物理学之"道"》中提出的论题，与其说是在于进一步探索物理学与神秘主义之问的相似性，不如说

---

① 依次为 Ilya Prigogine, Gregory Bateson, Humberto Maturana 和 Francisco Varela 的音译。——译者注

是在于将这些相似性扩展到其他科学中去。实际上，已经有人在做着这件事，我只想提到这个工作的某些方面。据我所知，关于神秘主义与神经科学之间的相似性，最好的著述出自弗朗西斯科－瓦里拉之手，他是自组织系统理论的创始人之一。在他同伊万－汤姆森和埃莉诺·罗什合著的《具体化的思想》（ *The Embodied Mind*，1991）一书中，瓦里拉对佛教关于思想的理论对认知科学（cognitive science）所能作的贡献做了详细分析。最近，韦斯·尼斯克在其《佛性》（ *Buddha's Nature*，1998）一书中探讨了佛家打坐与现代进化思想的关系。

在心理学中，已经在探索心理疗法和心理学的精神方面做了不少工作。有一个特殊的分支，即超越个人的心理学（transpersonal psychology），从事这方面的研究工作。斯坦尼斯拉夫·格罗夫，肯－维尔伯、弗朗西丝·沃恩[①]和许多其他人已经出版了一些有关这一主题的书籍，其中有不少书是在《物理学之"道"》之前，最早发端于卡尔·古斯塔夫·荣格[②]。

在社会科学中，从精神方面进行讨论的有 E. F. 舒马赫[③]所写《佛教的经济学》一文，首先发表于 60 年代末，后来有许多小组和不同的有关机构在理沦和实际两方面对之进行了探索。与这些研究活动密切相联系的有一种新的面向经济的政治学，称为绿色政治学（green politics），我认为它是文化上向新范例的变迁在政治上的表现。查林·斯普瑞特纳克[④]在她所写的《绿色政治学的精神方面》一书中讨论

---

① 依次为 Stanislav Grof, Ken Wilber 和 Frances Vaughan 等姓名的音译。——译者注

②③④ 分别是 Carl Gustav Jung, E. F. Schumacher 和 Charlene Spretnak 等姓名的音译。——译者注

了这一政治运动的精神方面。

最后，我想再谈一下我对东方神秘主义的一些观点，它在最近25年以来也发生了一些变化。首先，我所描述的物理学与东方神秘主义之间的相似性，在物理学与西方神秘主义传统之间也存在，这一点对我来说一直是十分清楚的，而且我在《物理学之“道”》中也这样说。即将问世的一本书《属于宇宙》是我与大卫·斯坦德－拉斯特修士⑤合写的，讨论了某些这种相似之处。此外，我不再认为在西方我们能够接受东方的精神传统，而不在许多重要的方面改变它们，使它们适合我们的文化。我的这种看法由于与许多东方精神教师的交往而增强，他们不能理解现在正在西方出现的新范例的某些极重要的方面。

另一方面我还认为，我们自己的精神传统将不得不进行某些根本的改变，以便与新范例的价值观相协调。我在此提出的与实在的新观点相对应的精神性（spirituality），很可能是一种生态学的，面向地球，后家长式的（postpatriarchal）精神性。许多小组和社会运动正在发展着这种新的精神性。例如马修·福克斯⑥和他在加州奥克兰圣名学院（Holy Names College）所倡导的以万物为中心的精神性（creation-cenetered spirituality）。

这些仅仅是在新范例出现过程中的一些发展。过去25年里，我自己的贡献是在《转折点》（*The Turning Point*）一书中首先综合了出现的新范例及其社会意义，并与一组杰出的同事们合作，进一步提炼了这一综合体。

在这些年里，我遇到了许多非凡的人们，我应向他们深表谢忱。在

---

⑤⑥David Steined-Rast 和 Matthew Fox 的音译名。——译者注

这些会见之后结下了许多持久的友谊。三十几年前，当我决定要写《物理学之"道"》时，我迈出的一步牵涉到职业上、感情上和经济上相当大的风险，而我完全是独自迈出了这一步。我的许多朋友们和同事们也是这样在他们的领域里迈出了类似一步。现在我们都感到坚强得多。我们都投身在我称之为"上升的文化"（rising culture）的，具有多重可选择性的网络之中——一种群众运动，它代表着对实在的同样的新认识的不同侧面，正逐渐地联合，成为社会变革的一股强大力量。

名词注释 [①]

第一章　近代物理学

（1）神秘主义，宗教唯心主义的一种世界观。主张人与神或超自然界之间直接交往，并能从这种交往关系中领悟到宇宙的秘密。

（2）奥本海默（Julius Robert Oppenheimer，1904—1967年），美国物理学家，历任加利福尼亚大学、加利福尼亚研究所教授，普林斯顿高级研究所所长，原子能委员会总顾问委员会主席。致力于亚原子粒子研究，后因指导"曼哈顿工程"（原子弹研制工作），而有"美国原子弹之父"之称。

（3）玻尔（Niels Henrik David Bohr，1885—1962年），丹麦物理学家。他在普朗克量子假说和卢瑟福原子行星模型的基础上，于1913年提出了氢原子结构和氢光谱的初步理论。稍后又提出了对应原理，对量子论和量子力学的建立起了重要作用。在原子核反应理论和解释重原子核裂变现象等方面也有重要贡献。为此，于1922年获诺贝尔物理学奖。以他为首的哥本哈根学派，对量子力学做出了与爱因斯坦和薛定谔学派观点不同的基本解释。

（4）海森伯（Werner Karl Heisenberg，1901—1976年），德国物理学家。量子力学的创始人之一。1925年提出微观粒子的不可观察的力

---

① "名词注释"由译者撰写。——编者注

学量，如位置、动量应由其所发光谱的可观察的频率、强度经过一定运算来表示，随后与玻恩、约尔丹合作建立了矩阵力学，在量子力学的建立中起着先驱作用。1927 年建立了测不准关系，成为量子力学的一个基本原理。由于这些重要贡献，他获得了 1932 年诺贝尔物理学奖。此外，他根据量子力学对自发磁化提出了交换作用的解释，在对核力本性的研究中提出同位旋的概念。他还对高能粒子的碰撞过程进行了理论研究，创立了 S 矩阵理论。在量子论的哲学观点上，他属于哥本哈根学派。

（5）《吠陀》，印度最古老的宗教文献和文学作品的总称，梵文"知识"的音译，主要指宗教知识。最古老的《吠陀本集》共四部：《梨俱吠陀》（颂诗）、《娑摩吠陀》（歌曲）、《耶柔吠陀》（祭祀仪式）、《阿阇婆吠陀》（巫术咒语），编订成册约在公元前十几世纪到公元前 6 世纪。

（6）《易经》，指《周易》或《周易》中与《传》相对而言的经文部分。由卦、爻两种符号和卦辞（说明卦的）、爻辞（说明爻的）两部分文字构成，都是用于占卜的。最早可能萌芽于殷周之际，全部经文当系长期积累的产物。共六十四卦和三百八十四爻。在宗教迷信的外衣下，保存了古人的某些朴素辩证法的观点。

（7）赫拉克利特（Herakleitus，约公元前 540—公元前 480 年与 470年之间），古希腊唯物主义哲学家，爱非斯学派的创始人。有丰富的自发辩证法思想，被列宁称为"辩证法的奠基人之一"。他认为"火"是万物的本原，一切都是火符合规律地燃烧和熄灭的结果。非神所造的世界处在不断产生和灭亡的过程中，一切皆流，一切皆变，"人不能两次走进同一条河流"，万物既存在着，又不存在着。把万物运动变化的规律称为"逻各斯"（参见本章注 20）。万物都是对立统一的，对立面相互依存、相互转化，对立面的斗争就是生成发展的动力。同时认为自然界的运动是周而复始，循环不已的。著有《论自然》，现仅存若干片段。

（8）阿拉比（Ibn Arabi，1165—1240年），伊斯兰教苏菲派神学家，出生于西班牙。1201年开始长途旅行，从埃及到麦加，游历伊拉克和安纳托利亚，最后定居大马士革。毕生从事神学的研究和教学，博采逊尼派、什叶派、伊斯玛仪派、苏菲主义、新柏拉图主义、诺斯替教和炼金术中他认为有用的内容，企图通过神秘主义来解答一系列长期争论的问题，诸如"前定论"与"意志自由沦"、"善"与"恶"、"真主的统一性"与"宇宙万物的多样性"等。创立所谓"一元论"学说，把客观事物和人的自由意志看作真主本质和德性的表现，把神秘主义发展成系统的泛神论思想。

（9）泛神论神秘主义派（Sufism），亦译作苏菲派。泛神论是一种把神融化在自然界中的哲学观点。宣称神即自然界，神存在于一切事物之中，没有什么超自然的主宰或精神力量。苏菲派起源于公元8世纪，并在波斯发展为精致象征主义（Symbolism）的体系，其目标是通过虔修默祷，与真主（安拉）交换思想和感情。

（10）亚基（Yaqui），亚基族人，为印第安人的一族，现居墨西哥的Sonora。

（11）胡安（Don Juan），亚基族巫医，巫师，神秘主义者。美国人类学者卡斯特奈达著有《胡安的教诲》（1968年初版，1975年第15次印刷）及《一个独立的现实》（1971年初版，1975年第12次印刷）。后者对他的思想做了介绍，读者逾几十万。

（12）伊奥尼亚的米利都学派。米利都学派为古希腊朴素唯物主义的一个学派，出现于公元前6世纪。此派企图探索自然界纯一的物质本质或物质基础，并以之来解释万物的产生和变化，有自发的辩证法倾向。其主要代表泰勒斯、阿那克西曼德、阿那克西米尼都是古希腊人居留地爱奥尼亚（位于小亚细亚西岸）的米利都人，因而得名。

（13）Physis，希腊词，意为自然界成长或变化的原理，内在的或先天的生长变化的因素。

（14）泰勒斯（Thales，约公元前 624—公元前 547 年），传说为古希腊第一位哲学家，唯物主义者，米利都学派的创始人。在天文学、数学、气象学等方面皆有贡献。认为万物皆由水生成，又复归于水。

（15）阿那克西曼德（Anaximandros，约公元前 610—公元前 546年），古希腊米利都学派唯物主义哲学家，认为万物的本原不是具有固定性质的东西，而是"无限者"（apeiron），即无固定界限、形式和性质的物质。"无限者"在运动中分裂出冷和热，干和湿等对立面，而产生万物。著有《论自然》，已失传。

（16）普纽玛，希腊字 Pneuma 的音译，亦译作精神，呼吸。世界灵魂或上帝精神。古代斯多葛学派把它当作宇宙原则的一种火焰般的以太元素或普遍精神。

（17）爱菲斯（Ephesus），小亚细亚西岸的古希腊殖民城市。约公元前 11 世纪伊奥尼亚人移居于此，后建立该城。中世纪以后化为废墟。文中所指为爱菲斯学派，为古希腊赫拉克利特和他的学生所建立（参见本章注 7）。因赫拉克利特生于该城市而闻名。

（18）过程（Becoming，字首大写），古希腊哲学术语，意为发生改变以达到一种有特色的阶段或情况。

（19）存在（Being，字首大写），古希腊哲学术语，亦译"有"。

（20）理念（Logos），古希腊哲学中的术语，意为世界的普遍规律性，或音译为逻各斯。

（21）埃利亚学派（Eleatic school），古希腊哲学的一个学派，约在公元前 6 世纪末至公元前 5 世纪中叶以后，集中在埃利亚（古希腊在意大利的殖民地）。这个学派认为，独一无二的、不变的"存在"是唯一的实在，而众多的状态、变化和运动只是幻象，其代表人物为巴门尼德和芝诺。

（22）巴门尼德（Pamenides，约公元前 6 世纪末至公元前 5 世纪中叶以后），古希腊埃利亚学派唯心主义哲学家，反对赫拉克利特的辩证法思想，认为"有"或"存在"是单一的、有限的、不变的和不可分割的。"存在"和思维是同一的。千变万化的世界只是凡人的虚幻"意见"或假相，亦即"无"或"不存在"。感觉绝对不可靠，"只有理性才能认识存在"。著作有诗篇《论自然》，现仅存若干片段。

（23）留基伯（Leukippos，约公元前 500—公元前 440 年前后），古希腊唯物主义哲学家，原子学说的奠基人之一。认为原子在虚空中作旋涡运动而产生万物。其著作仅存一个片段："没有任何事物的产生是无缘无故的，万物的产生都有其根源，都是必然的"。

（24）德谟克利特（Demokritus，约公元前 460—公元前 370 年），古希腊唯物主义哲学家，与留基伯并称为原子说的创始人。马克思、恩格斯称他为"经验的自然科学家和希腊人中第一个百科全书式的学者"。他认为，原子和虚空是万物的本原，无数的原子永远在无限的虚空中朝各个方向运动着，相互冲击，形成旋涡，产生无数的世界。原子以不同秩序和位置结合起来，产生物体。灵魂由光滑精细，运动极快的圆形原子结合而成，因而也是一种物体。原子分离则物体消灭。物体投射出来的影像引起感觉，感觉是认识的来源。但只有理性才能把握实在，而使人认识到万物皆由在虚空中运动着的原子构成。其著作相传共52种，现仅存极少数片段。

（25）亚里士多德（Aristotle，公元前384—公元前322年），古希腊哲学家、科学家。柏拉图的学生，亚历山大大帝的教师。马克思称他为古希腊哲学家中最博学的人物。他把科学分为：理论的科学（数学、自然科学、形而上学）、实践的科学（伦理学、政治学、经济学、战略学、修辞学）和创造的科学（即诗学）。认为逻辑是一切科学的工具。他是形式逻辑的奠基人，而且研究了辩证思维的最基本形式。他认为物质永恒存在，不能被创造。批评柏拉图的理念论，指出一般不能离开个别而存在，事物的本质在事物之内。认为个别具体事物是由四因构成的，即质料因、形式因、动力因和目的因。质料与形式结合的过程，就是潜能转化为现实的运动。提出有一个"没有质料的形式"作为一切事物最后的目的、运动的最终原因。主张认识的对象是外在的事物，强调感觉在认识中的重要性，思维依赖于感觉。他的教育思想对文艺复兴时期的教育有很大影响。在美学、生物学、生理学、医学等方面也有贡献。主要著作有《工具论》《形而上学》《物理学》《伦理学》《政治学》《诗学》等。

（26）伽利略（Galileo Galilei，1563—1642年）意大利物理学家、天文学家。主张研究自然界必须进行系统的观察和实验。通过实验，他推翻了向来被奉为权威的亚里士多德关于"物体落下的速度与重量成比例"的学说，建立了落体定律。发现了物体的惯性定律、摆振动的等时性、抛体运动规律，并确定了伽利略相对性原理，因而被认为是经典力学和实验物理学的先驱。他也是利用望远镜观察天体取得大量成果的第一个人，重要发现有：月球表面凹凸不平、木星的4个卫星、太阳黑子、银河由无数恒星组成，以及金星、水星的盈亏现象等，有力地证明了哥白尼的地动论。

（27）笛卡尔（Rene Descartes，1596—1650 年），法国哲学家、物理学家、数学家、生理学家。解析几何的创始人。他强调科学的目的在于"造福人群"，反对经院哲学，认为必须抛弃所有因袭的见解。主张"系统的怀疑方法"，认为可以怀疑一切，但提出"我思故我在"的原则，强调不能怀疑以"思维"为其属性的、独立的"精神实体"的存在，并论证以"广延"为其属性的、独立的"物质实体"的存在，主张这两种实体都是"有限实体"，并把它们并列起来。这说明在形而上学或本体论上，他是典型的二元论者。但他又认为上帝是"有限实体"的创造者和终极的原因。在认识论上主张唯理论，把几何学的推理方法用到哲学上，认为清晰明白的概念就是真理，提出"天赋观念"的唯心主义学沦。主张物质不灭、运动守恒。物质世界是无限的，没有不具有广延性的，不可分割的原子。主要著作有:《方法谈》《形而上学的沉思》《哲学原理》《论世界》《音乐提要》等。

（28）牛顿（Isaac Newton，1642—1727 年），英国物理学家。他在伽利略等人工作的基础上，经过深入研究，建立了成为经典力学基础的牛顿运动定律。他发展了开普勒等人的工作，发现万有引力定律。由于他建立了经典力学的基本体系，我们常把经典力学称为牛顿力学。他在光学、天文学和数学等方面都有重要贡献。在哲学上，他承认时间、空间的客观存在，但把时间、空间看作与运动着的物质相脱离的，并且认为时间与空间也是相互独立的，从而提出绝对时间和绝对空间的观点。受亚里士多德的影响，他提出一切行星都在某种外来的"第一推动力"作用下，由静止开始运动。《自然哲学的数学原理》是他的重要著作。

（29）无明，佛教术语。为"十二缘"之一。即无智慧，是无知、愚痴或迷暗的意思。也是种种贪欲、瞋恨、愚痴等愚蠢心理的迷惑之源。

（30）悟，佛教术语。指觉悟佛性、佛意，即超越了迷惑的世界，超越了生死烦恼。

（31）实在（reality），哲学名词，指客观的真实存在。

（32）生态学，是研究生物之间及生物与非生物环境之间相互关系的学科。

（33）道，中国哲学的一个范畴。原指人行的道路，借用为事物运动变化所必须遵循的普遍规律或万物的本体。《老子》："有物混成，先天地生……可以为天下母。吾不知其名，字之曰道。"

第二章　知与观

（1）奥义书，梵文 Upanishad 的意译。古代印度文献的一种。是最古文献《吠陀》经典的最后一部分，也称为"吠檀多"（Vedanta），意即"吠陀"的终结。其中多半是晚出的宗教、哲学著作。突出的是提出了"梵"（宇宙本原、宇宙精神）和"我"（个人的精神、灵魂）的问题，其世界观成为后来吠檀多派哲学的来源。奥义书成书在公元前六世纪佛教兴起以前或同时期。

（2）吴哥寺，亦称"吴哥窟"。柬埔寨的佛教古迹。位于暹粒省暹粒市吴哥城（故都）南郊。建于 12 世纪上半叶。15 世纪上半叶吴哥故都废弃，寺院亦荒芜。19 世纪中叶后重新修建，成为世界闻名的古迹。

（3）京都，日本的故都，也称西京。公元 794—869 年为日本首都。

（4）牛津，英国古老城市，有英国历史最久的牛津大学（1168 年创立），还有图书馆、博物馆、天文台等。

（5）伯克利，美国加州西部的一座城市，为著名的加州大学校本部所在地。

（6）苏格拉底（Sokrates，公元前469—公元前399年），古希腊唯心主义哲学家。认为哲学的目的不在于认识自然，而在于认识自己。标榜"自知其无知"。主张有知识的人才具有美德，才能治理国家。强调"美德即知识"，知识的对象即"善"。他有时提出快乐即"善"，有时又提出禁欲克己的生活即"善"的生活。他教导门徒进行辩论时用所谓"产婆术"。还提出目的论来对抗决定论，深信他一生为某种精灵所维护和支配。最后被奴隶主民主派控罪判处死刑。在逻辑学方面，他的主要贡献是首次提出归纳和定义的方法。在伦理学方面，他最早强调知识与行为有联系。

（7）摘引自《老子》第七十一章。"知不知"可以解释为"知道却不自以为知道"或"知道自已有所不知道"。"尚矣"，意为"最好"。

（8）弯曲的空间。按照爱因斯坦的广义相对论，万有引力的产生是物质的存在和一定的分布状况使时间、空间性质变得不均匀（所谓时空弯曲）所致，并由此建立了引力场理论。

（9）见《庄子·外物》第二十六。意为：鱼筌是用来捕鱼的，捕到鱼就可以不要鱼筌，筇是用来捕兔的，捕到兔就可以不要兔筇；说话的目的在于表达意思，已经知道意思就不再需要话语了。

（10）科齐伯斯基（Alfred Korzybski，1879—1950年），美国语义学家，出生在波兰。

（11）真如，佛教术语。指绝对不变的实体，即真实。早期佛经称"本无"。禅宗认为真如就是脱离一切俗物，达到自由的心境，故名。

（12）见《老子》第一章。第一和第三个道字是老子哲学上的专有名词，在此指构成宇宙的实体与动力。第二个道字是言说的意思。

（13）见《庄子·天运》第十四。老子曰："……使道而可以告人，则人莫不告其兄弟；……"使，假使。告，告知。

（14）沉思（Meditation），佛教称之为禅定，参见本章注（42）。

（15）詹姆斯（William James，1842—1910年），美国哲学家和心理学家、实用主义者，机能心理学创始人。他否认客观真理，主张概念只是人们为了在行动中取得成功而采用的"作业假设"，认为凡是"方便的""有用的"就是真理。主张保卫宗教，宣扬"信仰意志"。创立了彻底的"经验论"。否认在"纯粹经验以外有任何实在的东西。"创立反映身体状态的情绪论，提出变动不居的意识之流的说法来反对反映论，并主张唯意志论。

（16）毕达哥拉斯（Pythagoras，约公元前580—公元前500年），古希腊数学家，哲学家。在西方首次提出勾股定理，以及对奇数、偶数和质数的区别方法。他把数的概念神秘化，认为"凡物皆数"，意即数是事物的原型，也构成宇宙的"秩序"；并从奇偶相生而成数的原则出发，强调"和谐"是对立面的"协合"或"和解"。其著作全部散失，仅在亚里士多德等人的著作中保留其部分观点。

（17）罗素（Bertrand Russell，1872—1970年）英国哲学家、数学家、逻辑学家。在数学上从事过数理逻辑和数学基础的研究。以他命名的"罗素悖论"，曾对20世纪的数学基础发生过重大影响。与怀特海（A. N. Whitehead）合著的《数学原理》，企图建立逻辑主义数学体系，把整个数学归结为逻辑学。在哲学观点上，他最初是新实在论者。20世纪初转向逻辑实证主义，提出逻辑原子论，要求从相当于逻辑领域原始命题的原始事实出发，以这种事实作基本元素，由此构造出整个世界。他认为，这种原始事实是主观的感觉经验，而且这些元素彼此之间毫无关系，因此他的学说是唯心主义和形而上学的。他还认为，人所感觉到是"事实"或"事实"的集合体，它既不能被认为是物理的，也不能被认为是心理的，而是"中立"的，并称这种说法为"中立一元论"，这一理论企图超出唯物、唯心之外，实际上却仍然是唯心主义的。1921年曾来中国讲学，在中国学术界有相当影响。

（18）康德（Immanuel Kant，1724—1804年），德国哲学家，德国古典唯物主义的创始人。在所著《自然通史和天体论》中提出关于太阳系起源的星云学说，打击了主张宇宙一成不变的形而上学。在哲学上企图调和唯物主义与唯心主义。主张"自在之物"（即"本体"）不依赖于人的意识而独立存在，是感觉的源泉，但又断言它是不能认识的。认为自然界（即"现象"）的一切规定性（因果关系等）都取决于人的意识，并认为这些规定性是"知性"本身所固有的先天形式。认为"理性"要求对自在之物有所认识，就必然要陷入不可解决的矛盾；从而主张人类知识是有限度的，理性低于意志，企图为宗教信仰留下地盘。他把世界割裂为科学知识的领域和道德或意志的领域，并声称必须假定上帝的存在，上帝创造世界的目的是调和必然和自由，使人得以完成其道德的本性。

（19）柏拉图（Plato，公元前427—公元前347年），古希腊哲学家，苏格拉底的学生，亚里士多德的老师。主张理念是独立于个别事物和人类意识之外的实体。永恒不变的理念是个别事物的"范型"，个别事物是完善的理念的不完善的"影子"或"摹本"。在认识论上，认为感觉是以个别事物为对象，因而不可能是真实知识的源泉；一切真实知识只是不朽的灵魂对理念的"回忆"。宣称辩证法的一个意义就是人们回忆理念的过程。最高的理念，即善的理念，就是宇宙最高和最终的目的，是一切知识和真理，乃至一切存在之依据。宇宙的原动力是"巨匠"，"巨匠"将理念加于原始的混沌或物质而构成有秩序的宇宙。他的哲学思想对唯心主义在西方的发展影响极大。

（20）奥古斯丁（Aurelius Augustinus，354—430 年），罗马帝国基督教思想家，教父哲学的主要代表。他用新柏拉图主义的哲学来论证基督教教义，把哲学与神学结合起来。

（21）阿奎那（Thomas Aquinas，1226—1274 年），中世纪神学家和经院哲学家，出身意大利贵族，天主教多明我会（Domingo）会士。在理智与信仰的关系问题上，一方面认为理智来自天主，肯定理智在自身范围内的独立地位，与信仰不矛盾；另一方面又根据天主教教义断言，信仰高于理智。用亚里士多德形而上学的基本范畴"有"和"本质"来说明天主是"自有、永有的"。以万物应有"第一推动力"的说法来论证天主的存在。他认为，不可能证明世界的永恒性，并把世界描绘成由下而上递相依属的等级结构，天主则是最高的存在，也是万物追求的最高目的。他的哲学和神学体系被称为托马斯主义，19 世纪末由教皇利奥十三世正式定为罗马教廷的官方哲学。

（22）斯宾诺莎（Benedictus Spinoza，1632—1677 年），荷兰唯物主义哲学家。肯定"实体"即自然界，是一切事物的统一基础，否认超自然的上帝存在，但又把"实体"叫作"上帝"，从而给唯物主义披上泛神论的外衣。认为"实体"有无数"属性"，人们只能认识其中的两种，即思维和广延；并用"样态"这一名词来说明运动变化现象。其哲学体系未能避免形而上学的局限性，如认为无限的"实体"不变不动，只有"实体"的暂时状态或个别表现才有运动变化，并把运动理解为机械的位置转移等；但也含有丰富的辩证法因素，如把"实体"作为自因来理解。坚持"从世界本身说明世界"，猜测到事物的普遍联系、相互依存、相互作用等。反对唯心主义的目的论和笛卡尔的自由意志说。强调自然界的一切都是必然的，"对必然性的认识"就是自由。在认识论方面，是唯理论的主要代表之一，认为感性知识不可靠，只有通过理性直觉和推理才能得到真正可靠的知识。

（23）莱布尼茨（Gottfried Wilhelm Leibniz，1646—1716年），德国自然科学家、数学家、唯心主义哲学家。与牛顿并称为微积分的创始人。数理逻辑的先驱。设计并制造了一种手摇的演算机。提出了据他认为是和中国"先天八卦"相吻合的二进制，影响到后来计算机的发展。早年同情机械唯物主义，后来建立了自己的属于客观唯心主义的单子论和神正论。在认识论方面，是唯心主义唯理论的主要代表之一。反对洛克的经验论，认为普遍观念不是来自经验，而是"先天"的。其哲学体系中也含有一些辩证法因素，如列宁指出，他"通过神学接近了物质和运动不可分割的联系的原则"。

（24）吠檀多派，古代印度哲学中影响较大的一派，其中又包括一些不同的派别。此派的体系是在《奥义书》学说的基础上产生的客观唯心主义宗教哲学学说。"吠檀多"（Vedanta）的意义是《吠陀》的终结，原指《奥义书》。《吠檀多经》引申《奥义书》中关于"梵"（宇宙的精神）和"我"（个人的精神）的神秘主义思想，商羯罗发展了这种思想，建立了影响最大的"不二论"。在8世纪到15世纪之间，印度教各派除此以外还提出了"殊胜不二论""二论""二不二论""纯粹不二论"等哲学思想。《奥义书》和"不二论"为近代印度一些唯心主义者所推崇。

（25）中观宗（madhyamika），亦称"大乘空宗"。与"瑜伽宗"齐名，古印度大乘佛教两大派别之一。为龙树所创。约公元 2—3 世纪时，龙树著《中观论》《十二门论》《大智度论》，主张"诸法"（宇宙万有）依"俗谛"说是"有"，依"真谛"说是"空"，认为客观世界虚幻不实，自谓其说是离于二边（空、有）之见的"中道正观"，故名。其弟子提婆著《百论》加以发挥。这种学说在古印度甚为流行，中国的三论宗、天台宗等佛教派别亦源于此。

（26）禅宗，中国佛教派别之一。以专修禅定为主，故名。分成北方神秀的渐悟说和南方慧能的顿悟说两宗，有"南能北秀"之称。但后世仅南宗顿悟说盛行。主张不立文字，教外别传，直指人心，见性成佛。禅宗兴起后，用通俗简易的修持方法，取代佛教其他各宗的烦琐义学，流行日广，影响及于宋、明两代的理学。其下又分为五家七宗，南宋以来唯有其中临济、曹洞两派盛行，并且流传到日本。

（27）教外别传，佛教术语。指禅宗不立文字的心传方法。这一方法不依靠语言，而是以心印为旨。

（28）顿悟，佛教术语。与渐悟相对。指不须长期修行，而靠灵性豁然省悟禅理，把握佛旨。亦称"顿了"。为禅宗南派所倡。

（29）"说似一物即不中"，六祖答南岳怀让禅师问，"说似一物即不中"。意为虚灵本心无物可比。

（30）铃木大拙（1879—1966 年），日本佛教学者。金泽市人。21 岁到镰仓园觉寺参禅，精通英语。后随师宗演和尚赴美参加万国宗教大会，应邀在美从事宗教典籍的英译工作。回国后历任学习院大学教授、东方大学讲师、大谷大学教授。晚年寓于镰仓松岗文库，专意英译佛典。著有《神秘主义和禅》《禅与念佛心理学的基础》《入楞伽经研究》等，译有《道德经》《大乘起信论》等。

（31）李约瑟（Joseph Needham，1900—1995 年），英国生物化学家、历史学家和汉学家。因著有《化学胚胎学》（1931）而享有声誉，后又研究肌肉的生物化学。1954 年以来，因写作《中国科学技术史》而赢得了更高的声誉。此书现已被誉为 20 世纪给人印象最为深刻的巨著之一。

（32）见道，佛教术语。为佛教修行的三个阶位，即"见道""修道""无学道"之第一道。指凡夫俗子到圣者的修习阶位，达到此阶位者，可领悟"四谛"，即"苦谛""集谛""灭谛""道谛"。

（33）八识，佛教术语。瑜伽行派和法相宗的理论依据。即把人的认识作用分为八识："眼识""耳识""鼻识""舌识""身识""意识"，第七识"末那识"、第八识"阿赖耶识"。"末那识"是意识的根源，"阿赖耶识"是世界一切的精神本原。

（34）观，佛教术语，指思维观察而获得智慧。

（35）曼荼罗（mandala），指佛或菩萨的画像，以及法物、法器等的画像，系密宗用语。亦指佛或菩萨的聚集场所、坛场，又作"罗陀罗""慢怛罗"等。狭义的仅指按仪轨绘制的坛场。

（36）见《老子》第四十一章，"上士闻道，勤而行之；中士闻道，若存若亡；下士闻道，大笑之。不笑不足以为道。"意为：上士听了"道"，努力去实行；中士听了"道"，将信将疑；下士听了"道"，哈哈大笑。——不被嘲笑，那就不足以成为"道"。这是说"道"隐奥难见，以致普通人听了不易体会。

（37）曼陀罗（mantra），吠陀赞歌或祷词。

（38）见《老子》第四十八章，"为学日益，为道日损。损之又损，以至于无为。"意为：求学一天比一天增加"知见"，求道一天比一天减少"情欲"。减少又减少，一直到"无为"的境地。老子认为"政教礼乐之学"实足以产生机智巧变，戕伤自然的真朴。老子要人走"为道"的路子，"无为"便是去除私欲妄见的活动而返璞归真。

（39）见《庄子·天道》第十三，"圣人之心静乎！天地之鉴也，万物之镜也。"鉴也是镜。因为心静则可以反映天地万物，所以用鉴和镜来比喻。

（40）白云禅师（Yasutani Rosi），日本现代禅宗大师。多年游历欧美，弘扬佛法。

（41）结跏趺坐，为佛或禅僧等的一种坐姿，即以两足交叉押于左右股上的坐姿，亦称"双盘"。佛教认为结跏趺坐是各种坐姿中最安稳又省力的坐法。

（42）禅定，佛教术语。即"禅"（静虑）和"定"（专一）的合称，意指专一静虑，达到觉悟的佛境。

（43）薄伽梵歌，古代印度史诗《摩诃婆罗多》中的一个片段。以下凡的大神的口吻讲述了一些宗教的和哲学的理论，并鼓吹崇拜"薄伽梵"（大神毗瑟孥的尊称，参见第五章注13）。因有吠檀多派一些哲学家作注宣扬，成为印度教的重要经典。

（44）武士道，日本幕府时代武士遵守的封建道德，内容是绝对效忠于封建主，甚至不惜葬送身家性命。

（45）丘（Geoffrey Chew，1924年—），美国理论物理学家。发展了基本粒子的靴袢理论及拓扑学的粒子理论。著有《S矩阵理论》《强相互作用》等。

（46）靴袢理论，与理论自洽性有关的一种基本粒子强相互作用理论，是丘在60年代发展的。他认为，在两个强子的强相互作用中没有任何粒子表现为单独负责传递相互作用，每个粒子的存在都对它与其他粒子之间的作用力有贡献。靴袢理论还认为，强子是互为组成部分的；例如，π介子可以被认为是核子—反核子的束缚系统，而核子又可以看成是 K 介子和 Σ 粒子的束缚系统等等，这种相互嵌合的粒子体系是通过自洽性原理而组成动力学系统的。也就是认为，基本粒子不具有内部结构，而是"相互组成"和"完全平等"的，具有所谓"核民主"。

（47）库玛拉斯瓦米（Ananda Kentish Coomaraswamy，1877—1947年），印度艺术史研究的开拓者和向西方介绍印度文化的著名翻译家。兼有锡兰和英国的血统，是一位严谨的学者。他不仅在哲学、文化、东方艺术等方面有造诣，而且对佛教与印度教都有较深的研究。

（48）公案，佛教名词。原指公府判断是非的案牍。禅宗认为，前辈祖师的言行范例，可以用来判断是非迷悟，故借用。

（49）真如，佛教术语。指绝对不变的实体，即真实。早期佛经称之为"本无"。禅宗认为，"真如"就是脱离一切俗物，达到自由的心境，故名。

（50）风穴和尚因僧问一段摘引自《无门公案》。

（51）俳句，又名"发句"，日本诗体之一。一般以三句十七音组成一首短诗，又称十七音诗。

（52）湿婆，梵文 Shiva 的音译。意译"自在"，因此也译作"大自在天"。是婆罗门教和印度教的主神之一，即毁灭之神、苦行之神和舞蹈之神。《提婆涅槃论》说。整个世界就是湿婆的身体，虚空是头，地是身。并认为湿婆与梵天（婆罗贺摩）、毗瑟擎（遍人天）三者代表宇宙的创造、保存和毁灭。

第三章　超越语言

（1）波粒二象性，微观粒子的基本属性之一。微观粒子有时显示出波动性（这时粒子性不显著），有时又显示出粒子性（这时波动性不显著），这种在不同条件下分别表现为波动和粒子的性质，称为波粒二象性。20世纪初物理学家们首先发现，光在光电效应等现象中显示出粒子性，在干涉、衍射等现象中显示出波动性，由此，物理学家们得出光具有波粒二象性的结论。其后，到20年代，又发现原来认为只有粒子性的实物粒子如电子等，也能发生衍射现象，说明它们也具有波动性，从此认为一切微观粒子都具有波粒二象性。粒子的质量或能量愈大，波动性愈不显著，所以日常所见的宏观物体实际上可以看作只具有粒子性。

（2）电磁辐射，电磁场能量以波的形式向外发射的电磁波。其传播速度与光速相同。按电磁波波长（或频率）的不同，电磁辐射可分为无线电辐射（射电）、红外辐射、可见光辐射、紫外线辐射、X射线辐射、γ辐射等。

（3）干涉现象，由两个（或两个以上）波源发出的具有相同的频率、相同的振动方向和恒定的相位差的波在空间叠加时，在交叠区的不同点上加强或减弱的现象。这是波的一个重要特性。波在交叠区域中，有的地方振动加强，有的地方振动减弱，形成"干涉图样"。水波的干涉是常见的现象。光波的干涉图样是明暗相间的条纹（单色光）或彩色条纹（复色光）。

（4）光电效应，物质（主要是金属）在光的照射下释放电子的现象。1887年赫兹首先发现。这一效应不能简单地用光是一种波动来解释; 1905 年爱因斯坦引入光子概念才满意地说明了这种现象。他认为,光由一群光子组成, 当每个光子的能量超过某一数值时, 就能从被照射金属中释放一个电子。光子能量越大 (即波长越短), 电子速度就越大; 光子越多 (即光越强), 电子数目也就越多, 完全与实验符合。从此就发现了光不仅具有波动性, 而且具有粒子性。

(5) 散射, 光束在媒质中前进时, 部分光线偏离原方向而分散传播的现象。除光的散射外, 粒子 (如电子、α 粒子等) 束在直进过程中, 与物质发生相互作用, 而部分粒子偏离原方向前进的现象, 亦称为"散射"。

(6) 干涉图样, 参见本章注 (3) "干涉现象"。

(7) 《道德经》, 即《老子》, 道家的主要经典。道教自称源出先秦道家老聃, 把他尊为教主, 并赋予《道德经》各种宗教解释。

(8) 大鉴禅师 (1274—1339 年), 即正澄, 元代僧人。1326 年与入华日僧元晦等东渡日本。先居于建长寺, 后主持净智、圆觉等寺, 管理建仁寺, 为开善寺开山祖。著有《大鉴清规》, 被称为日本禅宗开善派, 为日本禅宗二十四派之一。卒于日本, 谥号"大鉴禅师"。

(9) 后醍醐天皇 (1288—1339 年), 日本天皇之一, 1318—1338 年在位, 谥号"尊治"。

(10) 劫, 佛教名词。梵文 Kalpa 的音译"劫波"的略称, 意译为"远大时节"。古印度传说世界经历若干万年毁灭一次, 重新再开始这样一个周期称为一"劫"。

(11) 赵州, 唐朝赵州从谂禅师是中国禅宗史上杰出的宗匠。当时人称"赵州古佛"。

(12) "无"字公案, "有僧问赵州: 狗子还有佛性也无? 州云: 无。

问：上至诸佛，下至蜷蚁皆有佛性，狗子为什么却无？州云：为伊有业识在。僧又问：狗子还有佛性也无？州云：有。问：既有，为什么人这皮袋里来？州曰：知而故犯。"（摘引自正果著《禅宗大意》）这则公案甚受后世推崇，认为赵州的两种答法，"有"及"无"，表面似乎有矛盾，实则适应问话者的根性而作不同的回答，使提问者不落于知见，其根本着眼点在"无"字上。"无"字公案被看作参禅的一关，打破这一关必能彻悟佛机。

（13）临济宗，佛教流派。中国佛教"禅宗南宗五家七宗"之一。创始人唐僧义玄居于镇州（今河北正定）临济院。故称。

（14）亚原子粒子，物理学名词。指比原子为小的粒子，包括原子核和基本粒子，本书中指后者。

（15）盖革计数管，一种常用的原子核辐射探测器，可以记录入射的带电粒子或 γ 光子。

第四章　新物理学

（1）爱因斯坦（Albert Einstein，1879—1955 年），物理学家。出生于德国，1933 年因受纳粹政权迫害，迁居美国。在物理学的许多部门中都有重要贡献，其中最重要的是建立一了狭义相对论（1905 年），并在此基础上推广为广义相对论（1916 年）。还提出了光的量子概念，并且用量子理论解释了光电效应、辐射过程、固体比热，发展了量子统计。在阐明布朗运动等问题上也有贡献。后致力于相对论"统一场论"的建立，企图把电磁场与引力场统一起来，惜无成效。

（2）奥罗宾多（Ghose Aurobindo，1872—1950 年），印度唯心主义哲学家，诗人。7 岁时移居英国。20 世纪参加印度资产阶级民族运动，任《敬礼祖国》等报刊编辑，后来在印度创办"奥罗宾多书院"，从事著述。他综合印度吠檀多各派的哲学理论以及西方唯心主义的哲学观点，建立了"整体吠檀多"的理论体系，宣称宇宙由两个世界，即"现象世界"（现实世界）和"超越世界"（本体界）组成。前者包括物质、生命、心等存在；后者包括"超心"（超于心的精神存在）等。后者由前者演化而来，即由物质进化到生命，由生命进化到心，再由心进化到"超心"。他企图在上述进化过程中"综合"物质和精神，以此建立超越唯心主义和唯物主义的体系。

（3）三维空间，亦称"三度空间"。在三维空间中，确定任何一点的位置，需要三个坐标。通常是指我们活动于其中的客观存在的空间。

（4）欧几里德几何空间，简称"欧氏空间"。指欧几里德几何学（参见本章注 19）所研究的空间。它是现实空间的一个最简单而又相当确切的近似描述。

（5）绝对空间，过去以牛顿为代表的自然科学家认为时间和空间都与物质的存在及其运动状况没有联系，时间与空间也是互不相干的。无论在什么条件下，时间都均匀地流逝着，这就是"绝对时间"。空间可以容纳物质，也可以脱离物质而存在，并且是永远不动的，这就是"绝对空间"。这种时空观把时间、空间与物质运动割裂开来，是形而上学的。

（6）绝对时间，参见"绝对空间"注释。

（7）万有引力，在两物体间由于物体具有质量而产生的相互吸引力。地面上物体所受的重力，就是地球与物体之间的这种吸引作用。地球、行星绕太阳运行，月球、人造卫星绕地球运行，也与它们之间的引力有关。牛顿在开普勒关于行星运动的定律的基础上，首先肯定了这样一种吸引力的存在，并提出了万有引力定律。地面上两物体之间的万有引力一般很小，可以不加考虑，但对质量大的天体，这个力就很大，所以在天文学上万有引力特别重要。20世纪以来已发现一些现象与牛顿万有引力定律的结论有微小的差异。爱因斯坦提出了广义相对论，对牛顿万有引力理论有所修改。后来又有人提出了其他引力学说，现在还有较多争论。

（8）拉普拉斯（Pierre Simon Laplace，1749—1827年）法国天文学家、数学家和物理学家。在概率论、毛细现象理论、天体力学和势函数理论方面都有重要贡献。1796年提出太阳系起源的星云假说，独立于康德，并从数学上做了论证。以他命名的拉普拉斯变换和拉普拉斯方程有广泛的应用。

（9）法拉第（Michael Faraday，1791—1867年），英国物理学家和化学家。出生于铁工家庭，做过图书装订工学徒。1831年发现电磁感应现象，从而确定了电磁感应的基本定律，是现代电工学的基础。1833—1834年发现电解定律（法拉第电解定律），是电荷不连续性最早的有力证据（但在当时还没有做出这个结论）。还发现当时认为是各种不同形态的电，在本质上都是相同的。他曾论述能量的转换，指出能的统一性和多样性。他反对超距作用，认为作用的传递都必须经过某种物质媒介，并用实验证明了电介质在静电现象中对作用力的影响。他还详细地研究了电场和磁场，得到许多重要结果，例如，发现磁致旋光效应（法拉第效应）。他的许多观点，后来经过麦克斯韦等人的概括和实验的证实，才为人们所认识。在化学方面，他也做出了不少贡献。

（10）麦克斯韦（James Clerk Maxwell，1831—1879年），英国物理学家。他在法拉第工作的基础上，总结了19世纪中叶以前对电磁现象的研究成果，建立了电磁场的基本方程，即麦克斯韦方程组。从这一理论中得出，电磁过程在空间是以一定速度（相当于光速）传播的，从而彻底否定了超距作用的错误概念；并得出光的本质是电磁波的结论。他采用数学统计的方法，导出了分子运动的麦克斯韦速度分布律。此外，在热力学、光学、分子物理学和液体性质的理论等方面都有一定成就。

（11）场，物理学中的场，即相互作用场，是物质存在的两种基本形态之一，存在于整个空间。例如电磁场、引力场等。带电粒子在电磁场中受到电磁力的作用，物体在引力场中受到万有引力的作用。场本身有能量、动量和质量，而且在一定条件下可以和实物相互转化。根据量子场论的观点，场与基本粒子有不可分割的联系，即一切粒子都可以看作相应场的最小单位（量子），例如电子与电子场相联系，光子与电磁场相联系等。这样，一切相互作用都可归结为有关场之间的相互作用。按照这种观点，场与实物并没有严格的区别。

（12）电动力学，研究电磁运动一般规律的学科。它以麦克斯韦方程组和洛伦兹力公式为出发点，运用数学演绎方法，结合有关物质结构的知识，建立完整的电磁场理论，分别从宏观和微观的角度来阐明各种电磁现象。同量子理论结合又产生量子电动力学。

（13）以太，最早是古希腊哲学家所设想的一种媒质。17世纪后为解释光的传播，以及电磁和引力相互作用现象而又被提出。为了解释光在传播中的各种性质，必须认为以太是无所不在的（包括真空和任何物质内部），没有质量的，而且是"绝对静止"的。把电磁力和引力作用看作以太中的特殊机械作用。19世纪，人们曾经普遍接受以太这一概念，但是后来发现，为了解释更多的现象，必须假设它具有各种显然不合理的性质，企图确定以太的存在的实验都归于失败。直到20世纪初，随着相对论的建立和对场的进一步研究，终于彻底抛弃了以太的概念。

（14）实体（entity），哲学名词。古代中国哲学家已用实体一词，例如王夫之以为一切"对立之象"，"皆取给于太和絪缊之实体"（《张子正蒙注·太和篇》）。在西方哲学中，一般指万物的基础。唯物主义者把它当作物质（如德谟克利特的原子），唯心主义者把它当作精神（如柏拉图的理念）。亚里士多德所谓的实体指个别事物，但有时亦称形式为实体。二元论者笛卡尔认为有两种实体：精神实体和物质实体，斯宾诺莎认为实体是唯一不变的，无限的存在，即自然界。休谟认为物质实体和精神实体是不可知的。康德则把实体主观化，把实体当作十二范畴之一。

（15）狭义相对论，相对论是关于物质运动与时间、空间关系的理论，是现代物理学的理论基础之一。分为狭义相对论和广义相对论两部分。狭义相对论由爱因斯坦于1905年建立，基本原理是：（ⅰ）相对性原理，即在任何惯性参考系中，自然规律都相同。（ⅱ）光速不变原理，即在任何惯性参考系中，光速都相同。由此导出许多重要结论。例如：（ⅰ）两事件发生的先后或是否"同时"，在不同参考系看来是不同的（但因果律仍成立）。（ⅱ）量度物体长度时，将测到运动物体在其运动方向上的长度要比静止时缩短。量度时间进程时，将看到运动的时钟要比静止的时钟走得慢。（ⅲ）物体质量随速度的增大而增大。（ⅳ）任何物体的速度不能超过光速。（ⅴ）物体的质量与能量之间满足质能关系式（参见本章注17）。这些结论都与现有实验事实符合，但只有在高速运动时，效应才显著。在一般情况下，相对论效应极其微小，因此经典力学可以认为是相对论力学在低速情况下的近似。

（16）时－空连续体，连续体指连续的整体或系列，是一种不可分割的实在。时空连续区即四维时空（参见第十一章注5）。

（17）这一公式称为质能关系式，是相对论的一个重要结论，而且与所有实验事实相符合。

（18）广义相对论，爱因斯坦于1916年建立，其基本原理是：（i）广义相对性原理，即自然定律在任何参考系中都可以表示为相同数学形式。（ii）等价原理，即在一个小体积范围内的万有引力和某一加速系统中的惯性力相互等效。按照上述原理，万有引力的产生是因为物质的存在和一定的分布状况使时间空间性质变得不均匀（即所谓时空弯曲），并由此建立了引力场论；而狭义相对论则是广义相对论在引力场很弱时的特殊情况。

（19）欧几里德几何学，简称欧氏几何学，是几何学的一个分支。公元前约三百年由希腊数学家欧几里德总结古代人民劳动实践中的几何知识，加以系统化，并把公认的事实列成定义和公理，其中最著名的是平行公理。

（20）劳厄（Max Felix Theodor Von Laue，1879—1960年），德国物理学家。首先从理论上和实验上研究X射线通过晶体时的衍射现象，证明了X射线的波动性，并为晶体结构的研究工作开辟了途径。

（21）卢瑟福（Ernst Rutherford，1871—1937年），物理学家。出生于新西兰，长期在英国工作。1899年发现放射性辐射中的两种成分，并由他命名为α射线和β射线，后又发现新的放射性元素"牡"。1902年与英国化学家索弟（F. Soddy）一起提出原子自然衰变理论。1911年根据α粒子的散射实验（卢瑟福实验）发现了原子核的存在，并提出原子结构的行星模型。1919年用α粒子轰击氮原子而获得氧的同位素，首次实现了元素的人工嬗变。

（22）α粒子，是氦的原子核，两个中子和两个质子的紧密结合体。

（23）宏观尺度，物理学中与"微观尺度"相对的名词。一般是指大于 10^{-6}~10^{-4} 厘米的空间线度。肉眼能见的物体都是宏观物体。

（24）圣彼得大教堂，指梵蒂冈的教廷教堂，建于 1506 —1626 年。教堂中央是直径 42 米的穹窿，顶高约 138 米。

（25）原子行星模型，按照这种模型，原子质量的大部分集中在一个带有正电荷而直径约为 10^{-13}~10^{-12} 厘米的原子核中，另有电子在离核为 10^{-12}~10^{-8} 厘米的区域内绕核沿圆形或椭圆形轨道运动，情况与行星绕太阳的运动相似。这种模型是卢瑟福在实验基础上于 1911 年提出的。它对原子物理学的发展起了重大作用。随着量子理论的发展，现在对原子结构已有进一步的认识。但由于这种模型比较直观，现在人们仍用它作为对原子结构的一种粗浅说明。

（26）德布罗意（Louis Victor de Broglie，1892 — 1987 年），法国理论物理学家。首先提出电子和原子中的其他物质组分都具有波动性的理论，把波粒二象性扩展到物质，解决了原子内的电子运动问题，获1929 年诺贝尔物理学奖。他对现代物理学做了许多哲学的论断，认为作为原子物理学基础的统计理论在实验技术所不能揭示的变量后面，隐藏着完全确定并且可以弄清楚的实在。

（27）薛定谔（Erwin Schrodinger，1887 — 1961 年），奥地利物理学家。在德布罗意的物质波理论的基础上，建立了波动力学。他所建立的薛定锷方程是量子力学中描述微观粒子运动状态的基本定律。它在量子力学中的地位大致相似于牛顿运动定律在经典力学中的地位。

（28）泡利（Wolfgang Pauli，1900 — 1958 年），物理学家，出生于

奥地利。其主要成就是在量子力学、量子场论和基本粒子理论方面，特别是泡利不相容原理的建立和 β 衰变中的中微子假说等，对理论物理的发展有一定贡献。

（29）狄拉克（Paul Adrien Maurice Dirac，1902—1984 年），英国理论物理学家，量子力学的创立者之一。由于对量子力学所做贡献，获1939 年诺贝尔物理学奖。他提出了非对易代数理论、费米—狄拉克统计法则、二次量子化理论、电子的相对论运动方程，从而解释了电子的自旋，论证了电子磁矩的存在。还提出了量子力学的变换理论。他提出的空穴假说，预言了正负电子的湮没和产生，对物理真空有了新的概念。

（30）自洽，即自相一致的。各部分连贯，逻辑上首尾一致的。

（31）卢瑟福实验，原子物理学发展中最重要的早期实验之一。1911 年卢瑟福等用 α 粒子射击重金属箔，结果这些 α 粒子被分别散射到不同方向上。根据测定和分析的结果提出了原子行星模型（参见本章注 25）。

（32）普朗克（Max Plank，1858—1947 年），德国物理学家。1900年为了克服经典物理学对黑体辐射现象解释上的困难，创立了物质辐射（或吸收）的能量只能是某一最小能量单位（能量量子）的整数倍的假说，即量子假说，对量子论的发展有重大影响。

（33）量子，微观世界的某些物理量不能连续变化，而只能以某一最小单位的整数倍发生变化，这种最小单位称为各种物理量的量子。普朗克首先提出物质吸收或发射的辐射能量量子。此外，如动量矩等也是量子化的。有时也将同某种场联系在一起的基本粒子称为这一场的量子。例如，电磁场的量子就是光子。

（34）驻波，局限于某一区域而不向外传播的波动现象。驻波中，在某一时刻，振动着的物理量（例如，电磁波中的电场强度，弦振动中弦上各点离开平衡位置的位移）在区域的某些部分作正方向运动，邻接部分做反向运动，在同一部分内的各点，该量同时达到最大值，继而又同时达到反向最大值，但各点的振幅并不相同。（参见正文中插图）

（35）基态，微观粒子系统（如原子、原子核或其他多粒子体系等）所能具有的各种状态中能量最低的状态。微观粒子系统处于基态时最为稳定。

（36）激发态，微观粒子系统（如原子、原子核或其他多粒子体系等）在其内部能量高于基态能量时所处的量子状态。在激发态中的原子是不稳定的，一般将通过发射光子或与其他粒子发生作用而回复到基态。

（37）量子数，表征微观粒子运动状态的一些特定数字。按照量子力学，表征微观粒子运动状态的某些物理量只能不连续变化，称为量子化。量子数就用来确定它们可能具有的数值。

（38）中子，基本粒子的一种，是原子核的组成部分。英国物理学家查德威克于 1932 年在用 α 粒子轰击硼、镀的实验中首先发现。中子不带电，其质量为电子质量的 1838.6 倍。单独存在时不稳定。平均寿命约为 15.3 秒，衰变后生成质子、电子和反中微子。

（39）质子，基本粒子的一种，是氢原子的核，也是其他任何原子核的组成部分。原子核所含质子的数目就是该核的原子序数。质子的质量为电子质量的 1836 倍，带正电，电量与电子所带电量相同。

（40）核力，核子之间所特有的相互作用，强度大，力程短。在距离大于约 0.5×10^{-13} 厘米时主要为引力，能克服质子间的库仑斥力，使各核子结合成原子核。但核力随着距离的增大而很快减小，当距离大于2×10^{-13}厘米左右时，就不发生作用。本质上，核力是由于核子间交换"介子而产生的，目前关于它的详细性质还不清楚。

（41）核反应，某种微观粒子与原子核相互作用时，使核的结构发生变化，形成新核，并放出一个或几个粒子的过程。

（42）亚微观世界，"微观"在物理学中是与"宏观"（参见本章注23）相对的名词。微观粒子一般指空间线度小于$10^{-7}\sim10^{-6}$厘米的粒子，包括分子、原子和各种基本粒子。微观现象一般指微观粒子和场在极其微小的空间范围内的各种现象，如原子中电子绕原子核运动，基本粒子的相互转化等。微观粒子和微观现象总称微观世界。有的作者亦称基本粒子和与它们有关的现象为亚微观世界。

（43）基本粒子，泛指比原子核为小的物质单元。包括电子、中子、质子、光子以及在宇宙射线和高能物理实验中发现的一系列粒子。已经发现的基本粒子有30余种，连同共振态共有三百余种（参见第十五章）。

（44）反物质，某些科学家根据许多基本粒子都有对应的反粒子存在的事实，设想在宇宙的某些部分可能存在一种完全由反粒子构成的物质，这种物质称为反物质。例如，反物质的原子是由反原子核（即反质子和反中子的集合体）及在核外运动的正电子构成的。近年科学家们利用高能加速器先后在核反应中制造出了反氘核和反氦核。

（45）湮灭，当一种基本粒子和它的反粒子相遇时，两个粒子一起"消失"而转化为他种基本粒子的现象。例如电子和正电子相遇而转化为两个光子。

（46）气泡室，一种探测高能粒子运动径迹的仪器。在一个耐高压的容器中，装有透明液体（如液态氩、氢、丙烷或戊烷等）。被压液体在一定温度下，由于突然减压而处于过热状态，当有带电粒子通过时，它就会发生沸腾。结果在粒子经过的地方产生不少气泡，从而显示出粒子的径迹。

第五章　印度教

（1）《梨俱吠陀》，是一种主要的《吠陀》，为印度古老的颂诗集，收录诗歌 1028 首（参见第一章注 5）。

（2）梵语，印欧语系印度语族的语言之一。一般指公元前 4 世纪印度的书面语言，亦兼指《吠陀》所用的语言。拥有丰富的文献。古典梵语基本已消亡，但婆罗门教徒仍把梵语作为宗教语言。

（3）摩诃婆罗多，亦译作"玛哈帕腊达"。印度古代梵文叙事诗，意译为"伟大的婆罗多王后裔"，共 18 篇，附录一篇，有十万余颂（一颂两行，一行 16 个音），是世界文学中最长的史诗。描写班度和俱卢两族的斗争，反映印度奴隶社会的生活，并涉及当时哲学、宗教和法律问题。从公元前 10 世纪到公元最初几世纪间逐步形成，加上作者毗耶婆的名字。此诗是印度文学的宝贵遗产，与《罗摩衍那》并称印度两大史诗。

（4）黑天，一译"克利什那"。印度教主神毗瑟挐（参见本章注 13）的化身之一。13 世纪末到 17 世纪初，印度教中黑天教派兴起，进行宗教改革，用他的形象宣传教义。在文学作品中，他常以反对种姓不平等、主持正义的形象出现。

（5）梵，梵文 Brahma 的略称。意为"清净""寂静"。婆罗门教指不生不灭的，常住的、无差别相的、无所不在的最高境界或天神，也用来称呼与该教有关的事物，或宇宙精神。

（6）大我，梵文 Atman，即宇宙我或梵天。婆罗门教、印度教主神之一，即创造之神。早期《吠陀》经文里称之为"自我"，《奥义书》中则越来越明显地表现为一个哲学论题，成为印度哲学中最基本的概念之一，指人本身的核心。它在人死后继续存在，并转移到一个新生命里去，或者从生存的羁绊中获得解脱。

（7）里拉，梵文 Lila 的音译，其含义见正文。

（8）幻，梵文 Maya 的意译，一译"摩耶"。《吠陀》所述自然的奇异行动力量，指神或魔鬼所创造的幻力。后来成为印度哲学中，特别是正统吠檀多派中的不二论（非二元论）派的一个基本用语。"梵""我""幻"三词最早见于《黎俱吠陀》，在《奥义书》中明确化、系统化。"梵"是宇宙本原，生命的基础；"我"是灵魂，"梵"的不可分部分，"我"来源于"梵"，与"梵"同一、同体；"幻"是"梵""我"本体的外在幻现，幻现为主观世界和客观世界。

（9）业，梵文 Karma 的意译，一译"羯摩"。原意指行为。在印度哲学中，指一个人过去的行为对他的来生或再生的影响。"业"所反映的信念是：今生只是轮回中的一环，是由前生的行为决定的，并认为这是一种自然法则，这种过程是自动的，不受神的干预。

（10）解脱，梵文 Moksha 的意译。印度教术语。意为从"业"报和"幻"解脱出来，使个人的灵魂摆脱轮回的束缚，从而达到印度教的涅槃，这是印度宗教中最高的精神目标。

（11）吠檀多，古代印度宗教哲学中影响较大的一派，其中又包括一些不同的派别。其体系是在《奥义书》学说的基础上产生的客观唯心主义学说。"吠檀多"（Vedanta）的意思是《吠陀》的终结，原指《奥义书》。《吠檀多经》引申《奥义书》中关于"梵"和"我"的神秘主义思想，建立了"不二论""殊胜不二论"等各派哲学。

（12）瑜伽，梵文 Yoga 的音译。原意"结合"，指修行，着重调息、静坐等修行方法，并有神秘主义的成分。

（13）婆罗贺摩，为梵文 Brahma 的音译。印度教、婆罗门教三主神之一，即"梵天"、创造之神。毗瑟孥为梵文 Vishnu 的音译，是另一尊主神，即"遍人天"、保护之神。

（14）沙克蒂，为梵文 Shakti 的音译。印度神话传说，湿婆有一妻两子。其妻常表现为不同形态，因而有不同名称：帕尔瓦蒂（雪山女神）、杜尔伽（难近母）、伽里（时母）、沙克蒂（性力女神）、乌玛、提维等。

（15）密教，佛教教派之一。是大乘佛教后期与婆罗门教某些教义相结合的产物。主要宣扬身、口、意"三密相应"和"即身成佛"。

第六章　佛教

（1）乔答摩（Siddhartha Gautama，约公元前 565—公元前 485 年或约公元前 623—公元前 543 年），为佛教创始人释迦牟尼的俗名及俗姓。

（2）查拉图斯特拉（Zarathustra，约公元前 10 — 公元前 7 世纪）古波斯人。其名在古波斯语中意为老骆驼。现多拼写为 Zoroaster（琐罗亚斯德）。相传他是琐罗亚斯德教的创始人。这一宗教古代流行于伊朗和中亚西亚一带。现在在伊朗部分地区和印度孟买尚有少数信徒。其教义保存于《波斯古经》中。认为世界有两种对立的本原在斗争：一种本原是善，化身为光明神；另一种本原是恶，化身为黑暗神；而火则是善和光明的代表，故以礼拜"圣火"为主要仪式。公元前 6 世纪末，曾被定为波斯帝国的国教。南北朝时传入中国，唐代曾建寺于长安，名之为祆教、火教、火祆教、拜火教或波斯教。

（3）涅槃，佛教术语。指释迦牟尼之死，亦指解脱烦恼达到不生不死的境地，是佛教全部修习所要达到的最高理想。后来僧人之死也称涅槃。

（4）佛陀，佛教徒对释迦牟尼的尊称。

（5）小乘，佛教流派。公元1—2世纪间，佛教中出现了宣扬"救渡一切众生"的新教派，自称"大乘"，并把坚持"四谛"等原有教义，重于"自我解脱"的教派贬称为"小乘"。小乘佛教主要流传东南亚各国。"小乘"这一名称现虽已不带贬义，但这一流派仍不被承认，自称"上座部佛教"。

（6）大乘，佛教流派。为佛教两大宗派之一。该派重视利他，即解脱大众的行为。大是对小而言，乘是指运载工具，比喻普度众生从现实世界的此岸到达悟的彼岸。流传于中国、蒙古、印度北部、朝鲜、日本、越南等地，故亦称"北传佛教"，以有别于"南传佛教"（即小乘佛教）。（参见本章注5）

（7）彼岸，佛教术语，亦称"波罗蜜"，指觉悟的境界。佛教以迷惑生死的现世为此岸，以能解脱烦恼的境界为彼岸。认为可以通过六种方式达到彼岸，因此彼岸又称"六波罗蜜"。

（8）贝拿勒斯（Benaxes 或 Banaras），印度北方邦东南部城市，在恒河中游左岸。1957年改称瓦拉纳西（Varanasi）。公元前4—6世纪曾为学术中心，公元12世纪时曾为古王朝都城，是著名的印度教圣地，市内庙宇多至千余所。市西北郊的鹿野苑，据传为释迦牟尼第一次讲道处。

（9）四谛，佛教术语，亦称"四圣谛"，即"苦谛""集谛""灭谛""道谛"。"苦谛"是说人生世界皆如苦海。"集谛"是说造成人生世界苦痛的原因，即由烦恼而造业，由造业而招惑。"灭谛"是说解脱苦果的可能，明了集谛之理，断除烦恼之业，即可脱去众苦。"道谛"是说道是灭苦的方法，修持八正道，即可灭除众苦，获得涅槃解脱之果。这一宗旨是佛教的基本教义之一。

（10）范畴，哲学名词。在哲学史上，亚里士多德把它看作对客观事物的不同方面进行分析归类而得出的基本概念。康德从主观唯心主义的观点来解释范畴，把它看作不是来自经验，而是来自所谓知性先天原则或概念。客观唯心主义者黑格尔把范畴看作先于自然界和人而"客观"存在的绝对观念的发展过程的环节，亦即绝对观念的自我规定。马克思主义哲学认为，范畴是反映客观事物的本质联系的思维形式，是各个知识领域中的基本概念，是人类认识发展的历史的产物，它随着社会实践和科学研究的发展而发展。

（11）八正道，佛教术语，亦称"八圣道"，为三十七道品之一类，是八种可以使人们达到觉岸与涅槃境界的正确道路。即："正见"（对"四谛"有正确的理解）、"正思维"（对"四谛"有正确的想法）、"正语"（说话注意不违反佛理）、"正业"（从事清净的身业，行为符合佛理）、"正命"（生活皆受佛理戒规约束）、"正精进（不断地勤奋修行）、"正念"（思无邪）、"正定"（专心修习禅定）。

（12）中道，佛教术语。指不偏颇，脱离两端，站在公正平等的立场上。佛家也用来指脱离苦行与爱欲两端，达到正确的领悟；或者是看穿生、灭两端，做到不生不灭。因其超脱，亦称"中正之道"，是佛教最高的"真理"。

（13）大结集，佛教术语。指僧人聚集在一起合诵佛教经典，进行整理、校勘和汇编工作。一般由一长老主持，请精通佛典者一人上台诵出佛经，众僧听后若无异议，所诵佛经就是正确的；若有疑义，则加以纠正。传说第一次结集在释迦牟尼涅槃后三个月。公认的共有六次"结集"。其后还有三次未能得到佛界的普遍承认。

（14）第四次结集，佛教事件。亦称"迦湿弥罗城结集"。传说在释迦牟尼涅槃后五百余年左右，贵霜王朝犍驮罗国迦腻色迦王以世友菩萨为上座，选五百阿罗汉，集于迦湿弥罗城（今克什米尔），解释三藏，共三十万颂，九百多万言。刻三藏于赤铜牒中，石函封存，建巨塔保藏。

（15）巴利语，古代印度的一种语言，现已成为佛教的宗教语言。

（16）妙法，佛教术语。指好的说教、佛法。佛教常称自己的佛法为"妙法"。

（17）马鸣（Ashvaghosha），古印度僧人、思想家、文学家，约活动于公元1—2世纪。原信婆罗门教，后改信佛教。善于说法，听者莫不信服，据说连马匹也垂泪而听，所以世人称他为"马鸣"。为大乘佛教著名论师，重要著作译成汉语的有《佛所行赞》《大庄严经论》等。相传《大乘起信论》亦为其所做。

（18）《大乘起信论》，佛教论著。相传为古印度马鸣所做（参见本章注17），译成中文。一说为南北朝时人所伪撰，唐玄奘译成梵文，传入印度。内容解释了大乘教理，提出了"真如缘起"（真如随缘而生起万法）之说。流传较广，至今仍为教、禅、净各家所宗。

（19）龙树（Nagarjuna，公元2世纪或3世纪），古印度佛教哲学家。又译为"龙胜""龙猛"。大乘佛教中观宗的建立者。后世佛教称为龙树菩萨。他先学小乘三藏，后改学大乘经典，深达奥义，与鸠摩罗什、马鸣、提婆齐名，并称"四日"。他的"空""中道""二谛"（真谛、俗谛）等学说亦称"大乘空宗"或"空宗"，在古代印度哲学发展中影响很大。

（20）空，是人乘佛教的共同基本教义。认为一切事物的现象都有它各自的因和缘，事物本身并不具有任何常住不变的个体，也不是独立存在的实体，故我们称之为"空"。

（21）菩提，佛教名词。梵文 Bodhi 的音译，意译"觉""智""道"等。指豁然开朗的彻悟境界，又指觉悟的智慧和觉悟的途径。

（22）智慧，佛教术语。指明了一切道理，灭绝诱惑，而成就觉悟的力量。

（23）慈悲，佛教术语。为佛家造福众生所应有的品德，即爱护众生、使终生得到快乐（慈）和怜悯众生、使众生减除痛苦（悲）。

（24）法身，佛教术语。指二种佛身之一，亦称"真身"，即具有佛德的自身。另一身为生身，亦称"应身"或"化身"，即父母所生之身。

（25）菩提萨埵（Bodhisattva，约 700—760 年），即唐代入藏天竺（今印巴次大陆）僧人寂护。亦称"希瓦措""静命"。为大乘佛教瑜伽中观派创始人。圆寂于西藏。著有《真性要集》《中观庄严论》等。是西藏佛教史上很有影响的人物。

（26）无我，佛教术语。指世上一切皆是不永恒的虚体，世俗的我、世俗的独立主体，皆是由五蕴假合而成，或由因缘而生，除佛旨外没有永恒、不变的实体。亦称"非身"。

（27）净土宗，中国佛教宗派之一，亦称"净土教""莲宗"。东晋名僧慧远在庐山设"莲社"而信奉往生净土，故称。是一种借他力以往生的教派，为大乘宗的一支。该宗提出只要一生至诚念佛，临终时便可依阿弥陀佛或观音之力，往生西方极乐净土。无须深谙佛学、佛经，便可入佛门。因其简单易行，所以普及四方，成为中国佛教中影响最大的宗派之一。慧远被尊为初祖。唐代善导大力弘扬净土教义，被视为该宗派实际形成独立宗派的创始人，"净土宗"在元代传入日本，发展成日本佛教"时宗""净土真宗"等。

（28）佛性，佛教术语，指一切众生所具有的成佛的可能性。也指佛陀的慈悲本性。

（29）净土，指清净的国土，为佛家的理想境界，亦为极乐世界。据说佛有无数，所以净土也无数。是净土宗所皈信的依据之一。

（30）华严宗，中国佛教宗派之一。依《华严经》立宗，故名。唐武则天曾赐号它的创始人法藏为"贤首大师"，故又称"贤首宗"。提出"六相""十玄""四法界"等说，阐明法界缘起（从"理体"和"事相"两方面观察"万有"的互融、互具，并彼此为缘），强调"理为性""事为相"的观点，对宋、明理学的形成有一定的影响。东传入朝鲜、日本。

（31）华严经，佛教经名。全称《大方广佛华严经》，有晋代六十卷及唐代八十卷和四十卷共三种译本，分别称为《六十华严》《八十华严》及《四十华严》。该书提出了一些相互对立的范畴，如"总""别""同""异""成""坏"等所谓六相，用来说明世界上事物相互依存、相互制约等关系，是华严宗的主要经典。

（32）先验论，唯心主义的认识论。认为人的知识（包括才能）是先于客观事物、先于社会实践、先于感觉经验的东西，是先天就有的，头脑里固有的。例如，孔子主张有"生而知之"的圣人，孟子主张"不学而能"的"良能"和"不虑而知"的"良知"；柏拉图认为，人的知识是不朽的灵魂对理念世界的回忆；笛卡尔提出"天赋观念"；康德声称，知识的形式是"先天的"等等。

（33）中国的华严哲学和日本的华严哲学，中国的华严哲学指宋代及明代的理学。日本奈良时代（8世纪）华严宗从中国传入日本，受到圣武天皇的注意，形成日本的佛教哲学宗派。

第七章　中国的思想

（1）摘引自《庄子·天道》第十三。全句为："静而圣，动而王，无为也而尊，朴素而天下莫能与之争美。"意为：静与动都以无为为条件。无为才能成圣成王，才能尊贵。朴素指人的天然本性，不夹杂人为造作的品德，实际上也是指无为。

（2）道，指宇宙万物的本原、本体。（参见第1章注（1））

（3）朱熹（1130—1200年），南宋哲学家、教育家。广注典籍，对经学、史学、文学、乐律以至自然科学都有不同程度的贡献。在哲学上发展了二程（程颢、程颐）关于理气关系的学说，集理学之大成，建立一个完整的客观唯心主义理学体系，世称程朱学派。

（4）六经，指六部儒家经典。始见于《庄子·天运》篇。即在《诗》《书》《礼》《易》《春秋》五经之外，另加《乐经》，亦称六艺。

（5）格式塔，德文Gestalt的音译，意谓组织结构或整体。

（6）冯友兰（1895—1990年），中国现代哲学家、哲学史家。除长期从事教学工作外，还撰写了大量著作，包括:《人生哲学》《中国哲学史》《新理学》《新事论》《新世训》《新原人》《新原道》《新知言》。其中，后6部合称《贞元之际所著书》，把程朱理学与西方新实在论相结合，构成富于思辨性的哲学体系。此外，还著有《中国哲学史新编》《中国哲学史史料学初稿》等。他的不少著作被译成英、法、意、日等文本，在国内外有较大影响。引文摘自《中国哲学简史》第 20 页。

（7）《庄子·知北游》："周遍咸三者，异名同实，其指一也。""周""遍""咸"都是全的意思，故说其指一也。意为各种事物，虽然名称不同，但是它们的本质都是道。

（8）淮南子，并非一个人。《淮南子》一书系西汉淮南王刘安及其门客苏非、李尚、伍被等所著，亦称《淮南鸿烈》。书中以道家想想为主，糅合了儒、法、阴阳五行等家，一般认为它是杂家著作。从唯物主义观点提出了关于"道""气"的学说，也包含不少自然科学史材料。

（9）摘引自《淮南子》。意为得"道"者遵从天地的自然进程。

（10）摘引自《老子》第四十章。反，意为"返"，反复。"道"的运动是循环往复的。

（11）摘引自《老子》第二十五章。意为："道"伸展遥远而返回本原。

（12）摘引自《老子》第二十九章。意为："泰"即太过。意为：圣人要去除极端的、奢侈的、过度的措施。

（13）摘引自王充所著《论衡》。王充（27—约 97 年）为东汉唯物主义哲学家。一生尽力反对宗教神秘主义和目的论，捍卫和发展了古代唯物主义。认为由于"气"本身的运动而产生万物，不存在有意志的创造者。自然界的"灾异"是"气"变化的结果，与人事无关。承认感官经验是知识的来源，批判"生而知之"和圣人"前知千岁后知万世"的论点，并重视理性思维的作用。

（14）阴、阳，中国哲学的一对范畴。最初的含意是指日光的向背，引申为一切现象的正反两面。古代思想家用它来解释自然界两种对立和相互消长的物质势力。

（15）摘引自《易·系辞上》第五章。意为：一阴一阳的交互作用，就是无的法则，也就是《易经》的道理。

（16）地心说，亦称"地球中心说""地静说"。认为地球居于宇宙的中心静止不动，太阳、月亮、行星和恒星都围绕地球运行。这一学说最初为亚里士多德所提出，后为哥白尼的日心说所推翻。

（17）摘引自《鬼谷子》。相传此书为战国时楚人鬼谷先生所著，实系后人伪托。内容多述"知性寡累"和揣摩、纵横捭阖等术。

（18）摘引自《庄子·知北游》。全句为："中国有人焉，非阴非阳，处于天地之间，直且为人，将反于宗。"中国即国中。非阴非阳意为阴阳调和，无所偏颇。直且即姑且，意谓并非有心为人。宗即本，意谓人生于非人，非人就是人的根本。返于宗，即归返于非人。

（19）气，在中医理论中，"气"指人的元气。如补中益气、气血两亏。也指某些病象。如湿气、肝气，"气"也是中国哲学的一个重要概念（参见第十四章注9）。

（20）《易经》。最早可能萌芽于殷周之际，全部经文当系长期积累的产物。在宗教迷信占卜的外衣下，保存了古代人的某些朴素辩证法的观点。

（21）卦象，指三爻或六爻组成的图形（参见第十七章注8）。《易经》中以之作为象征自然现象和人事变化的一套符号。

（22）摘引自《易·系辞上》。意为圣人观察宇宙万物的现象，设定卦爻，并于卦爻之下，附记说明卦爻现示的象征的文辞，使人了解未来的吉凶趋势。

（23）十翼，即《易传》，传为孔子所做；近人认为是战国末期或秦汉之际的作品，是儒家学者对《易经》所做的各种解释。内容保存了中国古代若干朴素辩证法的观点,包括《象》上下、《彖》上下、《系辞》上下、《文言》《序卦》《说卦》《杂卦》十篇,故名十翼。

（24）摘引自《易·系辞下》。意为:《易经》是与人类生活密切相关,不可疏远的一部书;《易经》的法则经常变迁。这种变动并不拘泥于一定的形式,在卦的六个爻位之间,普遍流通,或上或下,没有常规,刚爻与柔爻相互变易。因而不可固执地受法则的约束,唯有因应变化,才能适当地应用。

第八章　道家

（1）道家,以先秦老子、庄子关于"道"的学说为中心的学术派别。传统的看法是,老子是道家的创始人,庄子则继承和发展了老子的思想。道家学说的内容,以老、庄的自然天道观为主,强调人们在思想、行为上应效法"道"的"生而不有,为而不恃,长而不宰"。政治上主张"无为而治","不尚贤,使民不争"。伦理上主张"绝仁弃义",以为"夫礼者忠信之薄而乱之首",与儒墨之说形成了明显的对立。

（2）道教,中国汉族固有的宗教。渊源于古代的巫术。由东汉张道陵倡导,教徒尊之为"天师"。道教奉老子为教祖,尊称"太上老君气以《老子五千文》(即《道德经》)、《正一经》和《太平洞极经》为主要经典。

（3）庄子(约公元前369—公元前286年),战国时哲学家。名周。他继承和发展了老子"道法自然"的观点,认为"道"是无限的"自本自根""无所不在"的,强调事物的自生自灭,否认有神的主宰。并认为"道"是"先天地而生"的,"道未始有封"(即"道"无界限差别),"万物皆一也"(即万物也是无差别的)。看到"无动而不变,无时而不移"（一切都处在变动中）。著作有《庄子》，在哲学、文学上都有较高研究价值。

（4）《庄子·知北游》："且夫博之不必知，辩之不必意，圣人以断之矣！"意为：博学、善辩未必智慧聪明。圣人（指老子）断言如此。

（5）《庄子·徐无鬼》："狗不以善吠为良，人不以善言为贤，而况为大乎！"意为：贤人都不善言，大人（指德高者）更是不必说了。

（6）《庄子·齐物论》："故曰：辩也者，有不见也。"意为：凡争辩的人，都是由于片面而不见大道，故说有所不见。

（7）《庄子·天道》："万物化作，萌区有状，盛衰之杀，变化之流也。"萌，萌芽。区，通句，即屈生植物的幼芽。有状，呈现出各自的形状。后二句意为从茂盛到衰落的变化。

（8）《庄子·齐物》："是亦彼也，彼亦是也。彼亦一是非，此亦一是非，果且有彼是乎哉？果且无彼是乎哉？彼是莫得其偶，谓之道枢。枢始得其环中，以应无穷。"是即此。偶即对立面。莫得其偶，意为彼、此双方不能互相对立。道枢即道的关键。作者把环与偶相对。偶是彼此对立的两面，环是相通为一的。认为天地万物的变化循环往复，没有止境，故无须计较彼此是非，不如任之自然。

（9）《老子》第三十六章："将欲歙之，必固张之；将欲弱之，必固强之；将欲废之，必固兴之；将欲取之，必固与之。是谓微明。"广意为：将要收敛的，必先扩张；将要削弱的，必先强盛；将要废弃的，必先兴举；将要取去的，必先给予。这就是几先的征兆。

（10）《老子》第二十二章："曲则全，枉则直，洼则盈，敝则新，少则得，多则惑。"意为：委曲反能保全，屈就反能伸展，低洼反能充盈，敝旧反能生新，少取反能多得，贪多反而迷惑。

（11）《庄子·秋水》："故曰：盖师是而无非，师治而无乱乎？是未明天地之理，万物之情者也。是犹师天而无地，师阴而无阳，其不可行明矣！"盖，怎能。师是，以是为师，认为正确是绝对可信的。师治，以治为师，认为安定是绝对可信的。意为：天地万物是不断变化的，是非治乱都是相反相成的，如果认为"是"则可以无"非"，"治"则可以无"乱"，这就说明不懂得天地万物的情理。天与地、阴与阳都是相对而又相依存的，如果信奉天就无视地，信奉阴就无视阳，显然是行不通的。

（12）摘引自《老子》第二章。全句为："有无相生，难易相成，长短相形，高下相盈，音声相和，前后相随，恒也。"意为：有和无互相生成，难和易互相完成，长和短互相形成，高和下互相包含，音和声互相调和，前和后互相随顺，这是永远如此的。

（13）此句系从英文译出，不是《淮南子》中的原文。

（14）无为，道家的哲学思想，即顺应自然的变化。老子认为，宇宙万物的根源是"道"，而"道"是"无为"而"自然"的，人效法"道"，也应以"无为"为主。

（15）摘引自《庄子·天道》。意为：自身虚静就自然能随顺天道运动，运动不停滞万物就自然成长，万物成长就自然有所得。

（16）摘引自《老子》第四十八章。意为：不妄为，就没有什么事情做不成。

（17）摘引自《老子》第二章。意为：有道的人以"无为"的态度来处理世事，实行"不言"的教导。

（18）摘引自《庄子·缮性》。混芒，混混沌沌。与，相处。得，能。和静，和顺而宁静。鬼神不扰，意为阴阳调和则安宁无祸。得节，与节令相适应。群生，各种生物。夭，夭折。至一，指最纯粹的时代。莫之为，无为。常自然，常合乎自然。

第九章　禅宗

（1）禅，佛教术语。梵文 Dhyana（音译禅那）的略称，指专心一意地思虑，亦即静虑、静思，使心绪宁静，以便思考。

（2）觉悟，佛教术语。指领悟真理，悟出佛的妙境。

（3）见《庄子·知北游》。意为：道既不能说，就不应当去问。因此，问道的人当然就是没有懂得道的了。

（4）是说禅宗不立文字的心传方法，不依靠语言，而以心印为旨，使自己原有的佛性豁然开悟，达到觉悟的程度。

（5）佛教故事。洛阳高僧神光往少林参见达摩。虽事之尽礼，祖常端坐面壁，未始为悟。某夜大雪，光坚立不动，积雪过膝，立愈恭敬，祖顾而悯之，问曰："汝久立雪中，当求何事？"光悲泪曰："惟愿和尚慈悲，开甘露法门，广度群晶。"祖曰："诸佛无上妙道，虽旷劫精勤，能行难行，能忍难忍，尚不得至，岂此微劳小效而辄求大法！"光闻师诲励，潜取利刃，自断左臂。遂有正文中所述问答。

（6）马祖（709—788年），唐佛教禅宗高僧。名道一，本姓马，故后世也称"马祖"或"马祖道一"。主张"自心有佛""凡所见色，即是见心"的道理。

（7）百丈（720—814年），唐朝佛教禅宗高僧。俗姓王。出家后师事马祖道一。后居江西百丈山，弘扬马祖之说，形成"洪州宗"。世人称其为"百丈禅师"。

（8）临济宗，中国佛教禅宗南宗五家七宗之一。其创始人唐僧义玄居于镇州（今河北正定）临济院，故称。其禅风痛快峻烈，甚至以"棒喝"的方式使人猛省，以激发学者的悟性。

（9）顿悟派，佛教宗派。创始人为唐僧慧能。该派主张顿悟说，认为人人自心本有佛性，无须经过长期修习，一旦觉悟，当下明心见性，便可"见性成佛"。后来成为禅宗的主流。由于最初盛行于南方，亦称"禅宗南宗"。

（10）参禅，佛教禅宗的修行方法。即习禅者为求开悟，向各处禅师参学之意。一般依教坐禅或参话头，也称为参禅。

（11）曹洞宗，中国佛教禅宗五家七宗之一。以其初祖洞山良价、二祖曹山之号而名。一说以禅宗六祖曹溪慧能及该宗初祖洞山良价之号而名。其禅风细密，多以喻义明理，言行相应。亦为禅宗南宗中影响较大的流派，宋时传入日本，更加得到发展。

（12）渐悟派，佛教宗派。创始人为唐僧神秀。该派主张"渐悟"，认为众生都有佛性，但因障碍甚多，必须逐渐的甚至累世的修行，方能领悟，达到成佛的境界。由于最初盛行于北方，亦称"禅宗北宗"。

（13）坐禅，佛教规仪。亦称"打坐"。指佛教徒结跏趺坐，静心思虑。

第十章 一切事物的统一性

（1）三昧，佛教术语。即"定"，指专注、专一的心境。梵文音译三昧、三摩地（Samadhi）。

（2）形而上学（Metaphysics），原为亚里士多德所著书名，后来用作哲学名词，有两种含义：（i）反辩证法的同义语。其特点是用孤立、静止、片面、表面的观点去看世界，认为一切事物都彼此孤立，永远不变；如果说有变化，也只是数量的增减和场所的变更，而这些变化的原因也不在事物的内部，而在事物的外部。（ii）指一种研究感官不可达到的东西的哲学，它的研究对象是神、灵魂和意志自由等。

（3）哥本哈根学派，指以玻尔为首的物理学派。参见第四章注（2）及第十一章注（10）。

（4）衰变，不稳定的基本粒子自发转变为新粒子的过程。对个别粒子来说，这种转变以一定的概率发生。此外，原子核因具有放射性而发生转变，亦称衰变。

（5）碰撞实验，微观粒子碰撞时，彼此趋近到一定程度，常发生显著的相互作用。人类关于微观粒子的许多知识都是由实验中观察它们之间的碰撞效应而获得的。

（6）加速器，使带电粒子通过加速获得很大速度（可与光速比拟）的装置，是研究原子核和基本粒子的重要设备。

（7）靶，供加速器、原子核反应堆、放射源等所发出的粒子流轰击的对象。

（8）斯塔普（Henry Stapp，1928 年—），美国理论物理学家。在美国加州大学伯克莱实验室从事粒子物理学研究。

（9）力程，两个微观粒子之间通过某种力发生相互作用的最大距离。各种作用力的力程不同，例如弱作用力的力程约在 10 — 14 厘米以内。强作用力则约在 10 — 13 厘米以内。

（10）详见第十七章关于粒子的网络的论述。

（11）玻姆（David Bohm，1917 — 1992 年），英国物理学家，著有《近代物理学中的因果律》《科学、秩序与创造性》等。对物理学中的哲学问题研究较多。

（12）上述两段话分别摘引自奥罗宾多和龙树关于瑜伽和佛教的论述。下述两段话则分别摘自物理学家斯塔普和海森伯的著作。

（13）密宗，中国佛教派别之一。源出于古代印度佛教中的密教，于唐代传入中国。藏语系佛教的密宗则称为藏密，以《大日经》和《金刚顶经》为依据。认为口诵真言（语密）、手结契印（身密）、心作观想（意密）三密同时相应，可以即身成佛。

（14）密藏，指密宗的经典。梵语为 Tantras。其词根"Tant"的含义是"编织"。

（15）测不准原理，由德国物理学家海森伯首先提出。这一原理是说：一个微观粒子的某些成对的物理量不可能同时具有确定的数值，例如，位置和动量，方位角与动量矩，其中一个量越确定，另一个量的不确定程度就越大。时间和能量也服从这一关系，但其含义是微观粒子存在于某一能量状态的时间越短，则这一能量的确定程度就越差。

（16）惠勒（John Wheeler，1911—2008 年），美国物理学家。第一位从事原子弹理论研究的美国人。曾提出一种建立统一场论的新途径。著有《引力理论和引力坍缩》（1965 年）、《爱因斯坦的想象力》（1968 年）、《黑洞引力》（1973 年）和《时间边界》（1979 年）等。

（17）摘引自《庄子·大宗师》。堕，废也。堕肢体，把肢体看作不存在。黜，废除。黜聪明，把聪明才智抛弃掉。离形，离析肢体。去知，除去心智。坐忘，静坐而心亡。意为：排除世事的骚扰，把自己看作自然界的一物，达到天人合一的境界。

（18）戈文达喇嘛（Anagarika Govinda），即甘苏旺秋（Anangavajra Khamsum Wangchuk）喇嘛。多年在欧美传述佛教教义。著有《西藏神秘主义的基础》（1974 年，英文版）、《易经的内部结构》（1981 年，英文版）等。

第十一章　超越对立物的世界

（1）见《老子》第二章。意为：天下都知道美之所以为美，丑的观念也就产生了；都知道善之所以为善，不善的观念也就产生了。

（2）无念，佛教术语。指不要存有世俗的认识、思想、忘记世俗。

（3）见《老子》第二十八章。"雄"喻刚动、躁进；"雌"喻柔静、谦下；"溪"同溪，即山中的流水。意为：深知雄强，却安于雌柔，作为天下的溪涧。

（4）象岛（Elephanta Island），一译埃勒凡塔岛，因岛上原有一石象故名，是印度孟买港湾中的岛屿，面积 10—16 平方公里（随潮水涨落而异），以 8—9 世纪修筑的洞穴庙宇著称。现为旅游胜地。

（5）四维时空，这一概念由德国数学家和物理学家闵可夫斯基（参见第十二章注 9）首先提出，因此又称闵可夫斯基世界。它是由通常的三维空间和时间组成的总体。由于空间和时间同时是物质存在的形式，而且空间和时间也是不能分割的，要确定任何物理事件，必须同时使用空间的三个坐标和时间的一个坐标。这四个坐标组成的"超空间"就称为"四维时空"，亦称"四度空间""时空连续体"。

（6）威斯科普夫（Victor Fredrick Weisskopf，1908—2002），奥地利出生的美国物理学家。二次大战期间参加"曼哈顿计划"（制造原子弹）工作。1946—1960 年担任欧洲原子核研究组织负责人。著有《理论原子核物理》《知识与惊异》《二十世纪的物理学》等。

（7）概率函数，随机事件发生的可能性的大小随着其他变量而变化的数值关系。

（8）波包，描写在空间中的位置确定程度比较高的状态的波函数。平面波是描写动量完全确定的状态的波函数。一般波包是由动量为户。

（9）波长分散，波长的数值范围。

（10）互补原理，亦称并协原理。对量子力学中测不准关系的一种解释。首先由玻尔提出。按照测不准关系，由于微观子的波粒二象性，不能同时确定其位置和速度（或动量）。玻尔的解释是：仪器应该分为测定位置的和测定速度的两类，把这两类仪器的结果"互补"起来，才能得到对粒子的完全认识，而同时应用这两类仪器去观测同一粒子是不可能的。这就是互补原理。玻尔认为，对于原子现象不依赖于观察方式而客观存在的观点，在互补原理中是必然要受到限制的。

第十二章　空间与时间

（1）柏拉图学园，柏拉图讲学的地方。

（2）《几何原本》，古希腊数学家欧几里德所著。共有 13 卷，是世界上最早公理化的数学著作。这部书总结了前人的生产经验和研究成果，从公理和公设出发，用演绎法叙述平面几何学，其中还包括整数论的许多成果。

（3）马尔根诺（Henry Margenau，1901—1997 年），德国出生的美国物理学家、哲学家。著有《物理学的基础》《物理实在的本质》《现代思想的综合原理》等。

（4）抽象代数学，即以讨论群、环、域、格、矢量空间等的性质和结构为内容的近世代数学。它所研究的对象已由数扩展至矢量和矩阵，形成了群论、环论、伽罗华理论、格论、线性代数等许多分支。

（5）萨克斯（Mendel Sachs,1927—2012 年），物理学家。著有《现

代科学中场的概念》（1973 年）、《广义相对论与物质》（1982 年）、《爱因斯坦与玻尔》（1988 年）等。

（6）相对性原理，关于物理定律在不同惯性参考系中都相同的原理。例如，在地面上和在匀速运动的车辆中，做一个相同的实验（如物体自由落下），所得结果将完全一样（在此例中，物体都将垂直下落）。

（7）参考系，为了确定物体的位置和描述其运动而选作标准的另一物体或体系。例如，观察火车中的货物，如以火车做参考系来看是静止的，以地面做参考系来看就在运动。因此，只有先选定一个参考系，才能正确描写物体的运动。

（8）闵可夫斯基（Hermann Minkowski，1864—1909 年），德国数学家和物理学家。在数的几何学方面有一定贡献。他还用四维空间（闵可夫斯基空间）的几何学表达了相对论的物理学意义，为相对论的广泛传播做出了贡献。

（9）原子钟，原子能级跃迁时，吸收或发射一定频率的电磁波，频率异常稳定，可以作为频率标准并用来计时。目前，利用铯原子超精细分裂所产生的一条吸收谱线制成的原子钟可以准确到 30 万年只差一秒。

（10）非欧几里德几何学，简称非欧几何。它与欧几里德几何的主要区别在于改变了平行公理。非欧几何有两种：双曲几何和椭圆几何。在双曲几何里，约定过一点可引二直线与已知直线平行，而在椭圆几何（有时亦称黎曼几何）里，则约定没有这样的直线可引。

（11）黎曼（Bernhard Riemann，1826—1866 年），德国数学家。黎曼几何学的创始人，复变函数论创始人之一。对微分方程也有重要贡献。

（12）重力坍缩，即星球或其他天体的爆聚。爆聚后体积缩小几十万倍。

（13）视界，黑洞的边界，或称单向膜。对于经典黑洞来说，黑洞外的物质和辐射可以通过视界进入黑洞内部，而黑洞内的任何物质和辐射都不能穿出视界。

（14）黑洞，天文学名词。按照广义相对论，当一定质量的天体物质高度集聚到很小体积内，一旦它们集聚到一定程度，引力场便将强到使该天体周围的空间高度弯曲，弯曲到把自己包起来，天体产生的辐射将出不来，这样的天体称为黑洞。有不少观测资料似乎表明，宇宙间可能存在着大量的黑洞，但至今尚未得到证实。

（15）禅宗六祖，即禅宗南宗创始人，唐朝僧人惠能（638—713年）。主张顿悟说。

（16）摘引自《庄子·齐物论》。忘年，不计岁月。忘义，不讲仁义。振于无竟，可以无止境、无界限地畅游。寓，寄托。

（17）世界线，四线时空中的任意一条线，它表示事件的进程。

（18）量子场论，场论是研究各种物理场的运动规律及其相互作用的理论。量子场论是考虑到量子效应的场论。

（19）道元（1200—1253年），日本佛教曹洞宗创始人，俗姓源。曾访问中国。他的坐禅要诀是"只管打坐"，后人称其禅风为"默照禅"。卒后，日本天皇赐谥"佛性东传国师"。

（20）维韦卡南达（Swami Viveknanda，1863—1902年），印度哲学家、社会活动家。原名达德（Narandranath Datta），法号辨喜。曾游欧美，宣扬吠檀多派学说。对印度教和吠檀多派的理论进行了改革，被称为"新吠檀多派"的首倡者。认为世界的最高本质是"梵"，现实的物质世界不过是达到"梵"的一个阶梯；但又认为物质世界与"梵"不能分开，物质与运动不能分开，时间、空间和因果都有其客观现实性。

（21）"绝对"，在古典哲学中，指世界的本原、基础。尼古拉称"对立物的一致"为绝对。后来德国古典哲学唯心主义者常用这一术语。谢林在"同一哲学"中所说的超理性的力量（主体和客体的绝对同一）就是绝对，也就是一切存在的最初本原。黑格尔则把绝对定义为"观念"，又将其定义为"心灵"或精神。

第十三章　动态的宇宙

（1）拉达克里希南（Sarvepalli Radhakrishnan，1888—1975年），印度学者、政治家、总统（1962—1967年）。著有《印度哲学》《奥义书的哲学》《一个理想主义者的人生观》《东方宗教与西方思想》《关于东方与西方的一些想法》等。

（2）律则（梵文 Rita 的意译），宇宙秩序的道德原则。根据《吠陀》传统，这一原则在世界上建立了规律性和正义。

（3）力本论（dynamism），又译作"物力论"或"力能论"。以力与能解释一切事物的根本的哲学思想。

（4）单子，旧哲学术语。意大利布鲁诺认为，单子是物质和精神的统一体，并具有内在的创造力。德国莱布尼茨则把单子看作精神的实体，并认为上帝是最高级的单子。

（5）文偃（864—949年），五代僧人，佛教云门宗之祖，俗姓张。他提倡"涵盖乾坤，截断众流，随波逐浪"的禅风，以融会诸宗之长，自成一体。世称"云门禅师"。南汉王赐号"匡真大师"。著有《广录》。

（6）如来，释迦牟尼的"十大名号"之一。"如"即"真如"，指佛所说的"绝对真理"。意指循真如之道来，而成圆满之觉。亦泛指佛。

（7）原子核的直经约为 $10^{-13} \sim 1^{-12}$ 厘米。

（8）摘自《菜根谭》。该书作者洪应明，字自诚，号还初道人，生平事迹不详。据推测可能成书和刊行于明朝万历年间中后期或末期。它不是一部有系统的学术著作，而是以道德格言的形式谈论人生的处世哲学。作者糅合了儒家的中庸思想、道家的无为思想和佛家的出世思想，成为一种在世出世的处世方法体系。

（9）爱丁顿（Arthur Stanley Eddington，1882—1944 年），英国理论天体物理学家。恒星内部结构理论和变星脉动理论的创始者，发现恒星的质光关系，在恒星大气理论、恒星运动、相对论、量子论等方面都有贡献。

（10）哈勃定律，1929 年哈勃发现河外星系的视向退移速度（由红移算出）与距离正比，即距离越远，视向速度越大，这种关系称为哈勃定律，亦称哈勃效应。

（11）大爆炸，大爆炸宇宙论认为，宇宙起源于大爆炸。主要有两种模型：(i) 原始原子模型。1927 年由比利时神甫勒梅特（G. E. Lemaitre）提出。认为宇宙起源于一个"原始原子"的一次大爆炸。这个原始原子体积很小而密度非常大，处于不稳定状态，由于某种原因而突然猛烈地爆炸。爆炸碎片向四面八方飞散，宇宙开始膨胀。朝同一方向以相同速度飞散的物质逐渐结合为各种天体。后来膨胀速度变慢，形成宇宙间物质均匀分布的状态。(ii) 原始火球模型。20 世纪 40 年代末美国伽莫夫（G. Gamov）等提出。认为宇宙开始于高温、高密度的"原始物质"，其初始温度超过几十亿度，不久后降到亿度。其中充满了辐射和质子、中子、电子等基本粒子。后来物质爆炸，形成"原始火球"，然后温度进一步降低，宇宙开始膨胀。物质逐渐凝成星云，再演化为现在的各种天体。

（12）洛弗尔爵士（Sir Alfred Charles Bernard Lovell 1913 —2012
年），英国天文学家，射电天文学创始人之一。英国皇家学会会员。
1957 年主持制造了当时世界上最大的抛物面射电望远镜。1961 年被封
为爵士。著有《微观与宏观》。

第十四章　空与形

（1）马赫（Ernst Mach，1838 —1916 年），奥地利物理学家、唯心
主义哲学家、经验批判主义的创始人之一。在力学、声学和光学上有一
定成就。在哲学上，否认客观世界的存在，认为没有主体（意识、感
觉）就没有客体（世界），物体只不过是色、声、味等感觉"要素"的
复合，把"要素"说成是既不属于心理的也不属于物理的所谓"中立的
东西"，因而标榜自己的哲学超乎唯物主义和唯心主义之上。他认为时
间、空间、因果性等都是先天的，人的主观意识的产物。马赫的哲学曾
被第二国际的修正主义者利用来反对马克思主义。

（2）霍伊尔（Fred Hoyle，1915 —2001 年），英国天文学家。在宇
宙学方面，曾于 1948 年与邦迪（H. Bondi）一起提出稳恒态学说，认
为宇宙不断膨胀，物质被不断创造出来，使星系空间密度不随时间而
改变。

（3）量子电动力学，简称 QED，是量子场论的一部分。它通过对
电磁场的电子场的量子化来研究带电粒子与电磁场之间的相互作用。由
于重整化技术的发展，QED 已成为最精密的物理理论之一。

（4）空，佛教术语。佛教认为一切事物的现象都有它各自的因和
缘，事物本身并不具有任何常住不变的个体，也不是独立存在的实体，

故佛教称之为"空"。

（5）《管子》，相传为春秋时期齐国管仲撰，实系后人托名于他的著作。内容庞杂，包含有道、名、法等家的思想以及天文、历数、舆地、经济和农业等知识。其中《心术》《白心》《内业》等论，保存一部分道学关于"气"的学说。《水地》篇提出了以"水"为万物根源的思想。

（6）摘引自《管子·心术》上篇。

（7）维尔（Claus Hugo Hermann Weyl，1885—1955年），德国数学家，在积分方程的解析理论、黎曼面理论、相对论和联络空间微分几何学、群表示论及其在量子力学上的应用等方面都有贡献。

（8）冯友兰在其所著《中国哲学简史》一书中说，向秀和郭象的《庄子注》对原来的道家学说做了若干重要修正，第一个修正就是，"道"是真正的"无"。老庄也说"道"是"无"，但他们说"无"是"无名"，认为"道"不是物，所以不可名。老庄否认存在有人格的造物主，而代之以"道"。向、郭则进一步认为"道"是真正的"无"，所谓"道"生万物，乃是说万物自生。（参见冯著《中国哲学简史》第十九章）

（9）张载（1020—1077年），北宋哲学家。曾任崇文院校书等职，讲学关中，故其学派被称为"关学"。提出"太虚即气"的学说，肯定"气"是充塞宇宙的实体，由于"气"的聚散变化，形成各种事物现象。批判佛、道两家关于"空""无"的观点；并说："造化所成，无一物相肖者。以是知万物虽多，其实一物无无阴阳者，以是知天地变化，二端而已。"猜测到事物对立面统一的某些原理。

（10）瑟林（Walter Thirring，1927年—），德国物理学家。著有《量子电动力学》（1958年）、《量子场论》（1962年）、《大系统的量子力学》（1983年）等。

（11）语出《般若波罗蜜心经》。佛教中"色"与"心"相对，把有形的、能使人感触到的东西称为"色"，把属于精神领域的称为"心"。佛教认为，一切事物的现象都有它各自的因和缘，事物本身并不具有任何常住不变的个体，也不是独立存在的实体，故称之为"空"。"色即是空"是指世俗一切事物均由因缘而成，皆是空虚不实之体。"空即是色"是指世间万象空幻虚有，但能通过各种因缘，形成各种实体。

（12）行波，亦称"前进波"。从波源向外传播的波，除"驻波"（参见第四章注 34）外，一般的波都是行波。

（13）自由场。在自由空间中，未与其他场或源发生相互作用的场。

（14）强相互作用，重子、介子等强子之间的一种基本相互作用。其特点是：强度大，比电磁相互作用大 10^3 倍，比弱相互作用大 10^{12} 倍；力程短，大约在 10^{-13} 厘米以内，所引起的反应迅速，特征时间是 10^{-23} 秒；具有较高的对称性，在强作用过程中，除了电荷守恒和重子数守恒等普遍的守恒定律之外，还有一些强作用所特有的守恒律，如奇异数守恒、同位旋守恒、超荷守恒、粲数守恒等等（参见第十六章）。

（15）介子，基本粒子的一类，包括 π 介子、K 介子、ρ 介子、ω 介子、φ 甲介子、η 介子等以及许多共振态。介子都不能稳定存在，经历一定平均寿命后即转变为别种基本粒子。

（16）费曼（Richard Phillips Feyman, 1918—1988 年），美国物理学家。1948 年提出了量子电动力学新的理论形式、计算方法和重整方法，从而避免了量子电动力学的发散困难。由于这一成就而与其他两位物理学家共获 1965 年诺贝尔物理学奖。1958 年又与盖耳曼合作提出弱相互作用矢量－赝矢量型理论，它是关于弱相互作用的正确的唯象理论，为其后的电弱统一理论开辟了道路。60 年代末，提出了强子结构的部分子模型。

（17）费曼图。费曼在 1949 年提出的一种代表物理过程的图形。在考虑粒子之间的相互作用时，要利用 S 矩阵进行微扰计算，这种微扰展开的每一项都可以用费曼图来表示。也可以利用费曼来写出相应的微扰展开项，直接进行微扰计算。

（18）π介子。质量为 138 兆电子伏的介子，有带正或负电荷及中性的三种。

（19）虚粒子。在亚原子粒子反应中间态中出现的粒子，它们的动量和能量不满足质壳关系。

（20）汤川秀树（1907—1981 年），日本物理学家。1935 年发表核力的量子场理论，预言作为核力及衰变的媒介，存在着新粒子，即介子。12 年后被实验所证实，由此获得 1949 年诺贝尔物理学奖。还提出了核力场的方程和核力的势，即汤川势的表达式。又与坂田昌一等合作研究介子场理论，于 1947 年提出非定域场理论，试图解决场的发散问题。汤川秀树笃好中国古籍，研读过《庄子》，不仅在科普著作中常引用《庄子》的话，而且他的物理学理论研究也有受《庄子》思想启发之处。

（21）摘引自张载《正蒙·参两》。张载（1020—1077 年），北宋哲学家。提出"太虚即气"的学说，肯定"气"是充塞宇宙的实体，由于"气"的聚散变化，形成各种事物现象。批判佛、道两家关于"空""无"的观点，并说："造化所成，无一物相肖者。以是知万物虽多，其实一物无无阴阳者，以是知天地之变化，二端而已。"猜测到事物对立面统一的某些原理。著作有《正蒙》《经学理窟》《易说》等。

（22）此句转摘自威廉姆（R. Wilhelm），《易经或关于变化的书》。该书作者的解释为："（自然）定律不是事物之外的力量，而是表现着它们固有运动的和谐。"语出《易·系辞下》。

（23）反质子，对应质子的反粒子。其质量、自旋、磁矩大小等都与质子相同，所带电量与质子相同而符号相反。

（24）摘引自张载《正蒙·太和》。

第十五章　宇宙之舞

（1）电磁辐射，电磁场所发射的电磁波。其传播速度与光速相同。按电磁波波长的不同，电磁辐射可分为无线电辐射（射电）、红外辐射、可见光辐射、紫外线辐射、X射线辐射、Y辐射等。

（2）中微子，基本粒子的一种，常用符号ν表示，不带电，稳定。根据理论，其静止质量为零。由于它与其他物质发生作用极为微弱，直到1956年才在实验中观察到。它的反粒子称为反中微子，以ν表示。在β衰变和μ子衰变中产生的中微子及反中微子还有差别，故分别以νe，νμ，νe，νμ表示。

（3）共振态，一种不稳定的强子。它带有强子的各种量子数，如自旋、宇称、同位旋、奇异数、粲数等。共振态粒子一般都通过强作用衰变，因而寿命很短，在10^{-20}~10^{-24}秒左右。根据能量一时间测不准关系，不稳定粒子没有确定的质量，其质量的不确定程度称为宽度，因为寿命短，所以它的宽度大，一般在几十到几百兆电子伏。

（4）弱相互作用，广泛存在于轻子与轻子、轻子与强子，强子与强子之间的一种基本相互作用。其主要特点是：作用强度小，比电磁作用弱10^9倍，比强作用弱10^{12}倍；估计力程在10^{-14}厘米以内；所引起的反应进行较慢，特征的时间在上10^{-19}秒以上；有比其他相互作用较低的对称性，在弱相互作用中，宇称、电荷共轭对称、同位旋等都不守恒。

（5）电子伏，物理学中专门计量微观粒子的能量单位，相当于 1 个电子通过电势差为 1 伏特的电场时获得（或减少）的能量。其符号为 eV。$1eV = 1.602 \times 10^{-19}$ 焦耳。

（6）轻子，包括电子、μ 子和中微子等。它们的共同特点是：自旋量子数都是 1/2，质量很小，并且不发生强相互作用。

（7）重子，质量比质子更重的基本粒子（包括质子在内）。都是费米子（自旋角动量为 h 的半整数倍）。每种重子都有其反粒子。在一切过程中重子数保持守恒。除质子外的一切重子都是不稳定的，其中寿命极短的称为重子共振态（参见本章注 3）。近年来在高能加速器上做粒子碰撞实验（参见第十章注 5）时续有发现。

（8）$\nu\tau$，τ 子中微子。理论上提出的与 τ 子相联系的中微子，τ 子是一种带电荷的重轻子，其质量约为 1800 兆电子伏。

（9）规范场论，以定域规范不变性为基础的场论。1954 年杨振宁和米尔斯首先建立了普遍的规范对称性的数学理论，该理论提出物理学中的对称性有整体对称和定域对称。定域对称理论要求更严格的条件。当把具有某种整体对称的物理定律推广到定域变换保持不变时，就必须引入新的场——规范场。例如，在狭义相对论中，物理定律在时空坐标变换下是不变的，而如果要求物理定律在时空坐标定域变换下不变，就应有作为规范场的引力场存在。在量子电动力学中，要求相位变换是空间各点的函数，就必须引入电磁场作为规范场。这一理论在粒子理论研究中有重要应用，与电弱统一模型有关。

（10）宇宙射线，来自宇宙空间的粒子流，其来源至今还不清楚。在地球大气层外的宇宙射线称为初级宇宙射线，其成分主要是质子，其

次是 α 粒子和少数轻原子核；能量极高，可达 10^{20} 电子伏以上。进入大气层后，这些粒子与周围物质相互作用，形成次级宇宙射线，其成分中有一半以上是 μ 子，另一部分主要是电子和光子。

（11）簇射，宇宙射线中的一个高能粒子经过一连串与其他物质的相互作用和转变过程而产生的大量次级粒子的总体。

（12）CERN，欧洲原子核研究中心。1952 年在日内瓦建立。为欧洲各国联合进行物质结构的基础研究的实验室。

（13）福特（Kenneth Ford，1926 年—），美国物理学家。在美国加州大学伯克莱实验室从事粒子物理学研究。除《基本粒子的世界》外，还著有《经典物理学与近代物理学》《基本物理学》等。

第十六章　夸克对称性——一则新公案?

（1）量子态，量子力学中，由一波函数所描写的物理状态，以一系列量子数为其表征。

（2）自旋，基本粒子和原子核的属性之一，相当于它们固有的动量矩。

（3）强子，参与强相互作用的基本粒子，包括介子和重子两大类。

（4）守恒定律，自然科学中一类重要定律。除了熟知的能量、质量、动量、角动量、电荷等守恒定律以外，在粒子物理学中还有宇称、同位旋、奇异性、核子数、轻子数、电荷共轭变换不变性、时间反演不变性等守恒定律。粒子物理学中的这些守恒定律并非都是普适的定律，强相互作用服从上述全部定律，电磁相互作用不服从同位旋守恒定律；而弱相互作用除了不服从同位旋守恒定律以外，还不服从守称、奇异性、对电荷共轭变换不变性等守恒定律。

（5）同位旋，在原子核和基本粒子研究中引入的一个特殊量子数。最初物理学家们因为中子和质子的质量以及它们在原子核中的性质都十分相近，所以把它们看作同一种基本粒子，称为"核子"的两个不同荷电状态，以不同的同位旋量子数互相区别。后来这一概念又推广到"介子等其他基本粒子，并且建立了一条近似成立的"同位旋守恒定律"，即微观粒子系统在发生变化过程中，其同位旋量子数之和前后保持不变。

（6）超荷，在粒子物理学中，奇异量子数与重子数之和称为超荷。

（7）盖尔曼（Murray Gell-mann，1929—2019年），美国理论物理学家。1947年在宇宙线中发现了奇异粒子。1953年与日本物理学家彼此独立地提出奇异量子数的概念和盖尔曼—西岛法则，为后来强子分类的研究工作奠定了基础。提出了弱相互作用的矢量—赝矢量型理论，为其后的电弱统一理论开辟了道路。1961年他提出强子分类的八重态法，解释了大量实验事实，并预言了 Ω 粒子的存在（1964年在实验中观察到）。1964年提出强子结构的夸克模型。由于对粒子分类和相互作用的研究的贡献，获得1969年诺贝尔物理学奖。

（8）夸克，一种理论上假设的构成强子的组成粒子，是盖尔曼和兹外（G. Zweig）于1964年在八重态理论的基础上各自独立地提出的，最初只把它作为一种数学构成单位，后来随着理论解释的成功，很多物理学家相信夸克是构成强子更深层次的亚粒子。

（9）乔伊斯与《芬尼根的守灵夜》。乔伊斯（James Joyce，1882—1941年）出生于爱尔兰首都都柏林，虽然长期侨居欧洲大陆，但其作品都以都柏林为背景，以爱尔兰生活为题材，是爱尔兰意识流小说的代表作家之一。这种技巧的目的是要深入人的精神活动，表现那种纷乱飘忽的思绪和感触。在所著《芬尼根的守灵夜》一书中，乔伊斯运用的意识流技巧已经超出了合理的界限，它描写一个醒着的人一夜之间的梦呓和狂想。作者在这部书里运用了 18 种文字，包括希伯来文、中文、亚美尼亚和阿尔巴尼亚等文字；大量使用双关语，并利用词的谐音取得幽默的效果。这部小说的书名来自一首爱尔兰的戏谑民歌《芬尼根的守灵夜》，英语"苏醒"与"守灵夜"是同音词。芬尼根是一个运砖工酒徒的名字，在这部书里则暗指一个酒店老板。"以三声'夸克'（quark）作为聚会的信号"这句话中的 quark 是作者创造的一个字。

（10）梁楷，南宋画家。嗜酒自乐，人称"梁风（疯）子"，擅画人物、佛道、鬼神，兼善山水、花鸟。

第十七章　变换的模式

（1）S 矩阵。S 矩阵是在微观粒子碰撞问题中，完全决定相对运动波函数渐近行为的一种用矩阵形式表征的量。在比核尺寸还小的距离内发生的过程是观察不到的。但是，可以在离碰撞中心比核尺寸大的距离上观察到实验结果。S 矩阵可以预报观察结果，给出碰撞的总情况，因此也称为散射矩阵，或碰撞矩阵。因为不可能对 S 矩阵进行精确的计算，所以 S 矩阵是一种形式理论。但是从普遍原理出发，可以推导出它的一些非常重要的性质。例如，幺正性、对称性，以及角动量、宇称守恒等。

（2）矩阵，由数字或标量组成的方阵，它构成一个矢量空间。矩阵可按一定规则进行运算。矩阵理论在近代工程技术、物理及其他数学学科中有广泛的应用。

（3）束缚态，有内部相互作用的粒子系统的稳定状态。它实际上代

表一种复合粒子。例如，原子是由电子和原子核通过电磁作用形成的束缚态，原子核是由质子和中子通过强相互作用形成的束缚态，强子是夸克通过色相互作用形成的束缚态。

（4）雷吉（Tullio Regge，1931—2014年），意大利理论物理学家。从事非相对论量子力学、量子场论、基本粒子理论、广义相对论等方面的研究。1959年提出一种方法（雷吉极点、雷吉轨迹），用它能将态和基本粒子分类。

（5）幺正性，反映强子内部性质的一种破缺对称性。

（6）奇点，在解析函数论中，如果复变函数 $f(z)$ 在某一点 Q 的任意近旁含有解析点，而 α 本身不是解析点，则称此点是 $f(z)$ 的奇点。

（7）瑜伽宗，古印度亦称"大乘有宗"，是大乘佛教的派别之一。约公元5世纪中，由无著、世亲两兄弟所立。主张万法唯识，而第八识"阿赖耶识"（即"心识"）是生死流转的生命原动力。在否定客观世界的同时，又肯定思维意识真实存在，此即所谓"外无（无外境）、内有（有内心），事皆唯识"。该宗自南北朝时传入中国。自唐玄奘翻译传播后，成为有系统的宗派，即法相宗，或称唯识宗。

（8）六爻，爻（音摇）是构成《易》卦的基本符号。"━"是阳爻，"━━"是阴爻；每三爻合成一卦，可得八卦。两卦（六爻）相重，可得六十四卦。卦的变化取决于爻的变化，故爻表示交错和变动。

（9）三爻，参见本章注8。

（10）乾、坤、震，均为《易》卦名。"乾"在八卦中的卦形式为☰，象征天，在六十四卦中为乾上乾下，意为阳性或刚健。"坤"在八卦中的卦形为☷，象征地，在六十四卦中为坤上坤下，意为"伸"或柔顺。"震"在八卦中的卦形为☳，象征雷震，在六十四卦中为震上震下，意为连续打雷，乃为威震。《易·说卦》："乾天也，故称乎父，坤地也，故称乎母；震一索而得男，故谓之长男；巽一索而得女，故谓之长女；……"

（11）基本方位，即东、南、西、北。

（12）豫，六十四卦之一，坤下震上。《易·豫》："象曰：雷出地奋，豫。"疏说："雷是阳气之声，奋是震动之状，雷既出地震动，万物被阳气而生，各皆逸豫。"

（13）晋，六十四卦之一，坤下离上。《易·晋》："象曰：晋，进也。明出地上，顺而丽乎大明，柔进而上行。"

（14）易。《易·系辞上》："易与天地准，故能弥纶天地之道。"

（15）摘引自《易·系辞上》。意为：《易经》被圣人用来探究事理的深奥，研判事机的微妙。

（16）摘引自《易·系辞下》。意为：《易经》的法则经常变动，这种变动并不拘泥于一定的形式，在卦的六个爻位之间，普遍流通，或上或下，没有常规……唯有应其变化，才能适当应用。

（17）摘引自《易·系辞下》。意为：不论天道、人道、地道，都有变动；而六爻的设定，效法天、地、人的变动，所以作"爻"，是效法的意思。"爻"有上下不同的等级，以比拟万物贵贱不同的类别，所以称作"物"。

第十八章　相互渗透

（1）理性，在西方哲学中，各种哲学学派对理性有不同的理解：（i）唯理论认为，理性是最可靠的知识源泉。（ii）斯多葛派把理性当作神的属性和人的本性。（iii）18世纪法国唯物主义者和空想社会主义者以合乎自然和合乎人性的为理性。（iv）德国古典哲学中以理性与"知性"相对。

（2）见《老子》第二十五章。意为：人取法地，地取法天，天取法"道"，"道"纯任自然。

（3）理，中国哲学概念。原指玉石的纹路，引申为事物的条理、准则。

（4）此句系由英文译出，并非朱熹原文。

（5）陈淳（1158—1223年），中国南宋哲学家，朱熹的弟子。福建漳州龙溪北溪人，称北溪先生。深受朱熹嘉许。著有《北溪字义》《北溪先生全集》。他忠于朱学并使它有所发展，认为天是理和气的统一。

（6）摘引自陈淳《北溪字义》。根据李约瑟所引部分原文译出，不是陈淳原文。

（7）洞山，即守初和尚。此则公案摘引自《无门公案》。

（8）耆那教，在南亚次大陆产生和流传的一种宗教。"耆那"（Gina，意为胜利者）是该教传说中的创立者筏驮摩那的称号。于公元前6至5世纪与佛教同时兴起，是当时反婆罗门教的思潮之一。该教反对祭祀，主张五戒，肯定物质世界和无数灵魂的存在。在与外教的辩论中发展了印度的逻辑理论。

（9）《普贤行愿品》，《四十华严经》的最后一卷。内容主要说明法界缘起要由修十大愿才能证入。该书是佛教徒的基本读物之一。

（10）因陀罗，梵文Indra的音译，意译为"帝释天"，是《吠陀》中的主神，司雷雨及战争。

（11）义律爵士（Sir Charles Eliot，1834—1926年），美国学者，1869—1909年曾任哈佛大学校长。50卷《哈佛古典作品》的编者。

（12）成道，佛教术语。指释迦牟尼修行觉悟成佛。

（13）布莱克（William Blake，1757—1827 年），英国诗人，版画家。重要诗作有《诗的素描》《天真之歌》《经验之歌》等。讽刺当时社会黑暗，描写人民的贫困生活，歌颂法国和美国的资产阶级革命。其作品带有神秘主义倾向和宗教色彩。

（14）莱布尼茨（Gottfried Wilhelm Leibniz，1646—1716 年），德国自然科学家、数学家、哲学家。他广博的才能影响到诸如逻辑学、数学、力学、地质学、法学、历史学、语言学以至神学。在 17 世纪末至 18 世纪初的德国知识界占有主导地位。其科学思想在 20 世纪初和 70 年代再次发生影响。其唯理论的形而上学体系的基本要素是"单子论"。单子即终极的、单纯的、不能扩展的精神实体，是万物的基础。

（15）耶稣会（Societas Jesus），天主教修会之一。该会是 16 世纪欧洲宗教改革运动兴起后，天主教内反对宗教改革的主要集团。明末，曾有会士来中国。鸦片战争后，又随帝国主义侵略势力进入中国。

（16）原教旨主义（Fundamentalism），译为基督教基本主义，以绝对相信圣经上的记载，如神迹、处女怀孕、基督复活等，为基督教信仰的基本，而反对较为近代的教义。

（17）威格纳（Eugene Paul Wigner，1902—1995 年）匈牙利出生的美国物理学家。由于对核物理学做出许多贡献，其中包括提出宇称守恒定律，与其他两位物理学家共获 1963 年诺贝尔物理学奖。

（18）acintya，亦作 achintya，英文译为 no thought, unthinkable, nonthinking 或 not to divide，即无思虑，不可思议或无区别。

（19）摘引自《老子》第八十一章。意为：真正了解的人不广博，广博的人不能深入了解。

再版后记

（1）荣格心理学。荣格（Carl Gustav Jung，1875—1961 年）是瑞士心理学家，分析心理学创始人。首先提出"情意综"概念，并把人的基本心理态度分为内向和外向两种。主张把心灵分为主观意识（心理）、个人无意识和客观无意识（集体无意识）三层。无意识的力量通过梦境、幻想和错觉的象征作用，于意识之中显现，从而可以解决心理冲突。主要著作有：《分析心理学论文集》《心理学形态》等。

（2）灵学。灵学的研究对象是传心术、千里眼等超自然现象。

（3）爱因斯坦－波多斯基－罗森，即 Einstein，Podolsky 和 Rosen，简称 EPR。

（4）贝尔（J. Bell）的论述发表在 *Physics*，1, 195（1964）。

（5）超引力理论，广义相对论的一种推广。在这一理论中，引力是通过将超对称性局域化而产生的，所以又称为定域超对称性。正像将带电粒子的相位变换定域化导致引入规范场一样，将超对称变换定域化将引入自旋为 2 的引力子场和自旋为 2/3 的引力微子场。

（6）规范理论，参见第十五章注 9。

（7）温伯格和萨拉姆（Steven Weinberg，1933—2021 年；Abdus Salam，1926—1996 年）。前者为美国物理学家，后者为巴基斯坦物理学家。他们与格拉肖共获 1979 年诺贝尔物理学奖。他们的研究工作系统地解释了电磁相互作用与弱相互作用的已知实验事实，从而使人们有可能预言新的基本粒子碰撞实验的结果。

（8）电弱相互作用，近年来弱相互作用与电磁相互作用统一的理论有很大发展，特别是其中的温伯格－萨拉姆模型与实验符合较好，如果这一理论得到最终证实，弱相互作用和电磁相互作用就将统一为同一种相互作用的不同表现形式，即电弱相互作用。

（9）量子色动力学（quantum chromodynamics，简称 QCD），是强相互作用的一种可重整化的量子场论。按照近代的观点，强子之间的强相互作用归结为组成强子的夸克与胶子之间的作用。夸克有"味"和"色"两种自由度，夸克之间的电磁作用和弱作用是通过味自由度实现的，强作用则通过色自由度实现。在此假定下，关于色胶子场的性质提出了多种可能的方案，其中最引人注意的是量子色动力学，因为只有它可以重整化，而且具有渐近自由的重要性质。这一理论关于轻子对强子深度非弹性散射的标度无关性破坏的预言得到了实验的证实。但目前尚不能认为 QCD 是已经确定了的强相互作用理论。

（10）大统一理论是将强作用和弱作用、电磁作用统一在一起的理论。现已提出了许多方案，例如：帕蒂－萨拉姆模型（1974 年），乔吉和格拉肖的 SU（5）群方案（1974 年）等等。在所有这些大统一理论中，重子数和轻子数都不再分别守恒，因此质子不再是稳定粒子。估计其寿命约为 $10^{29} \sim 10^{33}$ 年，与目前实验定出的寿命下限（$\geqslant 2 \times 10^{30}$ 年）相近。大统一理论预言了一种新的规范粒子，称为 X 粒子。不同模型估出 X 粒子的质量相差甚远，从 10^4 千兆电子伏到 10^{14} 千兆电子伏。

（11）深度非弹性散射过程，互相碰撞的粒子在碰撞前后总动能发生显著变化的散射过程。在这种过程中能产生多个新的粒子。

（12）胶子，在夸克间传递强相互作用的粒子。目前公认强、弱和电磁三种相互作用都是靠规范场来传递的。夸克因为有色荷，它的规范场有八种量子，各带不同的色。所以在有三种不同色的层子间产生胶子交换时有色的变化，而且胶子之间也有直接的强相互作用。目前还没有从实验上直接发现自由形态的有色的夸克或胶子的存在。这种"禁闭性"还不能在理论上严格证明。在最近的高能正负电子对撞实验中，发现不仅有两喷柱（认为是一对正反夸克沿相反方向飞离，最后各转化为许多强子）事例，而且出现了三喷柱事例，这第三个喷柱被认为是夸克发射的一个胶子所形成。在低能强子谱分析中，人们也指出了胶子凝聚成胶球的可能性。

（13）"顶"（top）亦称"真"（true），"底"（bottom）亦称"美"（beautiful）。

（14）按照夸克模型，介子和重子分别是由两个和三个夸克组成的。

（15）拓扑学，数学的一门分科。研究几何图形在一对一的双方连续变换下不变的性质，这种性质称为拓扑性质。例如，画在橡皮膜上的图形当橡皮膜变形但不破裂或折叠，有些性质保持不变，如曲线的闭合性、两曲线的相交性等等。

（16）全息图，一种记录物体反射（或透射）光波中全部信息（振幅、位相）的图像。由全息图看不出原来物体的表观图像，但是在用一束激光（或单色光）照射全息图时，可以透过全息图看到原物体的具有立体感的图像。

原著参考文献

Alfven, H. *Worlds-Antiworlds*. San Francisco: W. H. Freeman, 1966.

Ashvaghosha. *The Awakening of Faith*. Trans. D. T. Suzuki. Chicago, IL: Open Court, 1900.

Aurobindo, S. *The Synthesis of Yoga*. Pondicherry: Aurobindo Ashram Press, 1957.

Aurobindo, S. *On Yoga*, Volume II. Pondicherry: Aurobindo Ashram Press, 1958.

Bohm, D. and Hiley, B. "On the Intuitive Understanding of Nonlocality as Implied by Quantum Theory." *Foundations of Physics*, vol.5, 1975, pp.93-109.

Bohr, N. *Atomic Physics and Human Knowledge*. New York: John Wiley & Sons, 1958.

Bohr, N. *Atomic Physics and the Description of Nature*. Cambridge: Cambridge University Press, 1934.

Capek, M. *The Philosophical Impact of Contemporary Physics*. Princeton: D. Van Nostrand, 1961.

Castaneda, C. *The Teachings of Don Juan*. London: Penguin Books, 1970.

Castaneda, C. *A Separate Reality*. London: Bodley Head, 1971.

Castaneda, C. *Journey to Ixtlan*. London: Bodley Head, 1973.

Castaneda, C. *Tales of Power*. New York: Simon and Schuster, 1974.

Chew, G. F. "Bootstrap: A Scientific Idea?" *Science*, vol.161, pp.762-765, May 23, 1968.

Chew, G. F. "Hadron Bootstrap: Triumphor Frustration." *Physics Today*, vol.23, pp.23-28, October 1970.

Chew, G. F. "Impasse for the Elementary Particle Concept." *The Great Ideas Today*, Chicago: William Benton, 1974.

Chew, G. F. et al. "Strongly Interacting Particles." *Scientific American*, vol.210, pp.74-83, February 1964.

Chuang Tzu. Trans. James Legge. Ed. Clae Waltham. New York: AceBooks, 1971.

Chuang Tzu: Inner Chapters. Trans. Gia Fu Feng and Jane English. London: Wildwood House, 1974.

Coomaraswamy, A. K. *Hinduism and Buddhism*. New York: Philosophical Library 1943.

Coomaraswamy, A. K. *The Dance of Shiva*. New York: The Noonday Press, 1969.

Crosland, M. P. (ed.) *The Science of Mattery History of Science Readings*. London: Penguin Books, 1971.

David-Neel, A. *Tibetan Journey*. London: The Bodley Head, 1936.

Einstein, A. *Essays in Science*. New York: Philosophical Library, 1934.

Einstein, A. *Out of My Later Years*. New York: Philosophical Library, 1950.

Einstein, A., et al. *The Principle of Relativity*. New York: Dover Publications, 1923.

Eliot, G. *Japanese Buddhism*. New York: Barnes & Noble, 1969.

Feynman, R. P. et al. *The Feynman Lectures on Physics*. Reading: Addison-Wesley, 1966.

Ford, K. W. *The World of Elementary Particles*. New York: Blaisdell, 1965.

Fung Yulan. *A Short History of Chinese Philosophy*. New York: Macmillan, 1958.

Gale, G. "Chew's Monadology." *Journal of History of Ideas*, vol.35, pp.339-348, April-June 1974.

Govinda, L. A. *Foundations of Tibetan Mysticism*. London: Rider, 1974.

Govinda, L. A. "Logic and Symbolic: the Multi-dimensional Conception of the Universe." *The Middle Way*, vol.36, pp.151-155, February 1962.

Guthrie, W. K. C. *A History of Greek Philosophy*. London: Cambridge University Press, 1969.

Heisenberg, W. *Physics and Philosophy*. London: Allen & Unwin, 1963.

Heisenberg, W. *Physics and Beyond*. London: Allen & Unwin, 1971.

Herrigel, E. *Zen in the Art of Archery*. New York: Vintage Books, 1971.

Hoyle, F. *The Nature of the Universe*. London: Penguin Books, 1965.

Hoyle, F. *Frontiers of Astronomy*. London: Heinemann, 1970.

Hume, R. E. *The Thirteen Principal Upanishads*. London: Oxford University Press, 1934.

James, W. *The Varieties of Religious Experience*. London: Fontana, 1971.

Jeans, J. *The Growth of Physical Science*. London: Cambridge University Press, 1951.

Kapleau, P. *Three Pillars of Zen*. Boston, MA: Beacon Press, 1967.

Kennett, J. *Selling Water by the River*. New York: Vintage Books, 1972.

Keynes, G. (ed.) *Blake Complete Writings*. London: Oxford University Press, 1969.

Kirk, G. S. *Heraclitus: The Cosmic Fragments*. London: Cambridge University Press, 1970.

Korzybski, A. *Science and Sanity.* Lakeville, CT: The International Non-Aristotelian Library, 1958.

Krishnamnrti, J. *Freedom from the Known*. Ed. Mary Lutyens. London: Gollancz, 1969.

Kuan Tzu. Trans. W. A. Rickett. Hong Kong: Hong Kong University Press, 1965.

Lao Tzu. *Tao Te Ching*. Trans. Ch'u Ta-Kao. NewYork: Samuel Weiser, 1973.

Lao Tzu. *Tao Te Ching*. Trans. Gia-fu Feng and Jane English. London: Wildwood House, 1972.

Leggett, T. *A First Zen Reader*. Rutland, Vermont: C. E. Turtle, 1972.

Lovell, A. C. B. *The Individual and the Universe*. London: Oxford University Press, 1958.

Lovell, A. C. B. *Our Present Knowledge of the Universe*. Cambridge, Mass.: Manchester University Press, 1967.

Maharishi Mahesh Yogi. "Chapter 1." *Bhagavad Gita*. London: Penguin Books, 1973.

Mascaro, J. *The Bhagavad Gita*. London: Penguin Books, 1970.

Mascaro, J. *The Dhammapada*. London: Penguin Books, 1973.

Mehra, J. (ed.) *The Physicist's Conception of Nature*. D. Reidel, Dordrecht-Holland,

1973.

Miura, I. and R. Fuller-Sasaki *The Zen Koan*. New York: Harcourt Brace & World, 1965.

Muller, F. M. (ed.) "Sacred Books of the East." vol.XLIX. *Buddhist Mahayana Sutras*. London: Oxford Univesity Press.

Murti, T. R. V. *The Central Philosophy of Buddhism*. London: Allen & Unwin, 1955.

Needham, J. *Science and Civilization in China*. London: Cambridge University Press, 1956.

Oppenheimer, J. R. *Science and the Common Understanding*. London: Oxford University Press, 1954.

Radhakrishnan, S. *Indian Philosophy*. London: Allen & Unwin, 1951.

Reps, P. *Zen Flesh, Zen Bones*. New York: Anchor Books.

Ross, N. W. *Three Ways of Asian Wisdom*. New York: Simon & Schuster, 1966.

Russell, B. *History of Western Philosophy*. London: Allen Unwin, 1961.

Sachs, M. "Space Time and Elementary Interactions in Relativity." *Physics Today*, vol.22, February 1969.

Sciama, D. W. *The Unity of the Universe*. London: Faber and Faber, 1959.

Schilpp, P. A. (ed.) *Albert Einstein: Philosopher-Scientist*. Evanston, IL: The Library of Living Philosophers, 1949.

Stace, W. T. *The Teachings of the Mystics*. NewYork: New American Library, 1960.

Stapp, H. P. "Matrix Interpretation of Quantum Theory." *Physical Review*, vol.l.D3, pp.1303-1320, March 15, 1971.

Suzuki, D. T. *The Essence of Buddhism*. Kyoto: Hozokan, 1968.

Suzuki, D. T. *Outlines of Mahayana Buddhism*. NewYork: Schocken Books, 1963.

Suzuki, D. T. *On Indian Mahayana Buddhism*. Ed. E. Conze. New York: Harper & Row, 1968.

Suzuki, D. T. *Zen and Japanese Culture*. New York: Bollingen Series, 1959.

Suzuki, D. T. *Studies in the Lankavatara Sutra*. London: Routledge & Kegan Paul, 1952.

Suzuki, D. T. "Preface to B. L. Suzuki." *Mahayana Buddhism*. London: Allen & Unwin, 1959.

Thirring, W. "Urbausteineder Materie." *Almanachder Osterreichischen Akademieder Wissenschaften*, vol.118, pp.153-162, Vienna, Austria, 1968.

Vivekananda, S. *Juana Yoya*. Calcutta: Adraita Ashram, 1972.

Watts, A.W. *The Way of Zen*. New York: Vintage Books, 1957.

Weisskopf, V. F. *Physics in the Twentieth Century*. Cambridge: M.I.T. Press, 1972.

Weyl. H. *Philosophy of Mathematics and Natural Science*. Princeton, NJ: Princeton University Press, 1949.

Whitehead, A. N. *The Interpretation of Science*. Ed. A. H. Johnson. Indianapolis, IN: Bobbs Merrill, 1961.

Wiener, P. P. *Leibnitz Selections*. New York: Charles Scribners Sons, 1951.

Wigner, E. P. *Symmetries and Reflections*. Cambridge: M. I. T. Press, 1970.

Wilhelm, H. *Change: Eight Lectures on the I Ching*. New York: Harper Torch books, 1964.

Wilhelm, R. *The I Ching or Book of Changes*. London: Routledge & Kegan Paul, 1968.

Wihelm, R. *The Secret of the Golden Flower*. London: Routledge & Kegan Paul, 1972.

Woodward, F. L. (trans.and ed.) *Some Sayings of the Buddha: According to the Pali Canon*. London: Oxford University Press, 1973.

Zimmer, H. *Myths and Symbols in Indian Art and Civilization*. Princeton, NJ: Princeton University Press, 1972.